冶金工业出版社

普通高等教育"十四五"规划教材

煤矿机械故障诊断与维修

主　编　张伟杰　韩红利

副主编　张　敏　于润祥

U0342376

北　京

冶金工业出版社

2021

内 容 提 要

本书讲述了通用机械设备故障诊断与修复、煤矿大型机械设备的安装与故障分析。全书共分为7章，各章内容为机械设备维修基础；机械零件失效；机械设备故障诊断技术；通用零件的修复技术；通用零件的维修与装配；通用机械设备的安装；煤矿机械设备安装与维护。各章内容翔实、图文并茂、语言精练，便于读者理解和掌握。

本书可作为高等院校机械工程、电气工程、采矿工程、安全工程等专业本科教材，也可作为相关现场技术人员、机械事故调查以及煤矿机械制造、安装从业人员的阅读参考。

图书在版编目（CIP）数据

煤矿机械故障诊断与维修/张伟杰等主编. —北京：冶金工业出版社，2021.3
普通高等教育"十四五"规划教材
ISBN 978-7-5024-8731-7

Ⅰ.①煤…　Ⅱ.①张…　Ⅲ.①煤矿机械—故障诊断—高等学校—教材　②煤矿机械—机械维修—高等学校—教材　Ⅳ.①TD407

中国版本图书馆 CIP 数据核字（2021）第 021945 号

出　版　人　苏长永
地　　　址　北京市东城区嵩祝院北巷 39 号　邮编　100009　电话　(010)64027926
网　　　址　www.cnmip.com.cn　电子信箱　yjcbs@cnmip.com.cn
责任编辑　郭雅欣　美术编辑　彭子赫　版式设计　禹　蕊
责任校对　石　静　责任印制　李玉山
ISBN 978-7-5024-8731-7
冶金工业出版社出版发行；各地新华书店经销；北京中恒海德彩色印刷有限公司印刷
2021 年 3 月第 1 版，2021 年 3 月第 1 次印刷
787mm×1092mm　1/16；16.25 印张；393 千字；249 页
45.00 元

冶金工业出版社　投稿电话　(010)64027932　投稿信箱　tougao@cnmip.com.cn
冶金工业出版社营销中心　电话　(010)64044283　传真　(010)64027893
冶金工业出版社天猫旗舰店　yjgycbs.tmall.com
（本书如有印装质量问题，本社营销中心负责退换）

前　言

煤矿机械设备种类繁多、结构复杂、自动化程度高、价格昂贵。然而，由于煤矿机械使用环境复杂，设备的使用与维护质量不仅仅影响设备本身的使用安全，更重要的是影响到煤炭企业的经济效益以及安全生产。

根据培养应用型高级专门人才的需求，秉承"基础适度、口径适中、特色突出、实践能力强、综合素质高"的原则，为适应服务国家煤炭行业智能转型和国家应急管理时代新需求以及拓宽学生的知识面，增强应用型人才的适应能力，提高学生对机械设备使用维护和常见故障诊断处理的能力，我们编写了本教材。

在编写过程中，我们力求以使用维护和故障诊断为主，反映当前国内外煤矿机械的新技术、新成果和发展趋势，将理论与实践相结合，注重课程体系的完整性，并做到理论阐述的深入浅出，力求从现场设备实际应用出发。

书中主要介绍了机械设备维修基础知识、机械零件失效原理、常见机械故障诊断技术、通用机械零件修复技术、通用机械部件维修与装配技术以及常用煤矿机械设备安装与维护等内容。

本教材由张伟杰、韩红利任主编，张敏、于润祥任副主编。其中，第1章、第2章、第7章由张伟杰编写，第3~4章由张敏编写，第5章由于润祥编写，第6章由韩红利编写。崔丽琴、张玉洁、孙辉辉参与了材料的收集与整理。本教材由张洪斌、罗建国两位教授审稿。

在编写本教材过程中，还得到了有关高校教师和煤矿企业技术人员的大力支持和帮助，在此一并表示感谢。

由于编者水平所限，书中不足之处，敬请同行专家和读者批评指正。

编　者
2020 年 8 月

目　　录

1 机械设备维修基础

本章提要： 在机械设备维修中，分析故障的目的是查明故障原因，追寻故障发生机理，探求减少故障发生的方法以提高机械设备的可靠程度和有效利用率。对于可维修机械，当潜在故障存在时和发生故障之后，可以通过维护和修复方法，使产品保持或恢复它的设计功能和工作性能。机械产品使用过程中有不同的维修方式，将预防维修、预测维修和主动维修有机地结合起来，形成一个使产品性能得以保持或恢复的系统性维修策略，称为可靠性维修。

1.1 机械设备故障

在现代化生产中，由于企业的设备结构复杂，自动化、智能化程度不断提高，各部门、各系统的联系非常紧密，因此设备的故障，哪怕是局部的失灵，都会造成整台设备、流水线或整个自动化车间的停产。设备故障给企业带来巨大经济损失和造成严重事故危害的例子不胜枚举。因此，世界各国，尤其是工业发达国家都十分重视设备故障及其管理的研究。在机械设备维修中，分析研究故障的目的是查明故障原因，追寻故障发生机理，探求减少故障发生的方法，提高机械设备的可靠程度和有效利用率。

1.1.1 故障的含义

通常，我们把机械设备在运行过程中丧失或降低其设计功能以及不能继续可靠运行的现象称为故障。机械发生故障后，其各项技术经济指标明显达不到要求。例如，原动机功率降低、传动系统失去平稳工作状态、机器振动和噪声增大、工作温度升高等，均属故障现象。

机械故障在结构上的表现，主要是零件的损坏和零件之间装配关系的破坏，如零件变形、断裂、配合松弛、紧固装置松动和失效等。

从系统的观点来看，故障包括两层含义：一是机械系统偏离正常功能，主要是因为机械系统的工作条件（包括零部件）不正常而产生的，可以通过参数调节或零部件修复重新恢复到正常功能；二是功能失效，是指系统连续偏离正常功能，且程度不断加剧，使机械设备基本功能不能保证（称为失效）。一般零件失效可以更换，关键零件失效往往导致整机功能丧失。

1.1.2 故障的类型

将故障进行分类是为了估计故障事件的影响深度，分析故障的原因，以便采取相应的对策。故障可从不同角度进行分类。

1.1.2.1　按故障发生时间划分

（1）早发性故障。这是由于机械设备在设计、制造、装配、安装、调试等方面存在的缺陷引起的。例如：新购入的液压系统严重漏油和噪声很大。这种情况可以通过重新检测、重新安装来处理解决；若设计不合理，需修改设计；如元件质量差，则应更换元件。

（2）突发性故障。这是由于各种不利因素和偶然的外界影响因素共同作用的结果。故障发生的特点具有偶然性和突发性，事先无任何征兆，一般与使用时间无关，难以预测。但它容易排除，通常不影响寿命。例如：因润滑油中断而使零件产生热变形裂纹；因使用不当或出现超负荷引起零件折断；因各参数达到极限值而引起的零件变形和断裂等。

（3）渐进性故障。它是因机械设备技术特性参数的劣化过程，包括腐蚀、磨损、疲劳、老化等，逐渐发展而成的。其特点是故障发生的概率与使用时间有关，只是在机械设备有效寿命的后期才明显地表现出来。故障一经发生，就标志着寿命的终结。通常它可以进行预测，大部分机械设备的故障都属于这一类。

（4）复合型故障。这类故障包含上述故障的特征，其故障发生的时间不定。机械设备工作能力耗损过程的速度与其耗损的性能有关。例如：零件内部存在着应力集中，当受到外界作用的最大冲击后，继续使用就可能逐渐发生裂纹；又如摩擦副的磨损过程引起渐进性故障，而外界的磨粒会引起突发性故障。

1.1.2.2　按故障表现形式划分

（1）功能故障。机械设备应有的工作能力或特性明显降低，甚至根本不能工作，即丧失了它应有的功能，称做功能故障。这类故障可通过操作者的直接感受或测定其输出参数来判断。例如：关键零件损坏、精度丧失、传动效率降低、速度达不到标准值，使整机不能工作；生产率达不到规定的指标等。

（2）潜在故障。故障逐渐发展，但尚未在功能方面表现出来，却又接近故障萌发的阶段。当这种情况能够鉴别时，即认为也是一种故障现象，称做潜在故障。例如：零件在疲劳破坏过程中，其裂纹的深度接近于允许的临界值时，便认为存在潜在故障。探明了潜在故障，就有可能在达到功能故障之前进行排除，有利于保持完好状态，避免因发生功能故障而带来的不利后果，这在机械设备使用和维修中有着重要意义。

1.1.2.3　根据故障产生的原因划分

（1）人为故障。由于在设计、制造、维修、使用、运输、管理等方面存在问题，使机械设备过早地丧失了它应有的功能，称做人为故障。例如：机械设备没有按照原设计规定的条件运转、超载、超速、超时、工作条件发生未料及的恶化等原因导致的故障；设计不当、制造工艺差、材料低劣等固有薄弱环节诱发的故障。

（2）自然故障。机械设备在其使用和保存期内，因受到外部或内部各种不同的自然因素影响而引起的故障都属于自然故障。例如：正常情况下的磨损、断裂、腐蚀、变形、蠕变、老化等损坏形式。这种故障虽然不可避免，但随着设计、制造、使用和维修水平的提高，可使机械设备有效工作时间大大延长而使故障推迟发生。

1.1.2.4　按故障造成后果划分

（1）致命故障。这是指危及或导致人身伤亡，造成机械设备报废或造成重大经济损失的故障。例如机架或机体断裂、车轮脱落、发动机总成报废等。

（2）严重故障。它是指严重影响机械设备正常使用，在较短的有效时间内无法排除的故障。例如发动机烧瓦、曲轴断裂、箱体裂纹、齿轮损坏等。

（3）一般故障。明显影响机械设备正常使用，在较短的有效时间内可以排除的故障。例如传动带断裂、操纵手柄损坏、金件开裂或开焊、电器开关损坏等。

（4）轻度故障。轻度影响机械设备正常使用，能在日常保养中用随机工具轻易排除的故障。例如轻微渗漏、一般紧固件松动等。

此外，按故障发生的间隔分为临时性故障和永久性故障；按故障的部位分为整体故障和局部故障；按故障的时间分为磨合故障、正常使用故障和耗损故障；按故障的责任分为相关故障和非相关故障；按故障外部特征分为可见故障和隐蔽故障；按故障的程度分为部分故障和完全故障；按故障的原因又可分为设计结构、生产工艺、材料、使用等故障。

故障通常采取几种分类法复合并用，如突发性的局部故障、磨损性的危险故障等。由此概括故障的复杂性、严重性和起因等情况。

1.1.3　故障基本规律

1.1.3.1　故障概率

机械设备的使用寿命是有限的，其技术状况随使用时间的延长而逐渐恶化。发生故障的可能性也随时间的推迟而增大，是时间的函数。但是故障的发生又具有随机性，无论哪一种故障都很难预料它的确切发生时间，因而故障可用概率表示。

由概率理论可知，故障概率的分布是其密度函数 $f(t)$ 的积累函数，即故障发生的时间比率，或单位时间内发生故障的概率。它是单调增函数。故障概率可用下式表示为：

$$F(t) = \int_0^t f(t)\,\mathrm{d}t \tag{1.1}$$

式中　　$F(t)$ ——故障概率；

　　　　$f(t)$ ——故障概率分布密度函数；

　　　　t ——时间。

当 $t = \infty$ 时，即　　　　　　$F(\infty) = \int_0^\infty f(t)\,\mathrm{d}t = 1$

机械设备在规定的条件下和规定的时间内不发生故障的概率称做无故障概率，用 $R(t)$ 表示。显然，故障概率与无故障概率构成一个完整事件组，即 $F(t) + R(t) = 1$，或 $R(t) = 1 - F(t)$。

1.1.3.2　故障率

故障率是指在每一个时间增量里产生故障的次数，或在时间 t 之前尚未发生故障，而在随后的 $\mathrm{d}t$ 时间内可能发生故障的条件概率，用 $\lambda(t)$ 表示，其数学关系式为：

$$\lambda(t) = F(t)/R(t) \tag{1.2}$$

式（1.2）说明故障率为某一瞬时可能发生的故障相对于该瞬时无故障概率之比。

根据不同的变化规律，故障率可分为常数型、负指数型、正指数型和浴盆曲线型4种。

A　常数型

故障率基本保持不变，是一个常数，它不随时间而变化。此时的机械设备或零部件均未达到使用寿命，不易发生故障。但因某种原因也会导致发生故障，且有随机性。在严格操作、加强维护保养的情况下将随时排除故障，因此故障率很小。如图 1.1 所示。

B   负指数型

由于使用了质量粗劣的零件或制造中工艺的疏忽、装配质量不高，还有设计、保管、运输、操作等方面的原因，使机械设备投入运转的初期故障率很高，即有一个早期故障期。随着时间的推移，经过运转、磨合、调整，故障逐个暴露，并一个个排除后，故障率由高逐渐降低，并趋于稳定，成为负指数型（又称渐减型）故障率曲线，如图 1.2 所示。

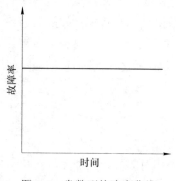

图 1.1   常数型故障率曲线

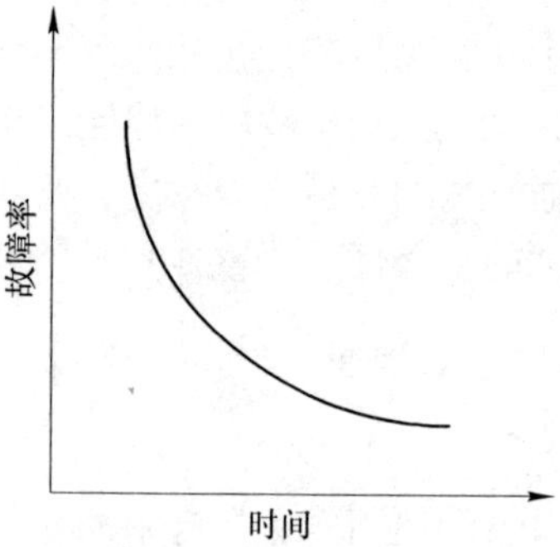

图 1.2   负指数型故障率曲线

C   正指数型

机械设备或零部件随着时间的增长，逐渐发生磨损、腐蚀、疲劳等，故障率增多，其故障率曲线是正指数型（又称渐增型）。渐进性故障的故障率属于这种类型，如图 1.3 所示。

D   浴盆曲线型

机械设备或零部件发生故障，包括前述的 3 种类型，由 3 条曲线叠加而形成一条浴盆曲线，如图 1.4 所示。

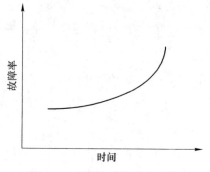

图 1.3   正指数型故障率曲线

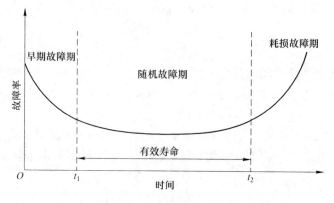

图 1.4   浴盆型故障率曲线

浴盆曲线型是最常见的一种故障率类型。曲线划分成早期故障（初始故障）、随机故障（偶发故障）、耗损故障（衰老故障）3个阶段。

（1）早期故障期（ $0 < t < t_1$ ）。相当于机械设备安装试车后，经过磨合、调整将进入正常工作阶段。若进行大修或技术改造后，早期故障期将再次出现。

（2）随机故障期（ $t_1 \leq t < t_2$ ）。此时期是机械设备的最佳工作期。

（3）耗损故障期（ $t_2 \leq t \leq T$ ）。T 为两次大修间的正常工作时间。大多数的机械设备或零部件经长期运转，磨损严重，增加了产生故障的机会。因此，应在这一时期出现前进行预防维修，防止故障大量出现，降低故障率和减少维修工作量。

1.1.4 故障产生的主要因素

机械故障的产生受到很多因素的影响，如设计、加工制造、装配、安装与调试、使用与操作等，而在这众多的因素中，往往是其中某一种或几种因素起着重要的作用。

1.1.4.1 制造和修理因素对故障的影响

修理和制造通常采用相同的加工手段或相近的工艺。在制造或修理过程中，材料的品质、零件的加工精度及机器的装配质量等如果不符合要求，都会影响到机械技术参数和性能的变化，造成机械故障。

（1）零件材料的选择。在机械设备中，许多零件必须同时具有必要的结构强度性能和不同的表面性能。为此，在制造和修理中应合理选择零件材料，在满足零件结构强度性能要求的同时，提高或改善零件表面性能的要求，如在表面进行堆（补）焊、喷涂、电镀等以获得表面耐磨、耐腐蚀、高硬度等性能，从而达到提高零件工作耐久性、可靠性的目的。

（2）零件的加工质量。零件的加工质量包括它的各种尺寸精度、表面粗糙度和其他经过热处理所能达到的机械性能。采用不同的生产加工方法和工艺措施，可以使零件得到不同的工作性能。因此，制造和修理零件时，要根据实际情况，选用最佳加工或修复方案，以确保零件的加工质量。

为了使钢制零件获得较高的强度和表面硬度，常可采用调质、渗碳、氮化和氰化等热处理和化学热处理工艺。对于受交变载荷的零件，可以采用表面塑性变形强化的方法进行处理，如滚压加工强化、挤压加工强化、喷丸处理强化等。

（3）设备的装配质量。影响装配质量的因素主要体现为零件装配的位置精度和接触精度。位置精度主要通过装配间隙的大小、位置关系的准确程度来体现，如滑动轴承轴颈与轴承孔之间的间隙大小，减速器各轴之间的平行度、垂直度和同轴度等。接触精度主要通过正常工作状态下接触面积的大小和接触部位的位置来体现，如相互啮合的轮齿接触表面的面积和接触位置体现了装配关系的正确与否。

另外，机器装配质量的好坏直接与装配人员技术操作熟练程度和装配技术装备有着直接的关系。提高操作人员的技术水平，及时配置或更新检查、测量工具和装配机具，是提高装配质量的又一重要措施。

1.1.4.2 使用因素对故障的影响

在正常使用条件下，机械设备有它自身的故障规律。但当使用条件改变时，机械设备的故障规律也随之发生改变。导致故障产生的因素既有客观方面的，也有主观方面的，综合起来主要表现为工作负荷、工作环境、设备保养和操作水平等。

A　工作负荷

机器正常工作时，零件的磨损程度与摩擦呈线性关系，摩擦与工作负荷成正比关系，因此零件的磨损程度与工作负荷的大小也呈线性关系。零件的疲劳损坏是在一定的交变载荷下发生的，随工作负荷的增大而加剧。若令机械在额定负荷条件下的故障率（也称基本故障率）为 β_0，则当负荷改变时，可将基本故障率乘以一个负荷系数 K_f 来表示在负荷改变条件下的故障率，即：

$$\beta_1 = \beta_0 K_f \tag{1.3}$$

式中　β_1——考虑负荷变化因素时的故障率。

一般情况下，机械设备都是在低于额定负荷的条件下工作的，即 $K_f < 1$；当负荷超过额定载荷时，$K_f > 1$。因此，我们使用任何机械设备时，必须确保其在额定负荷条件以下工作，以降低故障率。

B　工作环境

机械设备的工作环境包括工作场所、气候条件、腐蚀介质和其他有害介质的影响，以及工作对象的状况等。一般情况下，机械工作温度升高、工作副有杂质进入、空气中含有过量的腐蚀性气体等，都会导致零件的磨损和腐蚀加剧。因此，考虑工作环境对机械故障的影响时，可用环境系数 K_h 进行修正，故实际故障率可表示为：

$$\beta_2 = \beta_1 K_h = \beta_0 K_f K_h \tag{1.4}$$

式中　β_2——考虑工作环境和负荷因素时的实际故障率。

由于煤矿井下工作环境条件比较差，一般可以认为 K_h 总是大于1的，因此煤矿机械的故障率较高，维修成本较大。尽管如此，还是可以通过采取一些必要的技术措施加以改善，如设备中采取风冷或水冷装置、设置防护装置、设备外壳涂防锈漆、采用多功能的润滑剂、改进空气滤清器和润滑系统滤油器等，都是基于改善工作环境条件所采取的手段。

C　设备保养和操作水平

为了确保设备安全、可靠运行，控制故障率，延长设备使用寿命，必须建立合理的维护保养和修理制度，并严格执行设备检修和使用操作规程。特别是生产环节中重要的、关键的设备，如煤矿生产中的通风机、提升机、空气压缩机等，任何的违章行为均可能导致重大事故的发生。同时，操作人员的技术熟练程度和应急能力，如启动操作程序、加载条件和方法、处理各种突发情况的能力，甚至操作人员的职业道德等，都直接或间接地影响着机械的使用寿命。

对于机械的保养和使用因素的影响，一般情况下可以用一个大于1的系数 K_b 加以修正。综合上述因素的影响后，机械的总实际故障率为：

$$\beta = \beta_2 K_b = \beta_0 K_f K_h K_b \tag{1.5}$$

1.2　机械设备维修

对于可维修机械，在潜在故障存在时和发生故障之后，可以通过维护和修复方法，使产品保持或恢复它的规定功能和工作性能。

维修是指在规定条件下和规定时间内,按规定的程序进行相应的作业,使机械保持和恢复到能完成规定功能的过程。对机械进行维修时,所需的维修时间除了与机械本身的结构有关外,还受到维修条件如维修人员的技术水平、组织管理、备件和材料供应等的影响。

1.2.1 机械设备的维修性

机械具有可以通过维修手段来预防故障、查找原因和消除后果的性质,这种性质就是机械的维修性。维修性是机械的一种固有属性,它从机械设计的角度反映了机械维修的难易程度。

机械维修性的好坏可以通过维修速度反映出来,即从发生故障到恢复到正常状态所花费的维修时间。由于故障的原因、发生的部位以及设备所处的具体环境不同,维修所需的时间是一个随机变量,可以用一个描述维修时间的概率分布参数来表示维修性,即维修度。维修度是指在规定条件下,在规定的时间内,按照规定的程序和方法进行维修时,保持或恢复到能完成规定功能的概率。

"规定的条件"和"规定的时间"对影响维修工作各方面的因素做出明确的规定,便于对设备的固有维修性进行比较。但对同种设备,即维修对象和目标一定时,维修度也常用来评定维修企业的管理和技术水平。

1.2.2 设备维修种类

设备维修应依据设备自身的特点和工作条件,在保证生产的前提下,合理利用维修资源,达到寿命周期费用最经济的目的。目前国内外常用的维修种类有预防维修、预测维修、事后维修和主动维修。

1.2.2.1 预防维修

预防维修是为了防止设备性能和精度劣化,或为了降低故障率,按事先制订的修理计划和技术要求进行的维修活动。预防维修主要采取定期维修方式。

定期维修是在规定时间的基础上执行的预防维修活动,具有周期性特点。它是根据零件的失效规律事先规定修理间隔期、修理类别、工作内容和修理工作量。这种修理方式的计划性强,便于做好维修前准备,并可做长期的工作安排。它主要适用于已掌握设备磨损规律且生产稳定、连续生产的流程式生产设备、动力设备以及其他可以统计运行时数的设备。

由于设备劣化的规律各异,现场生产中对设备修理内容和时间难以做出准确的估计,因此定期维修容易造成维修过剩或维修不足现象,经济性较差。

我国目前实行的设备预防维修制度主要有计划预防维修制和计划保修制两种。

A 计划预防维修制

计划预防维修制简称计划预修制,它是根据设备的磨损规律,按预定修理周期及其结构对设备进行维护、检查和修理,以保证设备经常处于良好的技术状态的一种设备维修制度。其主要特征如下:

(1) 按规定的检查项目要求,对设备进行日常清扫、检查、润滑、紧固和调整等。

（2）按规定的日程表对设备的运动状态、性能和磨损程度等进行定期检查和校验，以便及时消除设备隐患，掌握设备技术状况的变化情况，为设备定期检修做好准备。

（3）有计划有准备地对设备进行预防性修理。

在煤矿生产中，综采工作面设备如采煤机、刮板输送机、带式输送机、液压支架等，一般安排两班生产一班检修（三八制）或三班生产一班检修（四六制）就属于计划预防维修的定期维修方式。

B　计划保修制

计划保修制又称保养修理制，它是把维护保养和计划检修结合起来的一种修理制度，其主要特点是：

（1）根据设备的特点和状况，按照设备运转小时等，规定不同的维修保养类别和间隔期。

（2）在保养的基础上制定设备不同的修理类别和修理周期。

（3）当设备运转到规定时限时，不论其技术状况如何，也不考虑生产任务的轻重，都要严格地按要求进行检查、保养或计划修理。

如煤矿大型固定设备中的通风机采用每月停机检修一次、矿井提升机每天固定 2h 以上停机检修时间等均属于计划保修的定期维修方式。

1.2.2.2　预测维修

预测维修是一种以故障诊断技术为基础的，按实际诊断结果的需要进行修理的预防维修方式。它是在状态监测和技术诊断基础上，获得设备运行的相关信息，通过统计分析，正确判断设备的劣化程度、故障或将要发生故障的部位和原因、设备状况的变化趋势，掌握设备劣化发展情况，在高度预知的情况下，适时安排预防性修理，因此又称为预知维修或状态监测维修。这样，可以在故障发生前进行适时修理，减少不必要的计划维修，提高设备的有效度，充分发挥零件的最大效能。

因受到诊断技术发展的限制，目前采用状态监测维修投入成本较大，但它是今后企业设备维修的发展方向。该维修方式主要用于一些重点设备、关键或核心设备、利用率高的"精、大、稀"类设备等。

1.2.2.3　事后维修

事后维修就是对一些生产设备，不将其列入预防修理计划，待发生故障后或性能、精度降低到不能满足生产要求时再进行修理。它主要适用于非重点设备，如简单低值设备、利用率低的设备、出现故障停机不影响生产大局的设备。采用事后维修策略可以发挥主要零件的最大效能，获得较好的维修经济性。值得注意的是，事后维修即坏了再修，作为一种维修策略是实际生产过程中行之有效的方式，并不等于对设备的运行置之不理，而是要在日常的检查和保养过程中安排必要的检查和保养。

1.2.2.4　主动维修

主动维修也称改善维修，其目的是为了消除设备的先天性缺陷或频发故障，它是预防维修方式的重要发展。主动维修是在实施设备维修过程中，对设备上经常发生故障的局部结构或零部件进行改进性设计，提高零部件的性能和寿命，或改善设备运行的可靠性和维修性，使故障间隔周期延长或消除故障，从而降低故障率、停修时间和维修费用。

1.2.3 机械设备的修理类型

修理是设备维修工程中的核心环节，其类别是依据修理内容、要求以及工作量大小进行划分的，主要有大修、中修、小修、定期检查试验和定期精度调整等类型。

（1）大修。设备大修是工作量最大的一种有计划的彻底性修理。大修时，对设备的全部或大部分结构部件进行解体检查，修复基础件，更换或修复全部不可用的零件，修复、调整电气系统，修复设备的附件以及翻新外观等，从而达到全面消除修理前存在的缺陷，恢复设备规定的精度和性能。

（2）中修。中修也称项修，即项目修理。它是根据设备的结构特点及存在的问题，对技术状态劣化已达不到生产工艺要求的某些零件或部件，制定相应的修理内容，并按照结构位置的不同规定一系列修理项目，按实际需要进行有针对性的修理，恢复所修部分的性能。

在煤矿生产中，一般每年安排 1~2 次的全矿井停产检修工作，实质上就是集中起来进行全面中修的一种方式。

（3）小修。小修是维持性修理，不对设备进行较全面的检查、清洗和调整，只结合掌握的技术状态的信息进行局部拆卸、更换和修复部分失效零件，以保证设备正常的工作能力。

（4）定期检查试验和精度调整。该项工作属于计划修理的范畴，目的是及时掌握设备的技术状态，发现和清除设备隐患以及较小故障，以减少突发故障的发生；有针对性地提出相邻后续计划修理的内容，做好修前准备工作或据此调整修理计划；对关键、重要设备的几何精度进行有计划的定期检查并调整，使其达到或接近规定的精度标准，满足工作要求。

1.2.4 机械设备维修工程设计与实施

为了使机械具有较高的维修性，提高整个维修过程的有效度和降低成本所进行的设备维修全过程的整体设计称为维修工程设计。设备维修工程设计应从设备结构设计、维修周期、维修类别及内容和技术保障等方面加以考虑。

1.2.4.1 维修结构设计

维修结构设计是在设计机器时就要考虑的，并在将来修理某些失效零部件或总成时在结构上提供便利的条件，概括起来有以下 5 个方面。

（1）检查、维护的便利性。设备总体布局和结构设计，应使其各部分易于检查、便于修理和维护。同时考虑维修的可达性，即在维修时能够接近维修部位的难易程度。在考虑可达性时要从两方面入手：一是要设置便于检查、测试、互换等维修操作的通道；二是要有合适的维修操作空间。

（2）拆装的便利性。结构设计时应为拆装操作提供便利条件，以提高维修工作的效率，如合理选择连接形式、采用标准件和通用件等。必要时设置定位装置和标志，以保证装配的相互位置的正确性和易操作性。

（3）修理作业的简单化。主要通过以下手段来保证：产品结构简单化，提高零部件的可更换性和互换性，尽可能采用标准化、通用化的零部件；采用可调整结构，如轴向间隙、运动轨迹的调整装置等。

（4）检查、监测和诊断工作的先进性。随着现代诊断技术的日益成熟，机械上的监测装置也越来越完善，因此应考虑设置传感器集中监测的检测点。同时，除了各种指示仪表外，还可以设置自动报警装置，如显示红灯或蜂鸣器等。这些对维修性结构设计提出了更高、更先进的要求。

（5）无维修设计。无维修设计有两层含义：其一是设计一次性使用的零部件，其目标是在使用中不进行维修，如自润滑合金轴承、塑料轴承、自调刹车闸等不需润滑的零部件、不需调整的零部件等；其二是使用中能保证其极高的可靠性和安全性，而无须中途维修的设备，如核能设备、航天器等。

1.2.4.2　维修周期设计

在机械零部件中，有相当一部分零件的寿命相同或相近，因此可以考虑在一次维修中将有关寿命相近的零部件同时进行修理，以减少维修次数和重复的拆装工作，从而提高效率。这种依据部分零部件相近寿命期而制订的维修方案，称做维修周期设计。

1.2.4.3　维修类别及内容设计

在机械设备的维修管理中，一般由现场工程师依据设备工作要求和现场工作条件确定设备的维修方式和修理类型，建立日检、旬检（或周检）、月检、季检、年检等检修制度，然后编制修理、维修保养周期检查图表，明确检查和修理的内容、时间、参加人员、技术质量标准要求等。

1.2.4.4　维修技术保障设计

机械维修技术保障设计，是指制定各种维修技术文件，并将其作为保障设备按规定进行维修的法定文件。如编写设备使用说明书、编制维修技术指南和维修技术标准、制定维修备件储备指标等。

1.3　可靠性维修概述

1.3.1　可靠性工程的基本原理

1.3.1.1　可靠性与可靠性工程定义

可靠性是指产品在规定的条件下和规定的时间内，完成规定功能的能力。产品的可靠性与外界环境和对产品功能的需求密切相关。理解产品的可靠性需要从两个角度出发，其一是按照产品的层次结构理解可靠性，根据产品各层次特点开展相应的可靠性工作；其二是按照产品的全寿命周期理解可靠性，在需求分析、总体设计、分项设计和生产、试验、使用、维修维护等过程都需开展相应的可靠性工作。

衡量系统可靠性有 3 个重要指标：

（1）保险期：系统建成后能有效地完成规定任务的期限，超过这一期限系统可靠性就会逐渐降低。

（2）有效性：系统在规定时间内能正常工作的概率。概率的大小取决于系统故障率的高低、发现故障部分的快慢和故障修复时间的长短。

（3）狭义可靠性：由结构可靠性和性能可靠性两部分组成。

常用的度量指标还有可靠度、故障率、平均无故障工作时间和平均故障修复时间等。

可靠性工程是提高系统（或产品或元器件）在整个寿命周期内可靠性的一门有关设计、分析、试验的工程技术。可靠性工程研究是 20 世纪 50 年代初从美国对电子设备可靠性研究开始的。到了 60 年代才陆续由电子设备的可靠性技术推广到机械、建筑等各个行业。后来，又相继发展了故障物理学、可靠性试验学、可靠性管理学等分支，使可靠性工程有了比较完善的理论基础。

1.3.1.2 可靠性工程工作步骤

可靠性工程的具体工作步骤为：

（1）通过试验或使用，发现系统在可靠性上的薄弱环节。

（2）研究分析导致这些薄弱环节的主要内外因素。

（3）研究影响系统可靠性的物理、化学、人为的机理及其规律。

（4）针对分析得到的问题原因，在技术上、组织上采取相应的改进措施，并定量地评定和验证其效果。

（5）完善系统的制造工艺和生产组织。

可靠性工程是为了达到系统可靠性要求而进行的有关设计、管理、试验和生产一系列工作的总和，它与系统整个寿命周期内的全部可靠性活动有关。利用可靠性的工程技术手段能够快速、准确地确定产品的薄弱环节，并给出改进措施和改进后对系统可靠性的影响。

1.3.2 可靠性维修的含义

机械产品使用过程中有不同的维修方式，将预防维修、预测维修和主动维修有机地结合起来，形成一个使产品性能得以保持或恢复的系统的维修策略，称为可靠性维修。可靠性维修可以使设备发挥最好的作用，获得最大可靠性。可靠性维修的目标如下：

（1）始终掌握机器状况。机器运行状况信息可提供全部设备生产能力的现状。

（2）提高机器的使用寿命。通过高质量的维护保养和修理，减少损耗，降低机器故障率，保证昂贵设备获得更长的寿命。

（3）计划性更突出。依据先进的手段，全面掌握设备的工作特性，对设备运行的维护和修理、维修施工组织、维修工时、备品备件及其他维修必需品预先考虑并作周密计划，维修工作效率更高。

（4）协作性更突出。维修部门、采购供应部门、生产部门及相关辅助部门等密切合作，充分安排维修计划的实施，并保持生产能力的稳定。

（5）显著增加经济效益。大幅度减少企业维修费用，降低生产成本，提高利润指标。

（6）增强安全和环境意识。提高生产的安全性，保护工作环境，减少城市污染。

随着现代技术的不断发展和进步，工矿企业生产过程中预测维修越来越受到重视，尤其是现代化大型工业企业，机械设备规格多、种类多、数量多，单纯依靠某种维修方式已难以保证设备的可靠运行，因而设备的维修采用可靠性维修的原理来实现经济生产、安全生产和高效生产是非常必要的，即以预测维修为主要手段，通过状态监测随时获得比较准确和全面的运行状况信息，通过对信息的分析和处理，合理准确地判定设备的技术状况，确立对设备进行维护或修理的方案并实施。

复习思考题

1-1　简述故障的定义及其含义。

1-2　机械故障是如何分类的？用所学的故障分类方法，概括你所了解的某种故障是属于哪一类型的故障。

1-3　故障率分为哪几种类型，各有什么特点？

1-4　影响机械故障产生的主要因素有哪些？举例说明你所了解的某机械设备产生故障的原因是什么，主要是哪些因素导致的。

1-5　机械设备维修种类有哪些？

1-6　什么是可靠性维修，其目标有哪些？

2 机械零件失效

本章提要： 机械设备中各种零件或构件都具有一定的功能，实现规定的动作，保持一定的几何形状等。当零件在载荷作用下丧失最初规定的功能时称为失效。

一般机械零件的失效形式是按失效件的外部形态特征来分类的。主要包括：磨损失效、断裂失效、变形失效、腐蚀失效和气蚀失效等。在生产实践中，最主要的失效形式是零件工作表面的磨损失效；而最危险的失效形式是断裂失效。

机械零件与构件的失效最终必将导致机械设备的故障。关键零件的失效会造成设备事故、人身伤亡事故，甚至大范围内的灾难性后果。

2.1　磨　损　失　效

零件的磨损超过了某一限度，就会丧失其规定的功能，引起设备性能的下降或不能工作，这种情形称为零件的磨损失效。据统计，在机械设备的故障中约有 1/3 是由零件的磨损失效引起的。因此，研究磨损失效的规律，寻找减少磨损失效的措施，是机械设备维修工程中一个十分重要的方向。

2.1.1　摩擦学基础

据估计，目前世界上的能源约有 1/3~1/2 消耗在各种形式的摩擦上，一般机械设备中约有 80% 零件是因磨损而失效报废。摩擦是不可避免的自然现象，磨损是摩擦的必然结果，润滑则是改善摩擦、减缓磨损的有效方法，它是维修理论的基础。

2.1.1.1　物体表面的性质

摩擦、磨损和润滑都是在物体表面进行的。了解和研究物体表面的性质和固体表面的接触是理解摩擦学的基础。

A　物体的表面

不论采用哪种加工技术，物体的表面总是凹凸不平的。表面粗糙度是表示表面凹凸不平的程度，表面越粗糙，实际接触面积越小，单位面积压力越大，要求油膜厚度越大。反之，粗糙度越小，实际接触面积越大，单位面积压力越小，要求油膜厚度也就可以小一些。

B　表面结构

不存在任何其他物质（包括自然污染物）的表面称做纯净表面。在此表面上的分子失去了限制，呈现出活泼的性质。纯净表面只能在物体发生显著塑性变形和表面膜被破坏或在真空下获得。在大气中经切削加工的表面可能形成如图 2.1 所示的典型表面层结构。

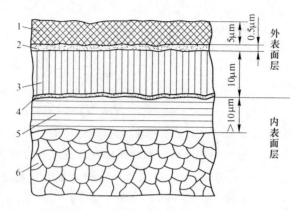

图 2.1　表面层结构

1—污染层；2—吸附气体分子层；3—氧化层；
4—贝氏层；5—变形层；6—金属基体

在金属基体 6 的上部为变形层 5，这是表面在加工过程中产生弹性变形、塑性变形和晶格扭曲而形成的加工硬化层。它的硬度较高且有残余应力，金相组织也发生了很大变化。在变形层的上部为贝氏层 4，这是加工过程中分子层熔化和表层流动而形成的冷硬层，结晶很细，有利于表层耐磨。在贝氏层上是氧化层 3，而在氧化层外还有吸附气体分子层 2，以及尘埃、磨屑等形成的污染层 1。

在摩擦过程中，表面膜的结构和性质对润滑性能影响很大。若摩擦发生在膜层内。膜的存在使金属摩擦表面不易发生黏着，则摩擦系数降低，磨损减小。

C　接触表面

由于物体微观表面凹凸不平，使两物体表面总是在个别点上接触，如图 2.2 所示。

（1）名义接触面积（A_n）：它指的是两接触物体宏观边界所决定的几何面积，即具有理想光滑平面的两物体接触的面积，如图 2.2 所示，$A_n = ab$。这是一般工程计算中用于求名义单位压力的面积。

（2）轮廓接触面积（A_c）：两物体在外载荷作用下相互挤压时，接触斑点

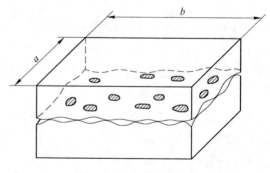

图 2.2　接触表面

将出现在表面的波峰上。图 2.2 所示的小黑圈表示轮廓接触面积微元，它的总面积即为 A_c，其大小与表面的轮廓形状及所受载荷的大小有关。

（3）实际接触面积（A_r）：它指的是物体接触时各微凸体发生变形而产生的微接触面积的总和。粗糙表面的接触十分离散，实际接触面积仅占名义接触面积的极小一部分，即 $A_r = (0.001 \sim 0.01)A_n$。实际接触面积决定着粗糙表面分子间相互作用力的范围，所以对 A_r 的计算是摩擦和磨损分析与计算的主要组成部分，极为重要。

D　表面接触部分的温度

物体表面摩擦时，动能转变为热能，使物体表面温度升高。摩擦表面的温度随载荷及速度增加而升高，并与导热系数大小成反比。

2.1.1.2　摩擦

阻止两物体接触表面作相对切向运动的现象称做摩擦。这个阻力称做摩擦力。摩擦力与法向载荷的比值称为摩擦因数。

A　摩擦的分类

摩擦可根据摩擦副的运动状态，分为静摩擦和动摩擦两种，静摩擦的摩擦系数大于动摩擦系数。

根据摩擦物体的运动形式，摩擦可分为滑动摩擦和滚动摩擦两种。

根据摩擦物的表面润滑状态，摩擦可分为干摩擦、液体摩擦、边界摩擦和混合摩擦等，如图 2.3 所示。

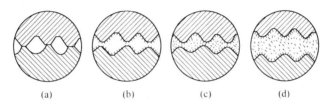

图 2.3　按表面润滑状态分类
（a）干摩擦；（b）边界摩擦；（c）液体摩擦；（d）混合摩擦

（1）干摩擦。在摩擦表面之间，完全没有润滑油和其他杂质，摩擦表面之间做相对运动时所产生的摩擦称做干摩擦，如图 2.3（a）所示。例如，制动闸瓦与制动轮做相对运动时即产生干摩擦。干摩擦时摩擦表面上的磨损是严重的，但是，随着使用条件的不同，干摩擦的作用可能是有益的，也可能是有害的。如在各种摩擦传动装置和制动器中的干摩擦是有益的，而有各种滑动轴承中的干摩擦是有害的。

由于摩擦表面间存在着分子相互间的吸引力，所以不能单纯采用减小粗糙度的方法减小摩擦力。通过在摩擦表面间引入润滑材料的方法，可以避免摩擦表面直接接触，从而减小由于分子引力作用而产生的摩擦力。

（2）边界摩擦。在两个滑动摩擦表面之间，由于润滑剂供应非常不足，无法建立液体摩擦，而只是在摩擦表面上形成一层厚度为 $0.1 \sim 0.2 \mu m$ 的极薄的油膜时发生的摩擦，如图 2.3（b）所示。因油膜顺着零件表面的边界分布，因此该油膜称做边界膜，并把这种摩擦称做边界摩擦。边界摩擦的摩擦因数 $f = 0.01 \sim 0.1$。边界摩擦是一种普遍的摩擦现象，例如普通滑动轴承，气缸与活塞环之间的摩擦便属于边界摩擦，即使是按液体摩擦设计的滑动轴承，在其起动和停止过程中，也会出现边界摩擦现象。

（3）液体摩擦。在两个滑动摩擦表面之间，由于充满润滑剂，表面不发生直接接触，这时的摩擦不是发生在两摩擦表面上，而是发生在润滑剂内部，因此称为液体摩擦，如图 2.3（c）所示。液体摩擦的摩擦因数很小，大约 $f = 0.003 \sim 0.01$。液体摩擦时摩擦表面不发生磨损。

（4）混合摩擦。相对运动的两个零件表面之间，由于润滑剂供应不够完善，无法形成完全的液体摩擦，因而在摩擦表面上有部分表面发生干摩擦或边界摩擦，这种介于液体摩擦与干摩擦之间的过渡状态的摩擦，称做半液体和半干摩擦，如图2.3（d）所示。半液体摩擦和半干摩擦都称做混合摩擦，这是因为半液体摩擦是指在摩擦表面上同时存在着液体摩擦和边界摩擦，半干摩擦是指在摩擦表面上同时存在着干摩擦和边界摩擦。混合摩擦常发生在下列几种情况下：机器在起动和制动时（如提升机的主轴滑动轴承）；配合零件做往复运动和摆动时（如压气机的活塞环）；机器的运动速度或负载剧烈变化时；机器在高温或高压下工作；滑动轴承顶部间隙过大时；润滑油黏度过小或供应不足时。

B　摩擦的实质

在机械中互相接触并有相对运动的两个构件称运动副或摩擦副。两固体表面直接接触时，由于各自表面实际上只有凸峰相互接触，接触面积很小。当在正压力的作用下做相对切向运动时，将出现下列情况。

（1）塑性黏着。在正压力作用下，各凸峰的接触点处产生很大的接触应力，对塑性材料来说即引起塑性变形，造成表面膜破坏。同时，在塑性变形后的再结晶中有可能由两表面的金属共同形成新生晶格。在此情况下，这些接触点处便产生黏着结合，当它们做相对运动时，将这些黏着点撕脱或剪断，这时所需要的作用力即是摩擦力。

（2）切削阻力。当两物体的材料硬度相差很大，硬质材料的凸峰便会嵌入较软的材料中去。它们做相对运动时，硬的凸峰就会在软的材料上切削出沟槽，因而摩擦力以切削阻力的形式出现。

（3）分子引力。两物体的实际接触表面由于紧密相连接，会产生分子引力。相对运动时还必须克服此分子引力的作用。

以上这些构成了摩擦力产生的基础，是摩擦现象的实质。

C　摩擦机理

摩擦现象的机理尚未形成统一的理论。目前几种主要的理论简介如下。

（1）机械理论。在摩擦过程中，由于表面存在一定的粗糙度，凹凸不平处互相产生啮合力。当发生相对运动时，两表面上的凸起部分就会互相碰撞，阻碍表面的相对运动，产生摩擦和摩擦力。

（2）分子理论。当摩擦面承受载荷时，表面只由若干个突起部位支撑着，摩擦副支撑点上的分子已处于分子力作用范围内。一旦分子间接近到一定距离时，会产生吸引力。因此两表面做相对运动时就必须克服分子引力，从而产生摩擦和摩擦力。在表面粗糙时，随着粗糙度减小，摩擦也减小；而粗糙度很小时，摩擦反而加大。这一点机械理论解释不了。

（3）分子—机械理论。摩擦表面真实接触部分在很大的单位压力作用下，表面凸峰相互压入和啮合，同时摩擦表面分子也互相吸引。此时摩擦过程就是克服这些机械啮合和表面分子吸引力的过程，摩擦力就是这些接触点上因机械啮合作用和分子吸引作用所产生的切向阻力的总和，即：

$$F = F_1 + F_2 \tag{2.1}$$

式中　F——总摩擦力；

F_1——摩擦的机械分力；

F_2——摩擦的分子分力。

分子—机械理论不仅适用于干摩擦，也适用于边界摩擦。

（4）黏着理论。接触表面在载荷作用下，某些接触点会产生很大的单位压力，引起塑性变形，形成局部高温，从而发生黏着，运动中又被剪断或撕开而产生运动阻力。黏着、变形、撕裂交替进行，摩擦力等于其剪切力的总和。

$$F = A_r\tau + \delta_P \tag{2.2}$$

式中 F——摩擦力；

A_r——实际接触面积；

τ——剪应力；

δ_P——系数（因表面凸峰相互啮合而产生）。

（5）能量理论。大部分摩擦能量消耗于表面的弹性和塑性变形，凸峰的断裂、黏着与撕开，大多数表现为热能，其次是发光、辐射、振动、噪声及化学反应等一系列能量消耗现象。能量平衡理论是从综合的观点，从摩擦学系统的概念出发来分析摩擦过程。影响能量平衡的因素有材料、载荷、工作介质的物理和化学性质以及摩擦路程等。

（6）滑动摩擦机理。当两个摩擦物体的粗糙表面相互靠近时，仅在个别点上发生接触，如图 2.4 所示，此时，接触点上的分子在分子引力作用下互相结合起来。当物体相对滑动时，这些结合遭到破坏，但同时又在新的接触点上结合，破坏这些结合就会使运动产生阻力。另外，两个接触面上凹凸不平的谷峰之间相互机械的啮合也会产生阻力。因此，总的摩擦力是由分子结合与机械啮合所产生的阻力的总和。这就是近代比较完整的分子机械摩擦理论。按照这个理论可以合理地解释下面的摩擦现象，即在负载为一定的条件下，当摩擦表面的粗糙度减小时，摩擦因数 f 降低到某一最小值 f_{min}，相应的粗糙度为 $H_{最适宜}$，以后随着粗糙度的逐渐减小，摩擦因数反而逐渐增加，如图 2.5 所示，这是因为减小表面粗糙度则会增加零件表面结合点的数量，所以摩擦表面之间的分子引力也就相应地增大，这时候影响摩擦力大小的主要因素是分子结合而不是机械啮合。当摩擦表面的粗糙度大于最适宜的表面粗糙度时，摩擦力大小将随着粗糙度的增加而迅速增加，这时影响摩擦力大小的主要因素是机械啮合而不是分子结合。实践证明，最适宜的表面粗糙度一般为 $R_a = 0.63 \sim 0.1\mu\mathrm{m}$。

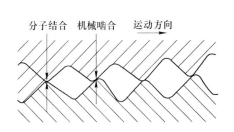

图 2.4 零件粗糙表面接触图

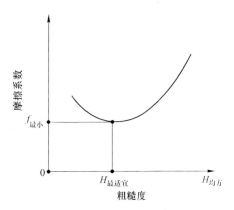

图 2.5 粗糙度与摩擦系数关系曲线

（7）滚动摩擦机理。滚动摩擦的阻力主要由微观滑动、弹性滞后、塑性变形、黏着效应4部分组成。

1）微观滑动。零件接触面上存在有滑动摩擦的滑移区是造成滚动阻力的主要因素。如果两个相接触物体的弹性模量不同，由于滚动时的压力，在两表面产生不相等的切向位移，接触面上便有微观滑动出现。当滚动副传递较大的切向力时，接触面上就有微观滑动区存在。此外，两个相互滚动的物体由于接触表面上各点的切向速度不同，也会导致微观滑动。这些滑动形成了摩擦阻力。

2）弹性滞后。滚动过程中，接触表面受到压缩应力和剪切应力的作用而产生弹性变形。弹性变形所需能量的主要部分在接触消除后恢复，但是由于弹性滞后现象，另一部分弹性变形能量造成了滚动摩擦阻力。

许多金属材料在低于弹性极限应力的作用下，会产生弹性滞后现象。即弹性应变不是在应力作用的一瞬间产生，而是需要应力持续充分时间后，才会完全产生。当应力去除后变形也不是在一瞬间完全消失，而是需要经过充分的时间后，才完全消失。这种应变滞后于应力的现象称为弹性滞后现象。

3）塑性变形。在零件滚动接触过程中，当接触区表面的最大接触应力 p_{max} 与受压屈服极限 σ_s 满足 $p_{max} = 3\sigma_s$ 时，将首先在距离表面某一深度处产生塑性变形。随后塑性变形增大，塑性变形所消耗的能量组成了滚动摩擦阻力。

4）黏着效应。滚动摩擦时，相互紧压的表面由于分子的活动性和作用力，可使接触点黏附在一起成为黏着结点。滚动时黏着结点沿垂直接触面方向在拉力下拉开，这种拉开黏着结点的拉力称为黏着力。黏着力所消耗的能量，虽然只占全部滚动摩擦阻力的一小部分，但是它也参与组成滚动摩擦阻力。

在不同的接触几何形状和工况条件下，有时某一种阻力占主要地位。在一般情况下，常是几种阻力同时作用于滚动摩擦表面。

D 影响摩擦的因素

摩擦因数是表示摩擦材料特性的主要参数之一。常用材料的摩擦因数在一般手册中都能查到。研究摩擦的影响因素，实际上是研究摩擦因数的影响因素，它对维修工作有着重要意义。

影响摩擦因数的因素十分复杂，主要有以下因素：

（1）润滑条件。在不同的润滑条件下，摩擦因数差异很大，如洁净无润滑的表面摩擦因数为0.3~0.5；而在液体动压润滑的表面上摩擦因数为0.001~0.01。

（2）表面氧化膜。具有表面氧化膜的摩擦副，其摩擦主要发生在膜层内。在一般情况下由于表面氧化膜的塑性和机械强度比金属材料差，在摩擦过程中，氧化膜先被破坏，金属表面不易发生黏着，摩擦因数降低，磨损减少。纯净金属材料摩擦副因不存在表面氧化膜，摩擦因数都较高。在摩擦表面上涂覆铟、镉、铅等软金属，能有效地降低摩擦因数。

（3）材料性质。金属摩擦副的摩擦因数随配对材料的性质不同而变化。相同金属或互溶性较大的金属摩擦副易发生黏着，摩擦因数增高；不同金属的摩擦副，由于互溶性差，不易发生黏着，摩擦因数一般较低。

（4）载荷。在弹性接触的情况下，由于真实接触面积与载荷有关，摩擦因数将随载荷的增加而越过一个极大值。当载荷足够大时，真实接触面积变化很小，因而使摩擦因数趋于稳定。在弹塑性接触情况下，材料的摩擦因数随载荷的增大而超过一个极大值，然后随载荷的增加而逐渐减小。

（5）滑动速度。滑动速度对摩擦因数的影响很大，有的结论甚至互相矛盾。在一般情况下，摩擦因数随滑动速度的增加而升高，越过一极大值后，又随滑动速度的增加而降低。有时摩擦因数随滑动速度的减小而增大，并不是由于速度的直接影响，而是速度减小时摩擦表面粗糙凸起相互作用的时间长了，使它们发生塑性变形和增大实际接触面积。

（6）静止接触的持续时间。物体表面间相对静止的接触持续时间越长，摩擦因数越大，这是由于表面间接触点的变形使实际接触面积增大。

（7）温度。摩擦副相互滑动时，温度的变化使表面材料的性质发生改变，从而影响摩擦因数，并随摩擦副工作条件的不同而变化。

（8）表面粗糙度。在塑性接触的情况下，由于表面粗糙度对真实接触面积的影响不大，因此可认为摩擦因数不受影响，保持为一定值。对弹性或弹塑性接触的干摩擦，当表面粗糙度达到使表面分子吸引力有效地发挥作用时，机械啮合理论不能适用，表面粗糙度越小，真实接触面积越大，摩擦因数也越大。

E 摩擦时表面发生的现象

（1）表面的污染。在大气中未经专门保护的金属表面会很快地受到污染，表面上将附着一层薄膜，它们是由各种氧化物或污染物组成的，其厚度约 0.1μm。表面污染膜形成后，会降低摩擦副分界面的剪切强度极限，避免发生金属间的强烈黏着，使摩擦因数降低，磨损减少。

（2）金属的转移。金属表面摩擦时材料会由一个表面转移到另一个表面上，这是正常磨损的一种情况，是金属表面摩擦机理不可分割的部分。但同样也发现过金属的原子和分子从一个表面转移到另一个表面上，使摩擦因数降低，磨损减少，这称为选择性转移。深入研究选择性转移，对提高机械设备的效率和使用寿命有重要作用。

（3）温度作用。物体在相对滑动中，摩擦表面间的能量损失，大部分以能量的形式散发出来，在整个物体里形成温度梯度，产生热应力。摩擦表面的温度对它的摩擦学性能有很大影响：1）改变表面的摩擦状态；2）硬度随温度的升高而降低，表面易破坏，磨损加剧；3）使金属的互溶性随温度升高而变大；4）引起金属的相变，改变材料结构。

（4）产生振动。摩擦有助于产生振动，而振动又影响摩擦。摩擦与振动有着密切的联系。

（5）预位移。两摩擦物体在做宏观相对滑动之前，表面间会出现微观滑动称为预位移。机械中的过盈配合联接是在预位移状态下工作的，配合件间是不允许出现塑性位移。精密机械的许多接合面处，由于存在预位移，会降低它的精度。

2.1.2 磨损的实质

在固体摩擦表面上物质不断损耗的过程称做磨损。在磨损过程中，零件不仅改变尺寸和外形、从摩擦表面上分离出材料颗粒或在表面上产生残留变形，而且还会发生各种物理、化学和机械的现象。

2.1.2.1　磨损是摩擦的结果

磨损是伴随摩擦而产生的必然结果,使机械零件丧失精度,影响使用寿命与可靠性。

摩擦表面的粗糙不平,相互接触时的相互作用,形成了不同的摩擦连接点,导致表面微观体积的变化和破坏,造成表面的磨损。表面摩擦连接的多次重复作用使表面上的材料产生疲劳裂纹和微观鳞状物,并以颗粒的形式脱落下来。

2.1.2.2　磨损与多种因素有关

摩擦时,零件表面微观凹凸不平的相互接触处,发生弹性或塑性变形,它会产生和伴随一连串派生的物理、化学和力学变化。

(1) 表面微观裂纹的生成及其破坏作用。表面材料受到重复性的机械作用和热应力作用而出现微观裂纹,并向内部延伸,在某个深度处又连接起来,最终导致材料从表面上脱落下来。

(2) 化学反应过程。材料表面不仅会与空气和周围介质形成氧化物和其他化合物,还会和从润滑油以及材料中分离出来的氢原子相作用而变脆。这些化学作用使材料表面层的性质和主体金属的性质大不相同。

(3) 润滑剂的作用。在很多情况下润滑剂决定着磨损程度。它除了有减少摩擦和降低磨损的作用外,有时,润滑油渗入到材料表面的微观裂纹中,在楔形裂纹内液压力的挤压作用下促使裂纹扩大,使表面材料破裂脱落。

(4) 摩擦表面间的材料的转移。摩擦时,通常是塑性大的材料由于分子的黏着和涂抹作用而转移到较硬的材料上去,转移材料的脱落就是磨损。这是由于摩擦温度升高,金属软化、融熔、黏附和转移造成的结果。

2.1.3　磨损的一般规律

零件磨损的外在表现是表层材料的损耗。在一般情况下,用磨损量来度量磨损程度,零件摩擦表面的磨损量总是随摩擦时间延续而逐渐增长。图 2.6 所示为在正常工况下测出的磨损量实验曲线。它反映了磨损的一般规律,即磨损的 3 个阶段。

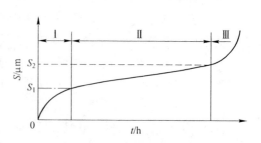

图 2.6　零件磨损的一般规律

Ⅰ阶段——初期磨损阶段。对机械设备中的传动而言是磨合过程,这一阶段的特点是在短时间内磨损量增长较快。这是因为新摩擦副的表面有微观波峰,在磨合中遭到破坏,加上磨屑对摩擦副的表面起研磨作用,磨损量很快达到 S_1。该阶段曲线的斜率取决于摩擦副表面质量、润滑条件和载荷。如果表面粗糙、润滑不良或载荷较大,都会加速磨损。经过这一阶段以后,零件的磨损速度逐步过渡到稳定状态。机械设备的磨合阶段结束后,应更换润滑油,清除摩擦副中的磨屑,才能进入满负荷正常使用阶段。

Ⅱ阶段——正常磨损阶段。摩擦表面的磨损量随着工作时间的延长而均匀、缓慢增长,属于自然磨损。在磨损量达到极限值 S_2 以前的这一段时间是零件的磨损寿命,它与摩擦表面的工作条件和技术维护好坏关系极大。使用保养得好,可以延长磨损寿命,从而提高设备的可靠性与有效利用率。

Ⅲ阶段——急剧磨损阶段（事故磨损阶段）。当零件表面磨损量超过极限值 S_2 以后若继续摩擦，其磨损量急剧增加，最终设备会出现故障或事故。其原因是：（1）零件耐磨性较好的表层被破坏，次表层耐磨性显著降低；（2）配合间隙增大，出现冲击载荷；（3）摩擦力与摩擦功耗增大，使温度升高，润滑状态恶化，材料腐蚀与性能劣化等。

当零件磨损表面的磨损量达到极限值 S_2 时，就已经失效，不能继续使用，应采取调整、维修、更换等措施，防止设备故障或事故的发生。

对各类机械设备，主要摩擦副的磨损量的极限值或配合间隙的极限值都有具体的标准。对于在维修过程中解体了的摩擦副，可以通过观察与检测判定是否失效；而对运行中的机械设备，摩擦副的磨损状态不能直接察觉，只能根据对设备的某些参数（如振动参数、噪声参数、关键部位的温升、油耗、润滑油中铁屑的含量等）进行监测与分析才能确定。

零件磨损失效的过程是一个极其复杂的动态过程，在各种不同的因素影响下，磨损都有各自不同的特征和机制。下面将对各种不同性质的磨损做进一步地讨论。

2.1.4 磨损的主要形式

磨损的主要形式有黏着磨损、磨粒磨损、疲劳磨损和微动磨损。

2.1.4.1 黏着磨损

当摩擦副相互接触时，由于表面具有粗糙度，在峰顶处压力较高，足以造成塑性变形。同时，由于产生了塑性变形热，使峰顶处表面温度升高，当温度升高到足以使金属局部软化或熔化时，就导致了接触区发生牢固的黏着或焊合。在相对滑动时黏着点被剪切，塑性材料被转移到另一零件表面上。此后出现黏着—剪切—再黏着的循环过程。这种当摩擦副相对运动时，由于固相黏着或焊合，接触表面材料从一个表面转移到另一表面的现象称为黏着磨损。

A 黏着磨损的种类

零件表面黏着程度不同，出现的磨损程度也不同。根据磨损程度的不同，黏着磨损可分为以下 4 种类型：

（1）涂抹。当剪切作用发生在较软一方金属浅层里面，较软一方金属涂抹在较硬一方金属表面上的黏着磨损，称为涂抹。如重载荷的蜗轮蜗杆传动，在蜗杆上常见涂抹。

（2）擦伤。如果剪切发生在较软金属层表层以下较浅的部位，破坏方式为沿着滑动方向产生细小的划痕，这种黏着磨损称为擦伤。有时较硬金属表面也会发生擦伤。如空压机的活塞环与气缸体之间，当热量积累达到熔点的程度即会导致擦伤。

（3）胶合。当摩擦表面局部温度较高，压力较大，黏结点剪切强度高于基体金属剪切强度，在相对滑动时，剪切作用发生在摩擦副一方或双方基体较深处，金属表面便产生"撕脱"性破坏，恰似较软金属胶合在较硬金属表面上被撕裂下来，使摩擦表面形成各种各样的沟痕，故称这种黏着磨损为胶合。如高速、重载荷、润滑不良的大型绞车主轴与轴瓦之间，齿轮副及蜗轮副经常发生此种磨损。

（4）咬死。当摩擦副表面瞬时发生温度相当高，黏着区较大，黏结点的强度也相当高时，黏结点不能从基体上剪切掉，以致造成零件相对运动中止的现象，称为咬死。咬死现象是胶合磨损的最严重表现形式。如轴与轴瓦之间有时会发生咬死现象。

　　B　提高黏着磨损耐磨性的措施

　　（1）合理选择摩擦副材料。脆性材料比塑性材料的抗黏着性能好。这是由于塑性材料的黏着破坏常发生在离零件表面的一定深度处，磨损下来的颗粒较大，摩擦中因表面断裂而变得粗糙。但脆性材料的黏着磨损产物多数呈金属粉末，破坏深度较浅。因此，如铸铁与铸铁相配合，其抗黏着效果好，而用完全退火钢组成的摩擦副，其抗黏着效果就不好。两金属材料的黏着程度和它们之间形成固溶体的能力有关。互溶性大的材料所组成的摩擦副黏着倾向大，互溶性小的材料所组成的摩擦副黏着倾向小。相同的金属或晶格类型、晶格间距相近的金属互溶性大而容易发生黏着。因此，为避免黏着磨损，不用同种金属组成摩擦副。例如铁和镍之间具有较大的溶解度，一对摩擦副不能都采用镍钢。铅和锡在铁中的溶解度较小，用其做轴瓦的瓦衬材料（如巴氏合金、铅青铜、锡铝合金等），抗黏着性能好。化学元素周期表中的 B 族元素与铁不相溶或能形成化合物的，它们的黏着倾向小，而铁与 A 族元素组成的摩擦副黏着倾向大。

　　常用的金属和非金属材料对钢的抗擦伤性能分为：

　　1）抗擦伤性能很差的有铍、硅、钙、钛、铬、铁、钴、镍、锗、铝、铱、铂、金等；

　　2）抗擦伤性能差的有镁、铝、铜、锌、钡、钨等；

　　3）抗擦伤性能较好的有碳、铬等；

　　4）抗擦伤性能好的有锗、银、锡、锑、铅等。

　　从金相结构方面看，多相金属因组织不连续，有利于控制黏着的发生和发展，比单相金属黏着倾向小。如碳钢比单相奥氏体不锈钢的抗黏着性能好；铸铁也因是多相组织材料而不容易黏着或咬死，而广泛用于摩擦副配对材料。

　　金属化合物多相较单相固溶体黏着倾向小。如含铬 1.7%~2% 的钢容易黏着，而 18% 的铬钢则对黏着磨损不敏感。这是因为前者大部分铬是以固溶体状态存在，而后者大部分铬是以碳化物（$Cr_{23}C_6$）的形式存在。

　　金属与非金属材料（如石墨、塑料等）组成的摩擦副和硬度高的材料同样具有较小的黏着磨损。

　　（2）合理选择润滑剂。合理选择润滑剂可使摩擦表面之间保持润滑油膜，防止金属表面直接接触，并具有散热效果，可以显著提高抗黏着磨损的能力。

　　（3）减小摩擦表面粗糙度。减小摩擦表面粗糙度可使实际接触面积增加，各接触点的压力减小，有利于改善黏着磨损倾向。如工程上一对新制摩擦副采用逐渐加载跑合的方法，就是为了增加接触面积。但过低地减小表面粗糙度，因润滑剂不能储存于摩擦面内，又会导致黏着磨损。

　　（4）采用其他工艺。采用电镀、表面化学处理、表面热处理、喷镀或堆焊等工艺，均可防止黏着磨损的发生。

　　（5）控制载荷和滑动速度。摩擦表面的温度与摩擦表面承受的载荷（P）及相对滑动速度（v）成正比。因此控制 P 值和 v 值，采取冷却措施，都是防止由于温度升高而产生黏着磨损的有效方法。

2.1.4.2 磨粒磨损

由硬质物体或硬质颗粒的切削或刮擦作用引起表面材料脱落的现象称为磨粒磨损。冶金矿山机械中的许多零件与矿石、煤粒或泥沙直接摩擦，形成不同种类的磨粒磨损，据统计在各类磨损中，磨粒磨损大约占一半，在冶金矿山机械中占的比例更大。

A 磨粒磨损的种类

(1) 凿削式磨粒磨损。岩石或其他粗大磨粒对零件表面产生碰撞，磨粒以很大的冲击力切入零件表面，并切下较大的金属颗粒，使零件表面产生较深的沟槽。如刮板运输机的溜槽和落入硬质颗粒的齿轮齿面常见此类磨损。

(2) 高应力碾碎式磨粒磨损。当两个零件表面夹着的磨粒所受到的压应力大于磨粒的压溃强度时，磨料被粉碎。由于磨粒能嵌入或刮伤零件表面，因此在接触点处作用有集中的高应力，对于韧性金属材料可产生塑性变形或疲劳损坏，对于脆性金属材料可发生碎裂或剥落。如经常与煤粉和砂石相接触的开式传动齿轮齿面常有此类磨损。

(3) 低应力擦伤性磨损。这类磨损是磨粒以某种速度较自由地运动时与零件表面相接触时发生的。其作用力不足以使磨粒破碎，磨粒通常悬浮于一种流体（空气、水、油）中而被运输。如砂粒滑下斜槽时，由其自重产生的速度并引起的磨损；矿井水中的泥沙对水泵叶轮叶片以及导流装置的冲刷作用造成的磨损等都属于这种磨损。

B 提高磨粒磨损耐磨性的措施

(1) 一般情况下，提高材料的硬度可以提高耐磨性。但在重载荷和受冲击振动的情况下，必须首先考虑材料的韧性和强度，然后再考虑材料的硬度，防止零件脆断或早期破坏。

(2) 利用各种表面处理工艺改变零件表面特性以提高材料耐磨性。如采用表面镀铬、渗入、喷涂、堆焊、冷硬铸（灰口铸铁和某些钢的表面白口化）及火焰表面淬火等工艺，都是提高零件表面耐磨性的方法。

(3) 对于粗糙硬表面把软表面刮伤的磨粒磨损现象，应减少表面粗糙度。对于外界磨粒侵入摩擦副，而引起磨粒磨损，在设计中应解决好密封问题及油的清洁过滤工作，并注意做好铁屑和其他磨粒的清理排出工作。

2.1.4.3 疲劳磨损

当两接触表面作滚动或滚动与滑动复合摩擦时，在交变接触应力作用下，使表面金属断裂，从而形成点蚀或剥落的现象称为疲劳磨损。如齿轮副、滚动轴承、轨道与轮箍及凸轮副都能产生疲劳磨损。

A 疲劳磨损的种类

(1) 非扩展性疲劳磨损。当新制摩擦副的摩擦表面接触点较少时，单位面积压力较大，容易产生较小的疲劳麻点。但随着工作时间的加长，零件表面的磨合较好，实际接触面积增大，单位面积承受的压力降低，疲劳麻点停止扩大。这种磨损不会明显地影响零件的正常工作。

(2) 扩展性疲劳磨损。当作用在两接触面上的交变应力较大，或材料、润滑油选择不当时，出现的疲劳小麻点数量不断增加，进而使麻点相互连接，形成痘斑状凹坑，甚至大面剥落。由此可使摩擦副在工作中噪声增加，振动加大，温度升高，进而使磨损继续加剧，出现恶化的现象。

B　提高疲劳磨损耐磨性的措施

（1）合理选择材料。钢材中的杂质较多时对疲劳磨损有严重影响。这是因为杂质破坏了基体的连续性，当受到交变应力作用时，容易与基体脱离形成空穴。空穴的棱边、尖角应力集中，使基体变形和硬化，进而产生裂纹造成早期破坏。

镇静钢脱氧完全，内部杂质较少，成分偏析程度较小，冲击韧性较高，与沸腾钢相比更适于制造承受负载较大和负载变化较大的结构零件。

在某些情况下铸铁的抗疲劳磨损能力优于钢。这是因为钢中的微裂纹受摩擦力的影响具有一定的方向性，并且在裂纹内容易渗入润滑油，当滚动物体接触到裂纹裂口时，将裂纹口封住，裂纹中的润滑油被堵塞在裂纹内，使裂纹内壁产生巨大压力，迫使裂纹向周围发展。而铸铁基体组织中含有石墨，裂纹沿着石墨发展没有一定的方向性。

（2）提高材料表面硬度。一般来说，表面硬度越高，产生疲劳裂纹的危险性越小，因此抗疲劳磨损能力越强。通常钢材表面硬度为 HRC62 时，抗疲劳磨损能力为最大。此外，钢材芯部硬度越高，产生疲劳裂纹的危险性也越小。因此，对于渗碳钢零件，应合理地提高其芯部硬度，对于淬火钢，应尽量使其芯部淬透，但不能无限地提高芯部硬度，否则韧性太低也容易使材料断裂。

选择齿轮副硬度时，对硬齿面不需要再考虑硬度问题。但对于软齿面，应该使小齿轮硬度大于大齿轮，这样有利于跑合，并且硬齿面对软齿面产生冷作硬化作用，有效地提高齿轮的寿命。

（3）选择合适的润滑油。在通常的情况下，润滑油的黏度越高，抗磨损能力也越高。这是因为黏度低的润滑油容易渗入微裂纹中，而黏度高的润滑油在接触区能够较好地起到均化接触应力的作用，并且能够缓和冲击，从而相对降低了最大接触应力值。

（4）适当减少表面粗糙度。适当减小表面粗糙度对零件疲劳寿命有显著的改善，但超过一定界限后，影响则不明显。

（5）进行表面处理。零件表面进行喷丸或滚压处理，可增加摩擦表面的硬度，同时利用了材料塑性，通过机械力量去除原有的微裂纹等缺陷。其他如渗碳和淬火等处理方法，可使材料表面层在一定深度范围内存在有利的残余压应力，能够提高接触疲劳抗力，减小疲劳磨损。

2.1.4.4　微动磨损

微动磨损是一种典型的复合式磨损，它是在两个零件表面之间由于振幅很小（小于$100\mu m$，一般为 $20 \sim 30\mu m$）的相对振动而产生磨损的。通常在静配合的轴与孔表面，某些片式摩擦离合器内外摩擦片的接合面上以及一些受振动影响的联接件（花键、销、螺钉）的接合面上等，都可能出现微动磨损。微动磨损可显著地使金属表面层质量变坏，如表面变得粗糙，表面层内出现微观裂纹等，降低了材料的疲劳强度。

微动磨损的发生过程为：接触压力使摩擦副表面的凸起部分发生塑性变形和黏着。小幅振动使黏着点剪切脱落，并且产生磨屑，露出基体金属表面。这些脱落颗粒及新表面又与大气中的氧反应，生成以 Fe_2O_3 为主的氧化物磨屑（如润滑油中出现的红褐色胶体）。这些磨屑也起着磨粒的作用，使接触面之间产生磨粒磨损，如此循环不止，已由此可见，微动磨损是由黏着磨损、腐蚀磨损和磨粒磨损复合作用的结果。

微动磨损的特征是：摩擦表面有较集中的凹坑，磨损产物是红褐色氧化铁细粒。若振动应力足够大时，在微动磨损处形成表面的应力源，使疲劳裂纹发展，进而导致零件的完全破坏。通常应用二硫化钼润滑剂具有良好的抗微动磨损能力。

综上所述，为了减小各种磨损，应该尽力做好以下几方面工作：建立液体摩擦条件，保持合理的润滑；保证零件材料具有足够的硬度和韧性，使零件表面具有合理的粗糙度，对零件表面进行某种表面处理；注意零件的工作温度和考虑散热措施，减小工作表面上的单位面积压力和减小冲击载荷等都是提高零件耐磨性的有效方法。

2.2 变 形 失 效

维修实践证实，虽然将磨损的零件进行修复，恢复了原来的尺寸、形状和配合性质，但是装配后仍达不到预期的效果。通常是由于零件变形，特别是基础零件变形使零部件之间的相互位置精度遭到破坏，影响了各组成零件之间的相互关系。由于基础零件形状和结构都比较复杂，变形的测量和修复目前还没有简单易行的好方法，再加上变形对机械设备的技术状态和寿命的影响又不容易直接反映出来，因此变形问题并没有引起维修工作者的足够重视。在机械设备向高参数化迅速发展的今天，变形问题将越来越突出，它已成为造成维修质量低、大修周期短的一个重要原因。我们应当进一步研究变形的机理，了解变形的规律和危害，掌握产生变形的原因，以便采取措施防止或减少变形。

2.2.1 变形的概念及种类

机械设备在工作过程中，由于受力的作用而使零件的尺寸或形状发生改变的现象称变形。变形分弹性变形和塑性变形两种，其中塑性变形对零件的性能和寿命有很大的影响。

2.2.1.1 弹性变形

弹性变形是指外力去除后能完全恢复的那一部分变形。其机理是晶体中的原子在外力作用下，偏离了原来的平衡位置，使原子间距发生变化，造成晶格的伸缩或扭曲。

弹性变形有以下特点：

（1）具有可塑性，当外力去除后变形完全消失。

（2）弹性变形量很小，一般不超过材料原来长度的 0.10% ~ 1.0%。

（3）在弹性变形范围内，应力和应变成线性关系，符合胡克定律。

许多金属材料在低于弹性极限应力作用下，会产生应变并逐渐恢复，但总是落后于应力，这种现象称弹性滞后或弹性后效。它取决于金属材料的性质、应力大小和状态以及温度等。金属组织结构越不均匀，作用应力越大，温度越高，则弹性后效越大。通常，经过校直的轴类零件过了一段时间后又会发生弯曲，就是弹性后效的表现，因此校直后的零件都应进行回火处理。

2.2.1.2 塑性变形

塑性变形是指外力去除后不能恢复的那部分永久变形。其机理是由于多晶体必然存在晶界，各晶粒位向的不同以及合金中溶质原子和异相的存在，不但使各个晶粒的变形互相阻碍和制约，而且会严重阻止位错的移动。晶粒越细，单位体积内的晶界越多，塑性变形抗力越大，强度越高。

塑性变形的特点是：

（1）引起材料的组织结构和性能发生变化。

（2）较大的塑性变形会使多晶体的各向同性遭到破坏而表现出各向异性，金属产生加工硬化现象。

（3）多晶体在塑性变形时，各晶粒及同一晶粒内部的变形是不均匀的，当外力去除后各晶粒的弹性恢复也不一样，因而产生内应力。

（4）塑性变形使原子活动能力提高，造成金属的耐腐蚀性下降。

2.2.2　变形的危害及原因

机械设备由于工作条件恶劣，经常满载或超载工作，一些零件产生变形是常见的，如起重运输机的机架、机床的床身、汽车和拖拉机的底盘等。有些零件因形状简单，变形产生的危害比较直观，变形的检查和校正也较容易，曲轴和连杆是最典型的例子。但是，如气缸体、变速箱体、机架、底盘、床身等形状复杂、相互位置精度高、测量检查及校正均比较困难的基础件，它们的变形将使其他零件加速磨损，甚至断裂，还有可能导致整台机械设备被破坏，极大地降低使用寿命，所以变形的危害是十分严重的。

机械零件变形的原因虽较复杂，但主要是零件的应力超过材料的屈服强度所至。大致可从下面几个因素分析。

2.2.2.1　外载荷

当外载荷产生的应力超过材料的屈服强度时，则零件将产生过应力的永久变形。这种现象在工作条件恶劣，经常满载或超载工作、频繁制动、停车和起动，有振动和冲击，结构布置不合理等情况下很容易出现。

2.2.2.2　温度

（1）当温度升高时，金属材料的原子热振动增大，临界切变抗力下降，容易产生滑移变形，使材料屈服强度降低。长期在 400℃ 以上使用的铸铁，反复加热与冷却会使体积膨胀而发生变形，温度越高，变形越厉害。这是由于珠光体中的 Fe_3C 在高温下分解为铁素体和石墨，引起体积增大的结果。同时各处体积膨胀不均匀还会产生内应力。

（2）当温度超过一定程度时，在一定温度和应力作用下，随着时间的增加，金属材料将缓慢地发生塑性变形，这种现象称蠕变，又叫高温蠕变。例如碳钢的温度高于300～350℃时就会产生蠕变。当温度更高时，产生蠕变的应力则相应变小。

（3）如果零件受热不均，各处温差较大，会产生较大的热应力和内应力而引起零件变形。

2.2.2.3　内应力

有些零件的毛坯为铸件、锻件或焊接件，它们都有一个从高温冷却下来的过程，必然会产生很大的内应力。经热处理的零件也存在内应力，尤其是铸造毛坯，形状复杂、尺寸较大、厚薄不均，在浇铸后的冷却过程中，形成拉伸、压缩等不同的应力状态。内应力影响零件的静强度和尺寸的稳定性，不仅使其弹性极限降低，还会产生减小内应力的塑性变形，严重时将引起断裂。毛坯的内应力是不稳定的，通常在 12～20 个月的时间内逐步消失。但随着应力的重新分布，零件将产生变形。

如果毛坯是在有内应力的状态下进行加工，当切除一部分表层后，破坏了内应力的平衡。由于内应力重新分布，零件也将产生变形。在切削加工过程中，因装夹、切削力、切削热的作用，零件表层会发生塑性变形和冷作硬化，因而产生内应力，也会引起变形。

虽然对毛坯安排了消除内应力的工序，即时效处理，但内应力不一定消除得很彻底，将有部分残存下来。在残余应力的长期作用下，使弹性极限降低，产生减少内应力的塑性变形，这种现象称内应力松弛。尤其是箱体类零件和大的基础件，厚薄过渡部位很多，为残余应力的产生创造了条件，因此内应力松弛而引起的变形问题也就更为突出。

2.2.2.4 结晶缺陷

产生变形的内在原因是材料内部缺陷，如位错、空位等，特别是位错及其移动和扩散，这是产生变形的主要内在因素。

在金属材料中大量存在的位错是晶体中的线缺陷，是一种易于运动的缺陷，即在较小的切应力作用下即可运动。具有大量位错的材料是不稳定的，当外力长期作用，特别是在高温下，较小的应力就可引起位错而使金属产生滑移变形。

空位是晶体结构中某些结点位置出现的空着的位置，是晶体中普遍存在的一种点缺陷。空位的存在对晶体内在的运动和某些性能有较大的影响，如许多金属有 1% 的空位率，可使屈服强度改变达 100MPa。空位的存在出现了一个负压中心，且空位在一定能量条件下可以产生、合并或消失，它是一种扩散过程，是通过空位的移动达到的。而空位的移动也是原子向空位运动的过程，其结果将引起金属的变形。

零件变形的原因是多方面的，往往是几种原因共同作用的结果。较小的应力也能使零件产生变形，而这种变形并不一定是一次产生的，往往是多次变形累积的结果。

2.2.3 减少变形的措施

变形是不可避免的，我们只能根据它的规律，从上述几个方面的原因采取相应的对策来减少变形。特别是在机械设备大修时，不能只检查配合面的磨损情况，对于相互位置精度也必须认真检查，以便采取相应的对策。

2.2.3.1 设计

设计时不仅要考虑零件的强度，还要重视零件的刚度和制造、装配、使用、拆卸、修理等问题。正确选用材料、注意工艺性能，如铸造的流动性、收缩性；锻造的可锻性、冷墩性；焊接的冷裂、热裂倾向；机加工的可切削性；热处理的淬透性、冷脆性等。要合理布置零部件，选择适当的结构尺寸，如避免尖角、棱角，设计为圆角、倒角；厚薄悬殊的部分可开工艺孔或加厚太薄的地方；安排好孔洞位置，把盲孔改为通孔等。形状复杂的零件在可能的条件下采用组合结构、镶拼结构，改善受力状况。在设计中注意应用新技术、新工艺和新材料，减少制造时的内应力和变形。

2.2.3.2 加工

在加工中要采取一系列工艺措施来防止和减少变形。对毛坯要进行时效处理以消除其残余内应力。可以将生产出来的毛坯在露天存放 1~2 年，利用内应力在 12~20 个月逐渐消失的特点进行自然时效，效果最佳，但周期太长；也可高温退火、保温冷却来消除毛坯内应力，即进行人工时效处理；还可利用振动的作用来消除内应力。复杂零件和精密零件在粗加工后仍要进行人工时效，高精度零件在精加工过程中也要继续安排人工时效。

在制定零件机械加工工艺规程中，均要在工艺、工序安排上、工艺装备和操作上采取减少变形的工艺措施。例如，粗加工和精加工分开的原则，在粗加工和精加工中间留出一段存放时间，利于消除内应力。

在加工和修理中要减少基准的转换，保留加工基准留给维修时使用，减少维修加工中因基准不一而造成的误差。要注意预留加工余量、调整加工尺寸和预加变形，这对于经过热处理的零件来说非常必要。例如变速箱的齿轮，要求键槽宽为 $10^{+0.09}_{+0.03}$mm，热处理的变形规律为缩小 0.05mm，因此、机加工应控制在 $10^{+0.12}_{+0.08}$mm，热处理后一般可为 $10^{+0.07}_{+0.03}$mm，正好在技术范围内。

有些零件在知道变形规律之后，可预先加以反向变形量，经热处理后两者抵消；也可预加应力或控制应力的产生和变化，使最终变形量符合要求，达到减少变形的目的。

2.2.3.3　修理

在修理中，不仅要满足恢复零件的尺寸、配合精度、表面质量等，还要检查和修复主要零件的形状及位置误差；制定出与变形有关的标准和修理规范；设计简单可靠、方便操作的专用量具和工夹具；大力推广三新（新工艺、新材料、新方法）技术，特别是新的修复工艺，如刷镀、粘接等，用来代替传统的焊接等方法，尽量减少零件在修理中产生的应力和变形。

2.2.3.4　使用

加强生产技术管理，制定并严格执行操作规程，避免超负荷运行，避免局部超载或过热，加强机械设备的检查和维护。

2.3　断　裂　失　效

断裂是零件失效的重要原因之一，虽然与磨损、变形相比所占失效的比例要小一些，但随着机械设备日益向着大功率、高转速的方向发展，断裂失效的概率有所提高，尤其是断裂通常会造成重大事故，产生严重的后果，具有更大的危险性。因此，研究断裂成了日益紧迫的课题。

2.3.1　断裂的概念及分类

断裂是零件在机械力、热、磁、声响、腐蚀等单独作用或联合作用下，使其本身连续性遭到破坏，从而发生局部开裂或分成几部分的现象。在不同的力学、物理和化学环境下会有不同的断裂形式。例如：机械零件在循环应力作用下会发生疲劳断裂；在高温持久应力作用下出现蠕变断裂；在腐蚀环境下产生应力腐蚀或腐蚀疲劳。

断裂分类的方法有以下几种。

2.3.1.1　按零件断裂后的自然表面即断口的宏观形态特征分类

（1）韧（延）性断裂。零件在外力作用下首先发生弹性变形。当外力引起的应力超过弹性极限时发生塑性变形。外力继续增加，若应力超过强度极限时发生塑性变形而后造成断裂称做韧性断裂。在塑性变形过程中，首先使某些晶体局部破断，裂缝是割断晶粒而穿过，最终导致金属的完全破断。韧性断裂一般是在切应力作用下发生，又称切变断裂。它的断面其宏观形态是呈杯锥状、或鹅毛绒状，颜色发暗，边缘有剪切唇，断口附近有明显的塑性变形。

（2）脆性断裂。它一般发生在应力达到屈服强度前，没有或只有少量的塑性变形，多为沿晶界扩展而突然发生，又称晶界断裂。它的断口呈结晶状，常有人字纹或放射花样，平滑而光亮，且与正应力垂直，称解理面，因此这种断裂也称解理断裂。它多见于体心立方、密排六方的金属及其合金。低温、应力集中、冲击、晶粒粗大和脆性材料均有利于发生解理断裂。由于这种裂纹扩展速度快，容易造成严重的破坏事故。

2.3.1.2 按断口的微观形态特征分类

（1）穿晶断裂。这是指裂纹穿过晶粒内部的断裂，它可以是延性断裂，也可以是脆性断裂。

（2）晶间断裂。这种断裂的裂纹是沿着晶界扩展，多数属于脆性断裂。

2.3.1.3 按载荷性质分类

（1）一次加载断裂。零件在一次的静拉伸、静压缩、静扭转、静弯曲、静剪切或一次冲击能量作用下的断裂称一次加载断裂。

（2）疲劳断裂。零件经历反复多次循环载荷或交变应力的作用后引发的断裂现象称做疲劳断裂。疲劳断裂占整个断裂的80%~90%，它的类型很多，包括拉压疲劳、弯曲疲劳、接触疲劳、扭转疲劳、振动疲劳等。疲劳又根据循环次数的多少分高周和低周疲劳。下面将重点讨论疲劳断裂。

2.3.2 疲劳断裂

疲劳断裂的特点是断裂时的应力低于材料的抗拉强度或屈服强度。不论是脆性材料还是塑性材料，疲劳断裂在宏观上均表现为脆性断裂。

2.3.2.1 疲劳裂纹的产生

零件在循环载荷的作用下，在局部引起很大的塑性变形，表面因位错运动将出现一些不均匀的滑移线或滑移带，在滑移带中产生一些缺口峰，如图2.7所示。这是形成疲劳裂

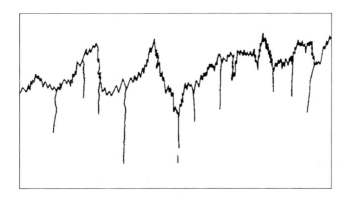

图2.7 在滑移带中产生的缺口峰

纹的最根本原因。材料的表面或内部缺陷起着尖缺口的作用，在峰底处将产生高度的应力集中。由于持续交变载荷的作用，经过一定周期，缺口峰发展成为微观裂纹，称做疲劳核心，一般从晶界与表面相交处开始。

金属材料的第二相质点、非金属夹杂物与基体金属的相界面处均有较高的应力集中，容易造成该处的不均匀滑移或夹杂物断裂，从而引起疲劳断裂的产生。

由此可见，降低交变载荷、减少零件表面加工缺陷和应力集中部位、控制夹杂物等级、细化晶粒、强化金属表面等都是提高疲劳抗力、延长疲劳寿命的有效途径。

2.3.2.2 疲劳裂纹的扩展

疲劳裂纹的扩展一般分为两个阶段。第一阶段，称做切向扩展阶段，即当疲劳裂纹在表面形成后，在循环应力的反复作用下沿着最大切应力方向的滑移面向内部逐渐发展，如图2.8所示，形成了肉眼可见的宏观裂纹，这就是疲劳断裂的第一阶段，即裂纹起源阶段。裂纹的扩展深度，取决于材料的晶体结构、晶粒尺寸、应力幅度和温度等。这一阶段通常占整个疲劳破坏过程的大部分时间。

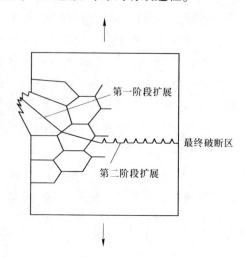

第二阶段，称做正向扩展阶段，即裂纹按第一阶段扩展到一定距离后将方向改变为与正应力相垂直的方向扩展，其裂纹基本上以单纯正向疲劳方式、均匀的速率稳定地向前扩展。

图 2.8 疲劳裂纹扩展阶段示意图

这一扩展阶段在疲劳断口上产生宏观的疲劳弧带和微观的疲劳纹，它是判断零件能否出现疲劳断裂的有力依据。

2.3.2.3 疲劳断口形貌

典型的疲劳断口按断裂过程有 3 个区域，如图 2.9 所示。

（1）疲劳源区（疲劳核心区）。这是疲劳裂纹最初形成的地方，用肉眼或低倍放大镜能大致判断其位置。它一般发生在零件的表面，但若材料表面进行了强化或内部有缺陷，也可在皮下或内部发生。在疲劳核心周围，经常存在着以疲劳源为焦点，非常光滑细洁、贝纹线不明显的狭小区域。疲劳破坏好像以它作为中心，向外散射海滩状的疲劳弧或贝纹线。

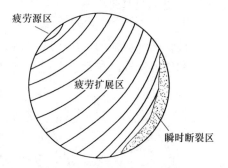

图 2.9 疲劳断口的宏观形貌

（2）疲劳裂纹扩展区（疲劳区）。它是疲劳断口最重要的特征区域，呈宏观的疲劳弧带和微观的疲劳纹。疲劳弧带以疲劳源为核心，似水波形式向外扩展，形成许多同心圆或同心弧带，其方向与裂纹的扩展方向相垂直。微观的疲劳纹是一系列基本上相互平行的、略带弯曲、呈波浪形的条纹，其方向与局部裂纹扩展方向相垂直。每一条疲劳纹代表一次载荷循环，这是疲劳断口进行微观定量分析的理论的依据。是否出现疲劳纹，决定于应力状态、材料性质及环境因素等。一般情况下，疲劳断面越光滑，说明零件在断裂前经历的应力循环次数越多，承受载荷越小。

（3）瞬时断裂区（最终破断区）简称静断口，它是当疲劳裂纹扩展到临界尺寸时发生的快速破断，它的宏观特征与静载拉伸断口中快速破断的放射区及剪切唇相同。瞬时断裂区的位置和大小取决于承受的载荷大小，当载荷越大，则最终破断区越移向断面的中间。

根据疲劳断口的宏观形貌，可对疲劳断口进行宏观定量分析。根据疲劳源的数目、疲劳裂纹扩展区和瞬时断裂区的面积比值、它们的光泽和粗糙度、疲劳弧带的密度等，结合零件的工作条件及实际工作时间，能够估算疲劳应力的大小和应力集中的影响程度。

2.3.3 断口分析

断口分析是研究金属断面的科学。它是从断口的宏观和微观形态、原材料的化学成分、显微结构、冶金缺陷、力学性能及零件的制造工艺、表面质量、几何形状和使用条件等方面进行分析，判别断裂的性质、类别和原因，研究断裂的机理，提出防止断裂事故的措施。零件断裂的原因是非常复杂的，断口分析包括多方面内容。

2.3.3.1 现场调查

零件破断后，有时会产生许多碎片，对它们应严加保护，避免氧化、腐蚀和污染。在未查清断口的重要特征和照相记录之前，不许对断口进行清洗。对零件的工作条件、运转情况和周围环境等应作详细调查研究。

2.3.3.2 宏观分析

用肉眼或 20 倍以下的放大镜对断口进行观察和宏观分析。分析前应对污染的断口加以清洗，用汽油、丙酮清洗和浸泡油污，用化学法或电化学法去除氧化膜。用塑料膜在断口上多次进行复型和干剥的复型法是清除断口附着物的最好方法。

宏观分析能观察分析破断全貌、裂纹和零件形状的关系，断口与变形方向的关系，断口与受力状态的关系。能初步判断裂纹源位置、破断性质与原因，区分断裂是由疲劳引起的还是静载或冲击载荷引起的，估计零件的超载程度。能缩小进一步分析研究的范围。它是破断故障分析中最常用、最方便、最重要的方法，它为微观分析提供线索和依据，是整个破断分析的基础。

2.3.3.3 微观分析

用金相显微镜或电子显微镜对断口的重要区域进行观察和微观分析，其主要目的是观察和分析断口形貌与显微组织的关系，在断裂过程中微观区域的变化，裂纹的微观组织与裂纹两侧夹杂物性质、形状和分布以及显微硬度、裂纹的起因等。

2.3.3.4 金相组织、化学成分、力学性能的检验

金相组织检验主要是研究材料是否有宏观及微观缺陷、裂纹分布与走向，以及金相组织是否正常等。化学成分分析是复验金属的化学成分是否符合零件要求，杂质、偏析及微量元素的含量和大致分布等。力学性能检验主要是复验金属材料的常规性能数据是否合格。

2.3.3.5 其他因素

主要是结合零件的设计、加工及周围环境等情况进行全面考虑。

断口分析的首要任务应把一次加载断裂和反复加载断裂即疲劳断裂区别开来。这对于寻找断裂的原因，改进设计计算、制造工艺和安装使用等都十分重要。区别一次加载断裂与疲劳断裂有以下几种方法：

（1）从载荷作用情况判断。零件是经过反复多次的循环载荷之后断裂，还是一加载荷就断裂，这是区别一次加载断裂与疲劳断裂的重要依据。

（2）从断口的外观推测。一次加载断裂的断口是粗糙的，没有光滑区。疲劳断裂的断口一般都有两个明显不同的区域。表面比较光滑发亮的部分表示裂纹发展区域，其特征是因工作时零件反复弯曲，裂纹部分的表面发生相互摩擦而光滑，有时呈现弧形或放射形。表面粗糙的部分表示脆性的晶粒破坏区域。

（3）从断口附近的变形情况分析。伴随明显塑性变形后发生断裂则通常是一次加载断裂，而疲劳断裂一般没有明显塑性变形的突然断裂。对于脆性材料，如铸铁、淬火状态的高碳钢等很难进行区别，因为这两种情况均不会产生塑性变形，需从另外角度去辨别。

2.3.4 减轻断裂危害的措施

几乎所有的零件由于各种原因均有宏观或微观裂纹，只是裂纹的大小、性质不同而已。有裂必断的概念是错误的，有裂纹的零件不一定立即就断，都有一段亚临界扩展时间，在一定条件下，裂纹可能不发展，有裂纹的零件也可能不断。但是，断是由裂发展而来的，断裂事故后果严重，目前在维修中一经发现裂纹都要加以修复或更换，重要零件则予以报废。

影响断裂的因素很多，只有在深入研究断裂的机理，充分认识断裂的规律之后，结合以下措施才能达到减轻断裂危害。

2.3.4.1 减少局部应力集中

通过断口分析可知，绝大部分疲劳断裂都是起源于应力集中严重的部位，因此减少局部应力集中，是减轻或防止疲劳断裂的最有效措施之一。

一般零件上只要有任何几何形状的不连续，或者有存在于材料中的不连续时，都可能产生应力集中。几何形状不连续通称为缺口，如肩台、圆角、沟槽、油孔、键槽、螺纹、静配合零件的边缘以及加工刀痕等。材料中的不连续通常称为材料缺陷，如缩松及缩孔、非金属夹杂物、白点、焊接缺陷以及由加工或热处理引起的微裂等。

由于存在上述缺口或缺陷，在它们附近的实际应力要比名义平均应力高得多，这就是应力集中。

特别应强调的是在静载荷下应力集中所起的作用还不算十分显著，但在循环载荷或冲击载荷下，其影响是决定性的。因此必须要改善零件的结构形状，并注意减少局部应力集中问题。例如：焊缝通常是疲劳断裂的起源区域，对 T 形焊接接头应取适当的几何形状，焊后打圆角或钻孔，均能减轻应力集中的程度。

2.3.4.2 减少残余应力影响

各种加工和处理工艺过程，如拉拔、挤压、校直、弯曲、冲压、机加工、磨削以及焊接、热处理等均能引起残余应力。这些应力是由加工或处理时的塑性变形、热胀冷缩以及组织转变造成的。应注意的是，一般残余拉应力是有害的，但残余压应力则是有益的。渗碳、氰化、喷丸和表面滚压加工等工艺过程均可产生残余压应力，它们将抵消一部分由外载荷引起的拉应力，因而减少了发生断裂的可能性。

2.3.4.3 控制载荷防止超载

载荷对断裂有直接影响。为减轻或防止断裂，还应十分注意零件所受载荷的大小，或估计其超载程度。通过对断口特征的分析可估算受载情况和超载程度。

（1）零件在断裂前所经历的应力循环次数越多，即寿命越长，则其所受的载荷超载程度越轻微。

（2）断口上的疲劳区越光滑，则零件所受的循环应力越小。

（3）从疲劳区与最后破断区的面积比较，可估计其超载程度。若破断区的面积只占整个截面的很小一部分，尽管疲劳裂纹已经发展很深，材料只剩下很小的健全截面，但仍能经得住外载荷，说明零件所受载荷是不大的。反之，则载荷是大的。

（4）疲劳源的数目越多，说明其超载程度越大。

（5）从最后破断区的位置估计超载程度。一般来说，最后破断区在截面的中心，超载程度较大；偏离中心的程度越大，则超载程度越小。

（6）裂纹发展越不对称，则超载程度越小。

2.3.4.4 其他措施

（1）在使用时注意早期发现裂纹，定期进行无损探伤和监测；尽量减轻零件的腐蚀损伤；减少机械设备运行时各部分的温差；尽量避免热应力。

（2）在维修时应注意操作减轻对零件断裂的影响，避免因拆装、存放、加工而使零件表面损伤；裂纹和断裂零件可用焊接、粘接、铆接等方法修复；对不重要零件上的裂纹可钻止裂孔防止或延缓其扩展，也可附加强筋；疲劳裂纹发生在紧固件周围，可将紧固孔铰削去除所有裂纹部分，换用较大的紧固件，此方法又称"去皮处理"。

2.4 腐 蚀 失 效

金属零件在某些特定的环境中会发生化学反应与电化学反应，造成表面材料损耗、表面质量破坏、内部晶体结构损伤，最终导致零件失效，这一过程称为腐蚀失效。

腐蚀损伤总是从金属表面开始，然后或快或慢地往里深入，并使表面的外形发生变化，出现不规则形状的凹洞、斑点、溃疡等破坏区域。破坏的金属变为氧化物或氢氧化物，形成腐蚀产物并部分地附着在表面上。铁生锈就是最明显的例子。冶金、矿山、工程、化工等机械设备处于高温、有害介质等恶劣条件下工作，疲劳腐蚀的现象极易发生，且十分严重，其结果不仅影响性能，缩短寿命，而且造成严重的跑、冒、滴、漏现象，恶化操作环境，危害职工身体健康。因此，对腐蚀的研究具有非常重要的现实意义。

腐蚀的机理是化学反应或电化学作用。金属腐蚀按其机理可分为化学腐蚀和电化学腐蚀两种。

2.4.1 化学腐蚀

零件表面的金属材料与周围干燥气体中非电解质液中的有害成分直接接触，发生化学反应造成金属零件的腐蚀称为化学腐蚀。与机械零件发生化学反应的有害物质主要是空气

中的 O_2、H_2S、SO_2 等及润滑油中的某些腐蚀性物质。

2.4.1.1　化学腐蚀方式

化学腐蚀主要包括高温氧化、脱碳、氢蚀和铸铁肿胀等。

A　高温氧化

钢铁在空气中加热，在较低温度（200~300℃）下表面便出现可见的氧化膜。随着温度升高，氧化膜逐渐增厚。钢铁氧化膜的结构比较复杂。在570℃以下，仅生成 Fe_2O_3 和 Fe_3O_4，如图2.10（a）所示。它们的结构致密，保护作用较好，因此氧化速度也较低。温度超过570℃，在氧化膜的内层生成 FeO，如图2.10（b）所示。FeO的结构疏松，晶格缺陷密度高，金属离子和氧离了容易迁移，氧化速度急剧增大。当温度高于800℃时，表面上开始形成多孔、疏松的"氧化皮"。这些"氧化皮"与基体结合松散，稍受震动便会一层一层地脱落下来。

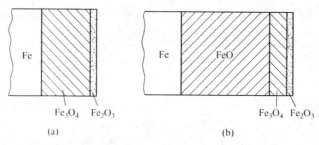

图2.10　铁在空气中加热时表面氧化膜组成示意图

（a）在570℃以下；（b）在570℃以上

另外，气相的组成，对铁的高温腐蚀有着强烈的影响，特别是水蒸气和硫的化合物的影响最大。在烟道气中，若含有过量的空气、对钢材的腐蚀有很大的影响。氧的含量越高，腐蚀速度越大。而 CO 却具有相反的作用。

B　脱碳

钢在气体腐蚀过程中，通常总是伴随着脱碳的现象。脱碳是指在腐蚀过程中，除了生成氧化皮层外，与氧化皮层相连的内层发生渗碳体减少的现象，这是由于渗碳体 Fe_3C 与介质中的氧、氢、二氧化碳、水等作用的结果。其反应如下：

$$Fe_3C + \frac{1}{2}O_2 \longrightarrow 3Fe + CO$$

$$Fe_3C + CO_2 \longrightarrow 3Fe + 2CO$$

$$Fe_3C + H_2O \longrightarrow 3Fe + CO + H_2$$

脱碳作用生成的气体，使表面膜的完整性受到破坏。从而降低了膜的保护作用，加快了腐蚀的进行。同时，由于碳钢表面渗碳体的减少（即表面层已变铁素体组织），使表面层的硬度和强度都大幅度下降，降低了零件的耐磨性和疲劳极限，从而降低了设备或零件的使用寿命。实践证明，增加气体介质中的一氧化碳和甲烷含量，将使脱碳作用减小。钢中添加铝和钨，也可降低钢的脱碳倾向。

C　氢蚀

在合成氨、甲醇、石油加氢及其他一些化学和炼油工业中，常常遇到在高温高压的氢气环境中，钢的脆化问题。

氢气在常温常压下对碳钢不会产生明显的作用，温度高于 $200 \sim 300℃$，压力高于 $30.4MPa$ 时，氢对钢材作用显著，使钢剧烈脆化，这就叫氢蚀。

钢材发生氢蚀有两个阶段：可逆氢脆阶段和氢脆阶段。在第一阶段氢和钢材接触时，氢即被钢的表面所吸收，并以原子状态沿晶界向钢材内部扩散。溶解于钢中的氢虽未和钢材元素起任何化学变化，也没有改变钢的组织，但是却使钢变脆，韧性降低。如果将钢材在 $200 \sim 300℃$ 的温度下加热或常温长时间静置，其韧性又可以部分或全部恢复，这阶段称为可逆氢脆阶段。

第二阶段是氢蚀阶段。在高温高压下，侵入并扩散到钢中的氢与不稳定碳化物发生如下反应：

$$Fe_3C + 2H_2 \longrightarrow 3Fe + CH_4$$

生成了甲烷，即产生脱碳，并且反应的气体生成物 CH_4 在钢材内部积聚，产生很大的内应力，使晶界产生裂纹，内部出现龟裂，而在表面则出现许多鼓泡。这会使钢的强度和韧性大大降低，发生永久脆化。

氢与硫化氢同时共存时，还会发生下列反应：

$$H_2S + Fe \longrightarrow FeS + H_2$$

在钢表面上生成硫化铁层，它在高温高压中氢是多孔性物质，且易剥落。剥落后活性铁表面又与高温下的硫化氢作用而腐蚀，如此反复进行。因此，当氢和硫化氢共存时，硫化氢对钢的腐蚀起着促进作用。

降低钢的含碳量或在钢中加入铬、钛、钼、钨、钒等合金元素，以形成稳定的碳化物，能提高钢抗氢蚀的能力。

D 铸铁的肿胀

铸铁的肿胀实际上是一种晶间气体腐蚀。腐蚀性气体沿晶粒边界、石墨夹杂物和细微裂缝渗入到铸铁内部，发生氧化作用。由于所生成的氧化物体积较大，从而加大了铸铁的尺寸。铸件发生肿胀后，强度将大大降低。

在生铁中加入适量（$5\% \sim 10\%$）硅，由于形成 SiO_2 而提高了氧化膜的保护性能，阻止氧的渗入，可防止肿胀现象的发生。但如果硅的添加量过低（低于 5%），由于硅促进铸铁的石墨化，反而会使肿胀更加严重。

2.4.1.2 防止化学腐蚀的方法

防止钢铁免遭化学腐蚀的方法，主要有以下 3 种。

A 合金化

研究表明：改善钢铁材料抗氧化性能最有效的合金元素是 Cr、Al 和 Si，它们与氧的亲和力比较强，在氧化性介质中首先与氧结合形成极稳定的 Cr_2O_3，Al_2O_3 和 Si_2O_3，这些氧化物结构致密，能够牢固地与金属基体结合，形成有效的保护层，阻止金用离子和氧离子的扩散，大幅度提高钢的抗氧化性。

B 改善介质

在某些特定环境条件下，设法改善介质成分可以减轻乃至消除腐蚀的危害。如在炼油设备中，降低或消除含硫气体，可大大减轻腐蚀程度，延长设备使用寿命。又如在钢铁热加工过程中，广泛应用可控的保护气体来控制工件加热中的氧化、脱碳等腐蚀过程。

另外某些工艺手段也能达到类似效果，如采取除氢退火来排除渗入材料中的氢，减小氢的危害。

C　应用保护性覆盖层

应用金属或非金属涂层，把金属和气体介质隔离，是防止化学腐蚀的有效途径。最常采用的是热扩散法，将可以形成抗氧化保护膜的元素渗入到被保护金属的表面，使之形成具有优良热稳定性的渗镀层，如钢铁材料渗铬、渗铝、渗硅及铬-铝共渗等，其实质是抗氧化合金元素的表面合金化。

此外，还可以在金属表面上涂上一些能耐高温的涂料。例如，用氧-乙炔火焰喷涂或等离子喷涂的方法，将耐热的氧化物、碳化物、硼化物等喷涂在金属表面上形成耐高温氧化的陶瓷覆盖层。又如，在较低的温度下，可用硅涂料或含铝粉硅涂料，直接刷涂在金属的表面上，对于较高的温度就要用金属-陶瓷或纯陶瓷的覆盖层才能达到抗高温氧化目的。表 2.1 列出了几种覆盖层及其使用的最高温度。

表 2.1　抗氧化的保护层

覆 盖 层	使用的最高温度/℃
硅涂料	300
含铝粉硅涂料	500
$Al-Al_2O_3$	900
$Ni-Al_2O_3$	1800
$Ni-MgO$	1800
SiO_2	1710
Al_2O_3	2000

近年来应用物理气相沉积（PV）和化学气相沉积（CVD）方法，获得多种性能优异的耐热涂层，显示出广阔的发展前景。

2.4.2　电化学腐蚀

电化学腐蚀是金属与电解物质接触时产生的腐蚀。是具有电位差的两个金属极在电解质溶液中发生的，具有电荷流动特点的连续不断的化学腐蚀，是一种复杂的物理与化学腐蚀过程。

常见的电化学腐蚀形式有：大气腐蚀、土壤腐蚀、在电解质溶液中的腐蚀和在熔融盐中的腐蚀等。

电化学腐蚀的根本原因是腐蚀电池的形成。需要形成腐蚀电池的 3 个条件是：（1）有两个或两个以上的不同电极电位的物体，或在同一物体具有不同电极电位的区域，以形成正、负极；（2）电极之间需要有导体相连接或电极直接接触；（3）要有电解液。实际上，这 3 点也正是形成电化学腐蚀的基本条件，只是在金属零件上形成的原电池电流因自行短路而无法利用，阳极金属受到腐蚀，这种原电池称之为腐蚀电池。

2.4.3　腐蚀失效的主要形式

依据腐蚀表面的特征可分为全面腐蚀和局部腐蚀两种。全面腐蚀是机件整个表面上发生的腐蚀，一般多为全面不均匀腐蚀。局部腐蚀是机件表面局部发生的腐蚀，而表面上其他部分几乎不发生腐蚀。局部腐蚀较多，危害也比全面腐蚀严重，往往会发生突然破坏，造成机件的损坏，甚至恶性事故。

2.4.3.1 均匀腐蚀

腐蚀发生在金属表面的大部或全部，也称全面腐蚀。多数情况下，金属表面会生成保护性的腐蚀产物膜，使腐蚀变慢。有些金属，如钢铁在盐酸中，不产生膜而迅速溶解。通常用平均腐蚀率（即材料厚度每年损失若干毫米）作为衡量均匀腐蚀的程度，也作为选材的原则，一般年腐蚀率小于 $1 \sim 1.5mm$，可认为合用（有合理的使用寿命）。

2.4.3.2 小孔腐蚀

金属件的大部分表面不发生腐蚀或腐蚀很轻微，但是局部地方出现腐蚀小孔并向深处发展的腐蚀现象称为小孔腐蚀，或称点蚀或孔蚀。由于工业上用的金属往往存在有极小的微电极，故在溶液或在潮湿环境中经常发生小孔腐蚀。金属管道若受小孔腐蚀，由于检查困难（特别是从内壁发生小孔腐蚀），将很容易导致腐蚀穿通而发生泄漏。压力容器内壁发生小孔腐蚀易引发事故性破坏，导致其中物料泄漏，不仅污染环境，还容易引起火灾，在有应力时，蚀孔往往是裂纹的发源处。

2.4.3.3 缝隙腐蚀

许多金属构件是由螺钉、铆、焊等方式连接的，在这些连接件或焊接接头缺陷处可能出现狭窄的缝隙，其缝宽（一般在 $0.025 \sim 0.1mm$）足以使电解质溶液进入，使缝内金属与缝外金属构成短路原电池，并且在缝内发生强烈的腐蚀，这种局部腐蚀称为缝隙腐蚀。

2.4.3.4 晶间腐蚀

晶间腐蚀是一种常见的局部腐蚀，是指沿着金属晶界或它附近发生的腐蚀现象。晶间腐蚀将使晶粒之间的结合力大大减弱，材料强度显著降低。由于不易检查，会造成突然破坏，其危害很大。不锈钢、镍基合金、铝合金等都存在晶间腐蚀，因此。对于这些材料制成的零件或构件，必须注意发生晶间腐蚀引起的失效。

2.4.3.5 析氢腐蚀

在酸性较强的溶液中发生电化腐蚀时放出氢气，这种腐蚀称做析氢腐蚀。在钢铁制品中一般都含有碳。在潮湿空气中，钢铁表面会吸附水汽而形成一层薄薄的水膜。水膜中溶有二氧化碳后就变成一种电解质溶液，使水里的氢增多。这就构成无数个以铁为负极、碳为正极、酸性水膜为电解质溶液的微小原电池。

2.4.3.6 腐蚀疲劳

材料或零件在交变应力和腐蚀介质的共同作用下造成金属内部晶粒产生塑性变形引起的失效称做腐蚀疲劳。这里需注意的是，腐蚀疲劳和应力疲劳不同，虽然两者都是应力和腐蚀介质的联合作用，但作用的应力是不同的，应力腐蚀指的是静应力，而且主要是指拉应力，因此也叫静疲劳。而后者则强调的是交变应力。

在空气介质中，氧和水蒸气是引起腐蚀的主要成分。它们对降低材料和腐蚀疲劳强度作用很大。对于铜、黄铜和碳钢等韧性材料，起腐蚀作用主要是氧。而对于高强度钢和高强度铝合金等对应力腐蚀敏感的材料，水蒸气对裂纹扩展速率有很大影响。

材料强度越高，腐蚀疲劳裂纹扩展越快，而且腐蚀疲劳裂纹大部分是穿晶型的。

防止腐蚀疲劳的主要方法是：首先防止腐蚀介质的作用；若必须在腐蚀介质下工作，则应采用耐腐蚀材料，以及根据不同的介质条件分别采用阴极保护或阳极保护；或者采取表面涂防腐覆盖层等表面处理方法。

2.4.3.7　腐蚀磨损

在摩擦过程中，金属同时与周围介质发生化学反应或电化学反应引起金属表面的腐蚀产物剥落，这种现象成为腐蚀磨损。

2.5　气　蚀　失　效

气蚀是液体流动中形成的气泡破灭时对零件表面不断冲击而引起的一种磨损。气泡的破灭取决于气泡内外压力差和表面能。当液体在与固体表面接触处的压力低于它的蒸汽压力时，将在固体表面附近形成气泡。另外，溶解在液体中的气体也可能析出而形成气泡。当气泡流动到液体压力超过气泡压力的地方时，气泡破灭，在破灭瞬时产生极大的冲击力和高温。固体表面经受这种冲击力的多次反复作用，材料发生疲劳脱落。在液压元件、水泵零件、砂浆泵零件、水轮机叶片和船舶螺旋桨上常发生气蚀破坏。在实际工作中气蚀磨损和腐蚀磨损等常混在一起发生，使零件迅速失效。

2.5.1　气蚀的机理

液体在泵叶轮中流动时，由于叶片的形状和液流在其中突然改变方向等流动特点，决定了流道中液流的压力分布。在叶片入口附近的非工作面上存在着某些局部低压区。当处于低压区的液流压力降到对应液体温度的饱和蒸汽压时，液体便开始汽化而形成气泡；气泡随液流在流道中流动到压力较高之处时又瞬时消失。在气泡破灭的瞬间，气泡周围的液体迅速冲入气泡破灭形成的空穴，并伴有局部的高温、高压水击现象。

2.5.2　气蚀的危害

气蚀对泵的危害很大，主要表现在以下几个方面：

（1）降低泵的性能。气蚀产生了大量的气泡，堵塞了流道，破坏了泵内液体的连续流动，使泵的流量、扬程和效率明显下降。

（2）泵产生振动和噪声。发生气蚀时，气泡在压力较高处不断的破灭，液体质点不断互相撞击，同时也撞击金属表面，使泵产生强烈的振动和噪声。

（3）破坏过流部件。过流部件表面除受到机械性质的破坏以外，如果液体汽化时放出的气体有腐蚀作用，还会产生一定的化学性质的破坏。通常受气蚀破坏的部位多在叶轮出口附近和排液室进口附近。气蚀初期，表现为金属表面出现麻点，继而表面呈现海绵状、沟槽状、蜂窝状、鱼鳞状等痕迹，严重时可造成叶片或前后盖板穿孔、甚至叶轮破裂，酿成严重事故。

2.5.3　气蚀防治措施

减少气蚀的有效措施是防止气泡的产生。首先应使液体运动的表面具有流线形，避免在局部地方出现涡流，因为涡流区压力低，容易产生气泡。此外，应当减少液体中的含气量和液体流动中的扰动，也将限制气泡的形成。

2.5.3.1 结构措施

（1）增大泵吸入管的直径，以减少吸入管路的阻力损失。

（2）采用双吸泵，以减小进口流速。

（3）采用前置诱导轮，以提高进入叶轮的液流压力。

（4）在大型高扬程泵的前面，设增压前置泵，以提高进液压力。

（5）叶轮特殊设计，例如适当减少叶片进口的厚度，并将片叶进口修圆，使其接近流线形，以减少绕流叶片头部的速度变化与压力变化；减小叶轮和叶片进口部分表面粗糙度，以减小阻力损失；将叶片进口边向叶轮进口延伸，使液流提前接受做功，提高压力。

2.5.3.2 安装和运行措施

使泵的安装高度小于允许的安装高度（泵的吸入口离液面的距离要尽可能的低），减少吸入压力损失；或灌注高度大于最小灌注高度。

2.5.3.3 其他措施

（1）采用耐气蚀破坏的材料制造泵的过流部件。通常强度、硬度、韧性高和化学稳定性好的材料具有较好的抗气蚀性能。

（2）在满足扬程和流量要求的前提下，降低泵的转数（转数越低越好），减少泵吸入口的真空度。

（3）在工艺条件允许的条件下，避免输送液体的温度升高，防止液体汽化。

2.5.3.4 液压系统中防止气蚀措施

气蚀现象也是使液压元件和液压系统产生各种故障的原因之一，特别是在高压和高速流动的液压系统中尤为显著。现在，在液压元件及系统设计中以充分注意到了这一问题。对运行维护管理人员来说，最主要的是如何有效地防止空气进入液压系统，为此应特别注意以下几个方面：

（1）保持液压泵各结合面的连接及泵吸油管接头连接的紧密性。

（2）注意油箱内的油位不能过低，回油管不能露出液面。

（3）泵吸油管端的油滤器，既不能接近油面，也不应紧贴油箱底面。

（4）定期清洗吸油油滤器，防止污物堵塞油滤器而造成泵吸油不足。

复习思考题

2-1 机械零件主要失效形式有哪些？

2-2 简述摩擦分类，影响摩擦的因素有哪些？

2-3 摩擦的表面通常发生哪些现象？

2-4 机械设备的正常磨损规律分为几个阶段？

2-5 磨损的分类有哪些，分别怎样预防？

2-6 什么是零件的变形失效，如何加以防止？

2-7 什么是断裂，疲劳断裂断口的形貌有什么特点？

2-8 如何在设计中防止断裂失效的发生？

2-9 零件的腐蚀失效有哪些类型？

3 机械设备故障诊断技术

本章提要： 机械设备故障诊断技术是机械设备状态监测与故障诊断技术的简称，它是识别机械设备运行状态的一门科学技术。随着科学技术和现代工业的发展，设备大型化、自动化、复杂化的程度日益提高，生产依赖设备的程度也越来越大，设备的任何故障都会直接影响到企业的安全生产及效益。因此，在设备运行期间对它的运行状态进行监测、分析和诊断，越来越受到各方面的重视。这样做不仅降低了设备维修量，提高了设备利用率，给企业带来巨大的经济效益，更重要的是可以避免发生突发性或灾难性事故，给社会带来严重的危害。

机械设备故障诊断技术研究的内容包括状态监测、状态识别、状态预测以及故障诊断与处理对策等几个方面。

机械设备故障诊断技术分类的方法很多，按诊断方法的完善程度可分为简易诊断、精密诊断、专家系统和人工神经网络等。

3.1 简易诊断技术

简易诊断就是靠人的感官功能（视、听、触、嗅等）或借助一些简单仪器、常用工具对机械设备的运行状态进行监测和判断的过程。

简易诊断虽然是定性的、粗略的和经验性的，但对机械设备的管理和维修具有一定的现实意义。首先，在我国代表先进水平的精密诊断技术的应用还不普及，其开发和推广应用还需一段较长的时间。其次，在普通机械设备上应用过于复杂的高价值诊断仪器也不尽合理。再次，即使科学技术高度发展了，人的感官监测诊断技术也不可能由现代化的精密诊断技术完全取代。因此，从实际出发，推广应用常规监测诊断技术是非常必要的，特别是对于普通机械设备尤为必要。

常用的简易状态监测方法主要有听诊法、触测法和观察法等。

3.1.1 听诊法

设备正常运转时，伴随发生的声响总是具有一定的音律和节奏。只要熟悉和掌握这些正常的音律和节奏，通过人的听觉功能就能对比出设备是否出现了重、杂、怪、乱的异常噪声，判断设备内部出现的松动、撞击、不平衡等隐患。用手锤敲打零件，听其是否发生破裂杂声，可判断有无裂纹产生。

电子听诊器是一种振动加速度传感器。它将设备振动状况转换成电信号并进行放大，工人用耳机监听运行设备的振动声响，以实现对声音的定性测量。通过测量同一测点、不同时期、相同转速、相同工况下的信号，并进行对比，来判断设备是否存在故障。当耳机出现清脆尖细的噪声时，说明振动频率较高，一般是尺寸相对较小、强度相对较高的零件发生局部缺陷或微小裂纹。当耳机传出混浊低沉的噪声时，说明振动频率较低，一般是尺寸相对较大、强度相对较低的零件发生较大的裂纹或缺陷。当耳机传出的噪声比平时增强时，说明故障正在发展，声音越大，故障越严重。当耳机传出的噪声是杂乱无规律地间歇出现时，说明有零件或部件发生了松动。

3.1.1.1 听诊法对滚动轴承进行监测

用听诊法对滚动轴承工作状态进行监测的常用工具是木柄长螺钉旋具，也可以使用外径为 42mm 左右的硬塑料管。相对而言，使用电子听诊器进行监测，更有利于提高监测的可靠性。

A 滚动轴承正常工作状态的声响特点

滚动轴承处于正常工作状态时，运转平稳、轻快，无停滞现象，发生的声响和谐无杂声，可听到均匀而连续的"哗哗"声，或者较低的"轰轰"声。噪声强度不大。

B 异常声响所反映的轴承故障

（1）轴承发出均匀而连续的"嗞嗞"声。这种声音由滚动体在内外圈中旋转而产生，包含有与转速无关的不规则的金属振动声响。一般表现为轴承内加脂量不足，应进行补充。若设备停机时间过长，特别是在冬季的低温情况下，轴承运转中有时会发出"嗞嗞沙沙"的声音，这与轴承径向间隙变小、润滑脂工作针入度变小有关。应适当调整轴承间隙，更换针入度大一点的新润滑脂。

（2）轴承在连续的"哗哗"声中发出均匀的周期性"嘀罗"声。这种声音是由于滚动体和内外围滚道出现伤痕、沟槽、锈蚀斑而引起的。声响的周期与轴承的转速成正比。应对轴承进行更换。

（3）轴承发出不连续的"梗梗"声。这种声音是由于保持架或内外圈破裂而引起的。必须立即停机更换轴承。

（4）轴承发出不规律、不均匀的"嚓嚓"声。这种声音是由于轴承内落入铁屑、砂粒等杂质而引起的。声响强度大小与转速没有关系。应对轴承进行清洗，重新加脂或换油。

（5）轴承发出连续而不规则的"沙沙"声。这种声音一般与轴承的内圈与轴配合过松或者外圈与轴承孔配合过松有关。声响强度较大时，应对轴承的配合关系进行检查，发现问题及时修理。

（6）轴承发出连续刺耳的啸叫声。这种声音是由于轴承润滑不良或缺油造成干摩擦，或滚动体局部接触过紧，如内外圈滚道偏斜，轴承内外圈配合过紧等情况而引起的。应及时对轴承进行检查，找出问题，对症处理。

3.1.1.2 听诊法对齿轮进行监测

普通机械设备中正常运行的齿轮一般在低速下无明显声响，随着转速增高而发出一定音频的轰鸣声，音色和谐纯正。由听诊法判断，可以听到平稳的"哗哗"声，声响强度较低，没有异噪声。

当轮齿严重均匀磨损时，轮齿的弯曲强度会明显下降。在相同工作情况下，由于齿的弯曲增大，还会导致周节误差增大。这种情况下，齿轮的啮合频率及其谐波分量一般保持不变，但幅值都会不同程度地增大，尤其高次谐波幅值增大较多。通过听诊法进行监测可以发现，虽然仍然是平稳的"哗哗"声，但是与未磨损时的状况相比，声响强度增大，音色要清亮一些。

当齿轮出现疲劳点蚀、齿面黏着、轮齿折断等不均匀性缺陷时，齿轮产生的振动就会受到失效轮齿变形量发生变化的影响，而导致振幅变化，出现振幅调制现象。而且在产生调幅现象的同时，也会造成扭矩的波动，导致角速度的变化而引起频率调制。这样，由听诊法判断就可以明显听到在"哗哗"声中，带有时域振动波发生周期调制所引起的周期性"嘀罗"声或者"咯噔"声。

为了提高监测的可靠程度，可以采用电子听诊器录音对比法进行监测。通过与齿轮正常工作状态下产生的声响强度和音色进行对比，以便发现经过长期运转的齿轮有无重、杂、怪、乱的异常声响发生，判断齿轮的工作状态是否正常。如果有条件，对重要的齿轮，也可以将电子听诊器采集的振动信息输入到示波器等记录显示仪器之中进行对比判断。

3.1.2 触测法

人手的触觉可以监测设备的温度、振动及间隙的变化情况。

人手上的神经纤维对温度比较敏感，可以比较准确地分辨出80℃以内的温度。当机件温度在0℃左右时，手感冰凉，若触摸时间较长会产生刺骨冰感；10℃左右时，手感较凉，但一般能忍受；20℃左右时，手感稍凉，随着接触时间延长，手感渐温；30℃左右时，手感较温，有舒适感；40℃左右时，手感较热，有微烫感觉；50℃左右时，手感较烫，若用掌心按的时间较长，会有汗感；60℃左右时，手感很烫，但一般可忍受10s长的时间；70℃左右时，手感烫得灼痛，一般只能忍受3s长的时间，并且手的触摸处会很快变红。触摸时，应试触后再细触，以估计机件的温升情况。

用手晃动机件可以感觉出0.1~0.3mm的间隙大小。用手触摸机件可以感觉振动的强弱变化和是否产生冲击。

用配有表面热电偶探头的温度计测量滚动轴承、滑动轴承、主轴箱、电动机等机件的表面温度，则具有判断热异常位置迅速、数据准确、触测过程方便的特点。

用触测法对滚动轴承进行监测，可及早发现局部损伤。

通过测量轴承运转中的温升情况，一般很难监测轴承所出现的疲劳剥落、裂纹或压痕等局部性损伤，特别是在损伤的初期阶段几乎不可能发现。当轴承在长期正常运转以后，出现温度升高现象时，一般所反映的问题不但已经相当严重，而且会迅速发展，造成轴承损坏故障。这时候，间断性的监测往往会造成漏监情况。监测中若发现轴承的温度超过70~80℃，应立即停机检查。

对于新安装或者重新调整的滚动轴承，通过触测法，监测其在规定时间内的温升情况，可以判断轴承的安装与调整质量，尤其间隙过紧时会出现温升过高的现象。发现问题及时调整，有利于延长滚动轴承的使用寿命。

3.1.3 观察法

人的视觉可以观察设备上的机件有无松动、裂纹及其他损伤等；可以检查润滑是否正常，有无干摩擦和跑、冒、滴、漏现象；可以查看油箱沉积物中金属颗粒的多少、大小及特点，以判断相关零件的磨损情况；可以监测设备运动是否正常，有无异常现象发生；可以观看设备上安装的各种反映设备工作状态的仪表，了解数据的变化情况。可以通过测量工具和直接观察表面状况，检测产品质量，判断设备工作状况。把观察的各种信息进行综合分析，就能对设备是否存在故障、故障部位、故障的程度及故障的原因做出判断。

3.1.3.1　观察法估计齿轮磨损状况

通过测量间隔一段较长时间以后的齿侧隙游移量的增大情况，就可以确定被测齿轮的磨损程度。如果设备的齿轮为开式齿轮，只有一两对齿轮，数量比较少，用塞尺直接测量齿侧隙，并进行记录显然是不合适的。这种情况下，可以将主轴箱的输出轴固定，来回扳动皮带轮或输入轴，用千分表测量各级齿轮间隙游移量的总和，也可以采用划线测量的方法进行确定。然后再按下面所述的方法估计齿轮磨损状况。

当齿轮箱中有 m 级齿轮减速传递动力时，从输入轴到输出轴的各级齿轮，因磨损产生的侧隙游移量，在被动齿轮固定，扳动主动齿轮的条件下，所产生的角度值，依次可设为 e_1，e_2，e_3，$\cdots$，e_m。

若各级齿轮的小齿轮与大齿轮的转速依次为 i_1，i_2，$\cdots$，i_m，则各级齿轮因磨损产生的侧隙移量反映在输入轴或带轮上的总量角度值为：

$$E = e_1 + e_2 i_1 + e_3 i_1 i_2 + \cdots + e_m(i_1 \times i_2 \times \cdots \times i_{m-1}) \tag{3.1}$$

由于齿轮的磨损量与很多因素有关，但是啮合齿之间相对滑动速度比较小的齿面，所承受的载荷相对而言比较大，这两者又都是影响齿轮磨损状况产生差异的主要因素。因此，在齿轮结构、材料及热处理条件相同的情况下，为了便于处理问题，我们可以认为各级齿轮因磨损所产生的侧隙游移量角度值近似相同，即 $e_1 \approx e_2 \approx \cdots \approx e_m$，用 e_m 值体现平均值的概念。则有：

$$E \approx e_m \left[1 + i_1 + i_1 i_2 + \cdots + (i_1 i_2 \cdots i_{m-1}) \right] \tag{3.2}$$

因此：

$$e_m \approx E / \left[1 + i_1 + i_1 i_2 + \cdots + (i_1 i_2 \cdots i_{m-1}) \right] \tag{3.3}$$

根据这个公式估计的齿轮磨损量角度值是一个平均值。用它与每个齿轮的实际情况相比，有时误差较大。但是，对于普通机械中的齿轮磨损状况，进行基本估计则具有简单可行、实用的特点。

因此，在估计齿轮的磨损状况时，就可以先将皮带轮或输入轴处测量的各级齿轮侧隙游移总量相对初始状态时的变化值换算成角度值，再根据上式进行近似计算，求出各级齿轮因磨损所产生的侧隙游移量角度平均值，通过对比就可以判断出磨损的发展速度。为了估计磨损层厚度，还可以根据主动齿轮节圆直径的大小，将侧隙游移量角度平均值换算成线性值。这样，就估计出了齿轮到的磨损层厚度，即相啮合的两个轮齿，各自的两个齿面磨损层的厚度之和。然后再根据速比情况，按比例进行分配，就可以近似估计出单个齿的磨损情况。

3.1.3.2　观察法检查轮齿表面

检查轮齿表面可以及时发现各种不同的失效形式，并监测其发展情况，以便采取合适的措施，防止突发性事故发生。

轮齿表面主要失效形式的形态如图 3.1 所示。

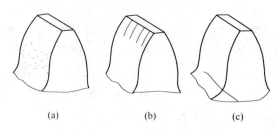

图 3.1   轮齿表面的主要失效形式
(a) 疲劳点蚀；(b) 齿面黏着；(c) 轮齿折断

（1）疲劳点蚀的形态特点。疲劳点蚀是闭式齿轮最为常见的齿面失效形式，主要发生在靠近节圆处齿根面的部位。它是由于齿面在交变接触应力的反复作用下，发生接触疲劳，造成表层金属一小片一小片地剥落，从外观上看起来呈现麻点状态。开始时，麻点还比较少，也比较小，随着继续使用，在齿面的有效受力面积不断减小的情况下，会引起点蚀的进一步发展，麻点增多，麻坑增大，直到使整个齿面破坏。其形态如图 3.1 （a）所示。

对于开式齿轮，由于润滑条件差一些，齿面磨损较快，往往齿面表层材料还未发生点蚀现象时就被磨损掉了，因此几乎看不到点蚀这种失效形态。

（2）齿面黏着的形态特点。齿面黏着主要发生在高速或重载齿轮传动之中。当轮齿在啮合处发生咬焊现象的时候，沿滑动方向就形成了咬焊后撕裂划伤的沟槽。由于轮齿间的相对滑动速度越大，越容易发生黏着现象，因此这种失效形式还常都出现在靠近齿顶的齿面部位。其形态如图 3.1 （b）所示。

（3）轮齿折断的形态特点。轮齿受载时，齿根处的弯曲应力最大，而且有应力集中。重复受载后，轮齿的齿根部位有时会产生疲劳裂纹，并逐步扩展使轮齿断裂。其裂纹的位置特点如图 3.1 （c）所示。监测观察中，若发现轮齿产生疲劳裂纹，应及时进行更换或者修理。此外，有时还会由于短期过载或受到过大的冲击载荷，轮齿突然发生断裂现象。这种情况发现容易，预测困难。

3.2   油样分析技术

润滑油在机器中循环流动，必然携带着机器中零部件运行状态的大量信息。油样分析就是抽取润滑油中的油样并测定其中磨损磨粒的特性，来分析判断机器零部件的磨损情况。

3.2.1   油样分析的步骤

油液分析工作主要分为采样、油样处理、检测、诊断、预测和处理几个步骤。

3.2.1.1   采样

采样是指从润滑油中取出检测分析的样品，这是油液分析的重要环节，关系到分析结论的正确性。对采样工作的要求是保证油样具有代表性，能反映当前设备的运行状态。因此，对采样的时间、周期、位置都应认真考虑。

（1）采样时间。采样时间应在机械设备运行稳定和磨损产物混合均匀以后。若在停机后对油箱进行采样，则应尽早进行，以免大磨损微粒沉降下去影响油样的质量。

（2）采样周期。采样周期取决于机械设备的重要性和安全性以及磨损情况。重要的、安全性要求高的采样周期应短；在磨合磨损阶段的设备采样周期也应短；在正常磨损阶段的设备采样周期可长；设备进入剧烈磨损阶段采样周期又应缩短。

（3）采样位置。采样位置应在回油管靠近被监测的零件，若在油箱中采样，采样点应在油面高度一半以下的地方。考虑到大磨损微粒首先下沉，必要时可在油箱底部采样，但要保持与箱底沉积物之间有一定距离。

3.2.1.2 油样处理

油样处理包括加热和稀释两个环节。加热的目的是使油样在储样瓶中形成对流，加上摇动使磨损微粒分布均匀；稀释的目的是降低油样的浓度和黏度使之适合检测分析的需要。降低浓度需要在油样中加入同牌号的纯净油；降低黏度需要在油样中加入黏度小的纯净油。

3.2.1.3 检测与诊断

检测与诊断是指测定油样中磨损产物的含量和粒度分布，初步判断机械设备的磨损状态是否正常。当它属于异常磨损时，还需要进一步进行检测分析，确定磨损的详细情况。

3.2.1.4 预测与处理

预测与处理是指预测异常磨损状态下零件的剩余寿命和今后的磨损类型，根据预测情况确定维修方式、维修时间以及需要更换的零件。

3.2.2 油样分析的内容和方法

油样分析主要包含两方面内容。

3.2.2.1 油样理化性能参数分析

分析油样的黏度、闪点、水分、酸度和机械杂质等参数的变化是识别机械设备润滑状态的重要手段。目的是防止机械零件因润滑不良而发生损伤，影响机械设备的使用寿命；同时也为添加或更换润滑油提供科学依据，为企业节省费用，为社会节约资源。

3.2.2.2 磨损产物分析

机械设备在运行过程中，它的磨损产物（磨损微粒）都要进入润滑油中。研究表明磨损微粒带有许多有关零件磨损状况的信息。

A 磨损产物的成分分析

油样中出现的化学元素，来源于含有这些元素的材料制成的零件。因此根据油样中所含微粒化学成分浓度的测定，能判断出对应零件的磨损程度。但是应注意，若密封不良，润滑油中混入了粉尘时，由于粉尘的主要成分是二氧化硅，会影响硅的分析。

B 磨损产物的粒度和形貌分析

不同磨损时期的磨损微粒在尺寸、数量、分布等方面存在较明显的区别。在磨合磨损期，磨损微粒较大一般在 $10\sim20\mu m$ 左右；在正常磨损期，磨损微粒细小、均匀，尺寸一般在 $10\mu m$ 以下；在剧烈磨损期，磨损微粒粗大一般在 $10\sim30\mu m$ 间，甚至更大。

不同磨损机理作用下产生的磨损微粒，在形貌、大小等方面存在较显著的差别。磨料磨损的产物是带状卷曲形状，表现出微切削特征；黏着磨损的产物可能是条状，表面粗糙有撕裂痕迹；疲劳磨损的产物片状、粒状都有，显著的特征是这种微粒的一个表面（摩擦面）光滑明亮，而另一面则是布纹状的粗糙组织，有断裂痕迹；腐蚀磨损的微粒呈粉末状；氧化磨损微粒常温下呈红色，高温下呈黑色。

　　C　磨损产物的含量及其增长速度分析

　　在无烧损、无漏损的条件下，油样中磨损产物的浓度与零件的磨损程度存在线性关系。因此，测定磨损产物的浓度就可判断零件磨损量的大小。若磨损产物浓度有人为的变动时，用绝对浓度判断零件磨损量就有困难，可以改用浓度的变化量（磨损产物的增长速度）。由于磨损物浓度的增长速度与零件的磨损速度存在线性关系，因此测定磨损产物的浓度变化可以判断零件磨损所在的磨损阶段。一般说在磨合磨损阶段由于相互运动的表面粗糙不平，接触应力大、磨损速度很高，磨损产物的浓度变化很大；在正常磨损阶段，接触应力减小，磨损也小，磨损产物的浓度变化慢；在剧烈磨损阶段，表面已损伤严重，磨损速度急剧增加，磨损产物的浓度也急剧增大，其值是正常量的几倍或几十倍。

　　理论上讲，这两方面的检测分析都为机械设备的故障诊断与预测带来许多有用的信息，但在机械设备故障诊断领域，油样分析通常是专指磨损产物的检测分析技术。

　　油样分析方法主要有：光谱分析，铁谱分析，磁塞检查3种。

　　这3种油样分析方法适用的范围、提供的信息，各不相同。由图3.2可见，磨损产物尺寸小于10μm，是悬浮的细小微粒，适合光谱分析；在1~100μm间适合铁谱分析；大于100μm适合磁塞检查。因此这3种方法只采用一种，很难对复杂的故障得出准确的诊断结论，需要配合使用，相互补充。

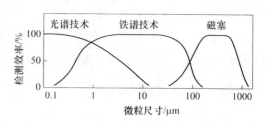

图3.2　3种油样分析方法的检测效率

　　对磨损微粒只要进行尺寸、浓度、形貌、分布和成分等参数的定性与定量分析，便可在不停机、不拆卸条件下诊断出机械设备的磨损状况（磨损部位、磨损机理、磨损程度等）；预测出磨损的发展趋势，在故障诊断领域它是检测机械磨损状况的一种十分直观的重要手段。

3.2.3　油样光谱分析

　　油样光谱分析的目的在于探测因零件（轴承、齿轮、缸套）的磨损而产生的悬浮的细小金属微粒的成分和尺寸，检测尺寸范围小于10μm。光谱分析按其原理的不同，分为原子发射光谱分析和原子吸收光谱分析两种。

3.2.3.1　原子发射光谱分析

　　原子发射光谱分析是根据原子所发射的光谱来测定物质的化学组分。通过识别这些元素的特征光谱来判断元素的存在，而这些光谱线的强度又与试样中该元素的含量有关，因此又可利用这些元素的特征光谱线的强度来确定该元素的含量。

　　自然界中的所有物质都是由不同元素的原子组成。在一般情况下，如果没有外加能量的作用，无论原子、离子或分子都不会自发产生光谱。而当它们得到能量时，则由低能态或基态过渡到高能态，这种过渡称为激发。处于激发态的原子是十分不稳定的，在极短的时间内（约 10^{-8}s）便返回到低能态（或基态）。原子返回低能态时以一定波长的电磁波形式辐射，发出相应的光谱，释放出多余的能量（这种过渡被称为辐射跃迁），其辐射的能量可用下式表示为：

$$\Delta E = E_1 - E_2 = hf = hc/\lambda \qquad (3.4)$$

式中　E_1，E_2——分别为高能级、低能级能量；

　　　h ——普朗克常量，$h = 6.6256 \times 10^{-34}$J·s；

　　　f ——发射电磁波频率；

　　　λ ——发射电磁波波长；

　　　c ——光速。

从式（3.4）可知，每条发射谱线的波长取决于跃迁前后的两个能级的能量差。当原子处于稀薄气体状态时，因它们相互之间作用力小，原子能量变化的不连续特性才能得到充分反映。此时，各元素原子在跃迁过程中发射的特征光谱是线性光谱，是不连续的光谱。

由于各种元素原子结构的不同，在光源的激发作用下，可以产生许多按一定波长排列的谱线组，称此为特征谱线。其波长是由各种元素的原子性质决定的。通过检查谱线上有无特征谱线的出现来判断该元素是否存在，进行光谱定性分析。根据谱线强度求出元素含量，进行光谱定量分析。

原子发射光谱分析仪器的主要作用是把不同波长的辐射按波长顺序进行空间排列，获得光谱。现代发射光谱分析中常用的光谱仪有棱镜摄谱仪、光栅摄谱仪和光电直读摄谱仪。摄谱仪的基本结构分为 3 部分，其典型光学系统如图 3.3 所示。

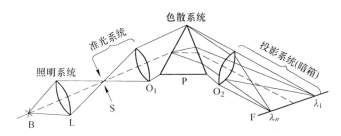

图 3.3　Q-24 中型石英棱镜摄谱仪光学系统

B—光源；L—聚光镜；S—入射狭缝；O_1—准光镜；P—棱镜；O_2—投影物镜；F—暗盒

（1）准光系统。准光系统包括入射狭缝 S 和准光镜 O_1。其作用是把光源 B 发出的光经过聚光镜 L 投到入射狭缝，再经准光镜后变为平行光束。

（2）色散系统。色散系统是摄谱仪的主要部分，可由一个或多个棱镜组成（或使用光栅）。其作用是把具有各种波长的平行光束按波长顺序分散成单色平行光束，这一过程也叫色散。

（3）投影系统（暗箱）。投影系统包括物镜 O_2 和暗盒 F，经棱镜分散后的不同波长的单色平行光束通过物镜聚焦后，在 O_2 的焦面上形成一系列狭缝的像，即光谱。光谱中每一条谱线就是一种波长的单色光所产生的一个狭缝的像，如在焦面上放一个感光板，即可投下光谱。

3.2.3.2　原子吸收光谱分析

原子吸收光谱是根据气态原子对辐射能的吸收程度确定样品中分析物的浓度。原子吸收光谱分析是基于原子对光的吸收现象。当样品中原子在火焰上发生色散时，某些原子受到热激发，在它们恢复到基态时会放出特征射线。当有一束光线通过火焰时，色散的原子会吸收一部分光线，这样就可以得到一系列对应于火焰上原子能量的吸收带。吸收波长由原子的特征所决定，吸收度则正比于火焰上原子的浓度。气态原子吸收光谱属于"狭带"吸收，既线光谱。

原子吸收光谱分析原理如图 3.4 所示。为实现原子吸收光谱分析，必须把分析试样转变成气态原子（但不要激发），这一过程称为原子化。另外必须有一个辐射源（光源），分析不同元素时，要采用特定的空心阴极灯。这种光源应是调制的线光源，最后通过分光系统和检测系统使分析线和非分析线的辐射分开，测量吸收射线强度。图 3.5 所示为原子吸收分析过程。如果要测定试样中镁的含量，先将样品喷射成雾状进入燃烧火焰中，含镁盐的雾滴在火焰温度下挥发并分解成镁原子蒸气，再用镁空心阴极灯作光源，它能辐射出具有波长为 2852×10^{-10} m 的镁的元素的特征谱线的光。当辐射线通过一定厚度的镁原子蒸气时，部分光被蒸气中基态镁原子吸收，光强减弱。通过单色器选出样品的特征谱线，压低其他谱线。检测器测量出通过样品之前和通过样品后光束强度，由此得出样品中镁的含量。

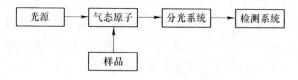

图 3.4　原子吸收光谱分析原理

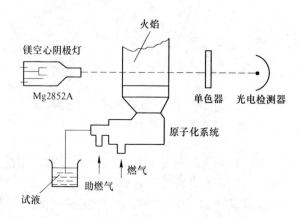

图 3.5　原子吸收光谱分析装置

3.2.4　油样铁谱分析

铁谱分析法就是先利用高梯度强磁场将油样中的磨损微粒按大小有序地分离出来制成

铁谱片，然后对微粒的含量、粒度、形貌和成分进行检测与分析。这种方法不仅可以确定机械设备的磨损程度和磨损类型，而且可以查明磨损的部位。

铁谱分析法适合最能显示磨损状况的微粒尺寸段，因此能提供比较丰富的信息。所用的仪器设备简单、低廉，操作也比较容易，但对非铁磁材料沉积效率低，难以准确定量。

铁谱分析所用的基本仪器是铁谱仪。铁谱仪主要有分析式铁谱仪，直读式铁谱仪和旋转式铁谱仪3种。

3.2.4.1　分析式铁谱仪

如图 3.6 所示，铁谱仪主要由一个高梯度强磁场的永久磁铁和一个有稳定流量的微量泵（0.25L/min）组成，磁铁结构如图 3.7 所示。一定数量的油样经稀释后由泵输送到略微倾斜的带栅栏的玻璃片上，当油液向下缓缓流动时，油液中的微粒在逐渐增强的磁场力作用下按由大到小的顺序沉积在玻璃片上的不同位置，由于在磁场中微粒被磁化后相互吸引，因此沿磁力线方向（与流动方向垂直）形成链状条带，而各条带之间磁极又相互排斥，所以微粒在玻璃片上能形成均匀间隔的排列。冲去玻璃片上残留的油液，并用固定液将微粒固定下来，就制成了可供检测的铁谱片，如图 3.8 所示。

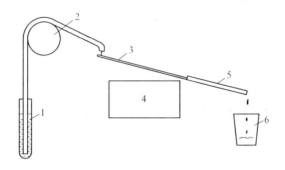

图 3.6　分析铁谱仪简图

1—油样；2—微量泵；3—玻璃基片；4—磁铁；5—导流管；6—储油杯

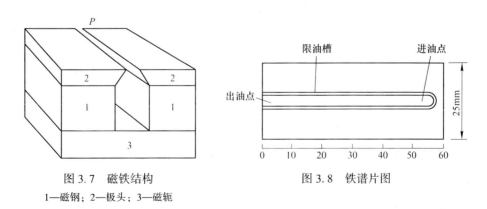

图 3.7　磁铁结构

1—磁钢；2—极头；3—磁轭

图 3.8　铁谱片图

制成的铁谱片要用与铁谱仪配套的仪器进行检测分析，配套的仪器有铁谱片读数仪和铁谱显微镜两种。

A　铁谱片读数仪

铁谱片读数仪实质是一台装有光电传感器的显微镜。利用透光法测量显微镜视野内沉积微粒所覆盖的面积，并显示出微粒覆盖面积的百分数 A 。

$$A = \frac{B_2}{B_1} \times 100\% \tag{3.5}$$

式中　　B_1——显微镜视野面积；

　　　　B_2——沉积微粒在视野内覆盖的面积。

在距铁谱片出口 55~56mm 处和 50mm 处分别检测时，可以得到大于 5μm 的大微粒和 1~2μm 的小微粒覆盖面积的百分数 A_L 和 A_S 。由此得出磨损烈度指数 I_A 为：

$$I_A = (A_L + A_S)(A_L - A_S) = A_L^2 - A_S^2 \tag{3.6}$$

式中　　$A_L + A_S$——总磨损量；

　　　　$A_L - A_S$——磨损严重程度。

机械设备有较大磨损时，润滑油中所含的微粒增多，总磨损量（ $A_L + A_S$ ）增大。机械设备正常运转时 A_L 值比 A_S 值稍大一点，非正常磨损时不仅润滑油中微粒的总量明显增加，而且大尺寸磨损微粒也要增多，即 $A_L - A_S$ 要明显增大，也就是说磨损烈度指数 I_A 要急剧上升，因此 I_A 值是铁谱技术中一个灵敏度很高的重要参数，也是对磨损状况反映最全面的综合参数，既反映了磨粒的总量又反映了磨粒的尺寸分布。

B　铁谱显微镜

铁谱显微镜又称双色显微镜，它有反射光和透射光两个独立光源，可同时使用也可单独使用，可观测沉积在铁谱片上的微粒尺寸、形态和颜色，分析微粒的成分，判别磨损的类型和来源。

铁谱显微镜已能满足实际应用的各种要求。但若进行科学研究，还可以利用电子显微镜等高级仪器观察、分析铁谱片的细微形貌，提取更多、更准的有用信息。

3.2.4.2　直读式铁谱仪

直读式铁谱仪又称 DR 铁谱仪，是在分析式铁谱仪基础上发展起来的，它从油样中分离出微粒后直接就能取得读数，无须制成铁谱片用其他仪器进行检测分析。因此分析过程简单、迅速，仪器的结构也简单，价格也便宜，对设备工况监视特别有用。但它只能提供大、小微粒的数量，不能确定微粒的形貌和成分，因而信息量有限。常用它进行日常的油液监测工作（简易诊断），一旦发现磨损急剧上升，就应使用分析式铁谱仪检测微粒的形貌、分析微粒的成分、判别磨损的类型和部位（精密诊断）。因此，在采用铁谱分析法开展故障诊断时，分析式和直读式铁谱仪需要成套配置，配合使用。

直读式铁谱仪如图 3.9 所示，当定量油液在虹吸作用下流过沉积管时，在高梯度强磁场作用下使微粒按大小依次沉积，如图 3.10 所示，在大微粒（大于 5μm）沉积部位和小微粒（1~2μm）沉积部位各设置一道光束穿过沉积管，并在对侧设置光电传感器。光电传感器接收的光强度与沉积的微粒数量相对应，并由仪器上的数字检测器自动地显示出来。若 D_L 是大微粒读数值，D_S 是小微粒读数值（它们分别代表油样中大于 5μm 和 1~2μm 微粒的相对浓度），则总磨损量用 $D_L + D_S$ 表示，磨损严重程度用 $D_L - D_S$ 表示，磨损烈度指数计算式为：

$$I_A = (D_L + D_S)(D_L - D_S) = D_L^2 - D_S^2 \qquad (3.7)$$

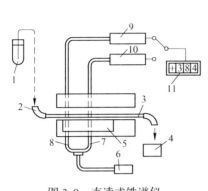

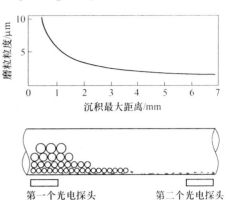

图 3.9　直读式铁谱仪

1—油样；2—毛细管；3—沉积管；

4—集油管磁铁；5—磁铁；6—光源；

7，8—光导管；9，10—光电检测器；11—数显屏

图 3.10　直读式铁谱仪微粒排列

虽然，D_L、D_S 与 A_L、A_S 都反映设备的磨损状态，数值相关，但不相等，也不能互相换算。

图 3.11 所示为用直读式铁谱仪对一台 W613 铲车液压系统，进行油样分析得到的磨损趋势曲线。1000h 以前变化平稳说明机械设备处于正常磨损阶段，1000h 以后，曲线迅速上升这说明大磨损微粒显著增加，机械设备已处于剧烈磨损阶段。

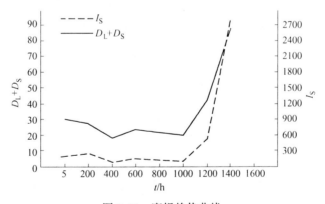

图 3.11　磨损趋势曲线

3.2.4.3　旋转式铁谱仪

如图 3.12 所示，旋转式铁谱仪主要由一个带动基片旋转的平台和一个高磁场强度、磁力线呈辐射状的环形永久磁铁组成。当油液由转动中心注入基片时，由于磁铁和平台旋转，基片上的油液及油液中的污染物（非铁磁性物质，如粉尘等）就被离心力甩到外面，而油液中的铁磁性微粒，则在离心力和基片环形磁场力的作用下，按大小顺序在基片上沿辐射线分布，形成不同直径的三个同心圆环，如图 3.13 所示，内环微粒大多数在 $1 \sim 50\mu m$ 之间，中环通常在 $1 \sim 20\mu m$，外环通常小于 $10\mu m$，经清洗残油后制成的铁谱片，

使用双色显微镜观测、分析即可得到有关磨损状况的各种信息。

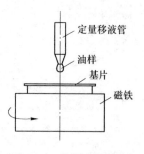

图 3.12 旋转式铁谱仪

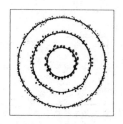

图 3.13 微粒排列

旋转式铁谱仪除具有分析式铁谱仪的全部优点外，还具有以下优点：（1）油液不需要稀释处理；（2）分离了污染物，减少了污染物对观察和计量的影响；（3）对不同润滑油，可选用不同的转速获得最佳的分析效果；（4）谱片上沉积区面积大，减少了微粒堆积现象。

此外，旋转式铁谱仪还具有操作简便、效率高、精度高、适用范围广等一系列优点，因此应用价值高，特别适合污染严重的油液分析。

3.2.5 磁塞检查法

磁塞检查法早于油样铁谱分析法，在飞机、轮船等部门中已长期使用。它的基本原理是用带磁性的塞头，插入润滑系统管道，收集油液中的微粒，取出后用读数显微镜直接观测微粒的大小、数量和形状特点，判断机械零件表面的磨损状态。

磁塞主要由磁钢、非导磁材料制成的磁塞座、磁塞心以及更换磁塞时利用弹簧作用能堵住润滑油的自闭阀组成。其结构如图 3.14 所示。

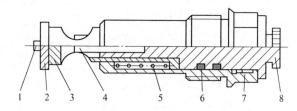

图 3.14 磁塞结构示意图

1—螺钉；2—挡圈；3—自闭阀；4—磁钢；5—弹簧；6—密封圈；7—磁塞座；8—磁塞心

磁塞检查法简单、方便，对机械零件的磨损后期出现的尺寸较大的磨损微粒（$100\mu m$以上）效果显著，但不能用于定量分析，对十几微米的微粒也不敏感，所以早期预报的可靠性较低。

用磁塞检查法时，若在观察中发现小颗粒且数量较少，说明设备运转正常；若发现大颗粒，就要引起重视，严密注视设备运转状态；若多次连续发现大颗粒，便是即将出现故障的前兆，应立即停机检查，查找故障，进行排除。

磁塞的安装位置很重要，一般说应在润滑管道中能得到最多微粒的地方，如管子弯曲部分外侧，若装在直管道上在安装处应有一个扩大部分。

3.3 无损探伤技术

无损探伤是在不损伤检测对象的前提下，探测其表面或内部的缺陷的检测技术。在工业生产中，许多重要设备的原材料、零部件、焊缝等必须进行必要的无损探伤，当确认其表面或内部不存在危险性或非允许缺陷时，才可以使用或运行。无损探伤是检验产品质量、保证产品安全、延长产品寿命的必要的可靠的技术手段。

目前用于机器故障诊断的无损探伤方法有很多种，主要包括射线探伤（X 射线、γ 射线、中子射线、质子和电子射线等）、声和超声探伤（声振动、声撞击、超声波脉冲反射、超声共振、超声成像、超声频谱、声发射和电磁超声等）、电学和电磁探伤（电阻法、电位法、涡流法、录磁与漏磁、磁粉法、核磁共振、微波法、巴克豪森效应和外微电子发射等）、力学和光学探伤（目视法和内窥法、荧光法、着色法、脆性涂层、光弹性覆膜法、激光全息摄影干涉法、泄漏和应力测试等）、热力学方法（热电动势法、液晶法、红外线热图法等）和化学分析法（电解检测法、激光检测法、离子散射、俄歇电子分析法以及穆斯鲍尔谱等）。

3.3.1 渗透探伤

3.3.1.1 渗透探伤的原理

渗透探伤是把受检验的零件表面处理干净后，使渗透液与受检验零件表面接触，由于毛细管的作用，渗透液将渗入到零件表面开口的细小缺陷中去，然后清除零件表面残存的渗透液，再用显像剂吸出已渗透到缺陷中的渗透液，从而在零件表面显示出放大了的缺陷图像，据此判断缺陷的种类和大小。

3.3.1.2 渗透探伤分类

渗透探伤按缺陷显示方法不同分为荧光显示的荧光法和颜色显示的着色法。荧光法和着色法按其渗透液清洗方法不同，又分为水洗法、后乳化型和溶剂清洗型三类。各种渗透探伤法的适用范围见表 3.1。

表 3.1 各种渗透探伤法的适用范围

适合的检测对象	水洗型荧光法	后乳化型荧光法	溶剂去除型荧光法	水洗型着色法	后乳化型着色法	溶剂去除型着色法
细微裂纹、宽而浅裂纹		√			√	
表面粗糙的零件	√			√		
大型零件的局部探伤			√			√
疲劳裂纹、磨削裂纹		√	√			
遮光有困难的场合				√	√	√
无水、无电的场合						√

3.3.1.3 操作步骤

渗透探伤的操作步骤主要分为 4 个阶段，如图 3.15 所示。

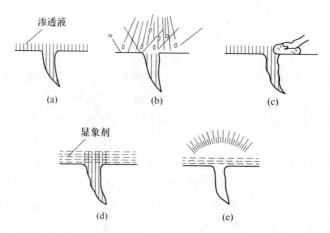

图 3.15　渗透探伤法的基本步骤

（a）渗透；（b）水清洗；（c）溶剂清洗；（d）显像；（e）观察

（1）渗透。把被检测零件的表面处理干净后，使荧光渗透液或着色渗透液与零件接触，从而使渗透液渗入零件表面的开口缺陷中。

（2）清洗。用水或溶剂清洗零件表面所附着的残存渗透液。

（3）显像。清洗了的零件经干燥后，施加显像剂，使渗入缺陷中的渗透液吸出到零件的表面。

（4）观察。被吸出的渗透液在紫外线的照射下发出明亮的荧光，或在白光（或自然光）照射下显出颜色，从而显示出缺陷的图像。

3.3.1.4　渗透探伤的特点

渗透探伤的优点是操作简单，不需要复杂设备，费用低廉，不受零件形状的限制，几乎可用于所有的工程材料，缺陷显示直观，灵敏度比用人眼直接观察高出 5~10 倍，能检查出裂纹、冷隔、夹杂、疏松、折叠、气孔等缺陷；缺点是对于结构疏松的粉末冶金零件及其他多孔性材料不适用，仅适用于表面开口的缺陷类型，灵敏度不太高，无深度显示，不利于实现自动化。

3.3.2　磁粉探伤

3.3.2.1　磁粉探伤的原理

当铁磁性材料（铁、镍、钴）的零件置于强磁场中或通以大电流使之磁化后，若在零件表面或近表面存在与磁化方向成一定角度的缺陷（如裂纹，夹渣，发纹等）时，由于它们是非铁磁性的，对磁力线通过的阻力很大，磁力线在这些缺陷附近不但会在零件内部产生弯曲通过，而且还会有一部分逸出零件表面在空气中通过，产生漏磁现象，从而形成漏磁场。如在漏磁场处施以磁粉或磁悬液，则漏磁场会吸附磁粉，并堆积形成可见的磁粉迹痕（磁痕），从而把缺陷显示出来。根据缺陷显示的痕迹来诊断缺陷的位置、走向和大小，如图 3.16 所示。

3.3.2.2　磁化方法

磁粉探伤中外磁场的形成主要有两种方法。一种是利用通电线圈或者通过电磁铁对工

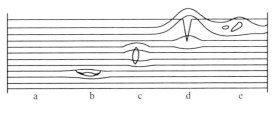

图 3.16　磁粉探伤原理图

件进行磁化；另一种是直接给工件通以大量电流进行磁化。前者称为纵向磁化，形成沿工件长轴方向的纵向磁场；后者称为周向磁化，形成环绕工件圆周的周向磁场。纵向磁化对横向裂纹最敏感，周向磁化对纵向裂纹最敏感。此外，还有对工件同时进行周向磁化和纵向磁化的复合化磁化方法，可以同时检查工件中不同方向的缺陷。

3.3.2.3　操作步骤

磁粉探伤的操作步骤主要分为 5 个阶段。

（1）预处理。用溶剂等把零件表面的油脂、涂料以及铁锈等除掉，以免妨碍磁粉附着在缺陷上。

（2）磁化。根据零件的大小、形状及预计的缺陷类型，选用适当的磁化方法。

（3）施加磁粉。按显示方式不同，磁粉分为荧光磁粉和非荧光磁粉两大类。非荧光磁粉又分为干式磁粉和湿式磁粉。干式磁粉是在空气中分散地撒上的。湿式磁粉是把磁粉均匀地调在水或煤油中变成磁悬液来使用。磁粉有时还制成磁膏，方便现场作业。

（4）磁粉痕迹的观察和记录。磁粉痕迹在施加磁粉后进行观察，用非荧光磁粉时在光线明亮场合即可观察；而用荧光磁粉时，必须在暗室内用紫外线照射才能观察。可用照相的方式记录。

（5）后处理。探伤后要进行退磁、去除磁粉和防锈方面的处理。

3.3.2.4　磁粉探伤的特点

磁粉探伤的优点是对钢铁材料或工件表面裂纹等缺陷的检验非常有效；设备和操作均较简单；缺陷显示直观，检验速度快，便于在现场对大型设备和工件进行探伤；检验费用也较低。缺点是仅适用于检验铁磁性材料的表面和近表面缺陷；仅能显出缺陷的长度和形状，而难以确定其深度；对剩磁有影响的一些工件，经磁粉探伤后还需要退磁和清洗。

3.3.3　超声波探伤

3.3.3.1　超声波探伤的原理

超声波探伤是利用超声波探头产生超声波脉冲，超声波射入被检工件后在工件中传播，如果工件内部有缺陷，则一部分入射的超声波在缺陷处被反射，由探头接收并在示波器上表现出来，根据反射波的特点来判断缺陷的部位及其大小。

3.3.3.2　超声波的种类

声波在介质中传播时，有不同的运动形式。介质粒子的振动方向与声波的传播方向相同的波，称为纵波；介质粒子的振动方向与声波的传播方向相垂直的波，称为横波。纵波可以在固体、液体和气体介质中传播，而横波只能在固体介质中传播。

此外，还有在表面传播的表面波和在薄板中传播的板波，它们都可用于探伤。

纵波是用垂直探头发生的。超声纵波是向与探头接触的面相垂直的方向传播的，如图3.17所示。横波通常是用斜探头发生的，如图3.18所示。斜探头是将晶片贴在有机玻璃制的斜楔上构成的。晶片振动发生的纵波在斜楔中前进，而在探伤面上发生折射。通常使用的斜探头发生的超声波，在被测工件中折射后传播的只有横波。

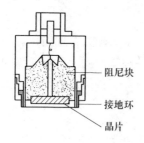

图3.17　垂直探头结构原理示意图

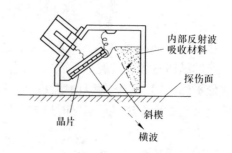

图3.18　斜探头结构原理示意图

3.3.3.3　超声波探伤的方法

在超声波探伤中，脉冲反射法是用得最多的主要方法。

脉冲反射法可分为垂直探伤法和斜射探伤法两种。垂直探伤时用纵波，斜射探伤时用横波，二者均是把超声波射入被测工件的一面（在检测面与探头之间用油等作耦合剂使接触良好），然后接收从缺陷处反射回来的回波，根据回波来判断缺陷的情况。

A　垂直探伤法

垂直探伤法的原理如图3.19所示。把脉冲振荡器产生的电压加到晶片上，晶片振动，发射超声波脉冲，超声波脉冲的一部分遇缺陷反射回到晶片（称做缺陷回波），不碰到缺陷的超声波脉冲就在被测工件底面反射回来，因此，缺陷处反射的超声波先回到晶片，后回到晶片上的，是底面反射回来的超声波。回到晶片上的超声波又反过来被转换成高频电压，通过接收器进入示波管。同时，振荡器所发生的高频电压也直接接入接收器内。因此，当在示波管横坐标上以脉冲振荡器的起振时间为基点，把辉点向右移动时，在示波管上可以得到如图3.19所示的波形图。在这个波形图上就可以看出有没有缺陷、缺陷的部位及其大小。

由于声速在被测工件中是一个定值，因此可得：

$$x/t = L_F/L_B \tag{3.8}$$

由此，可以正确地求出缺陷的位置。

另外，因缺陷回波高度 h_F 是随缺陷的增大而增高的，所以可由 h_F 来估计缺陷的大小。此外，在缺陷很大时，可以移动探头，按显示缺陷的范围来求出缺陷的延伸尺寸。

B　斜射探伤法

在图3.19中，若使用斜探头代替垂直探头时，就可进行斜射探伤。在斜射法探伤中，由于超声波在被测工件中是斜向传播的，因此，即使被测工件两面是平行的，但因为超声波是斜向地射到底面的，所以不会显示出底面回波。因此，为了要知道缺陷位置，需要用适当的标准试块把示波管横坐标调整到适当状态（测定范围），在测定范围作了适当调整的情况下，探测缺陷回波时，从示波管上读出的到缺陷的距离 W 与缺陷部位的关系如图

3.20 所示。从这个关系中可以求出缺陷的位置 y 和 d。

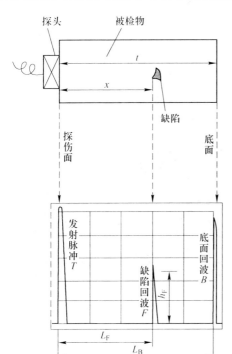

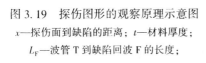

图 3.19 探伤图形的观察原理示意图

x—探伤面到缺陷的距离；t—材料厚度；

L_F—波管 T 到缺陷回波 F 的长度；

L_B—从示波管 T 到底面回波 B 的长度（在这里，

是测量从脉冲前沿到物体前沿之间的长度）

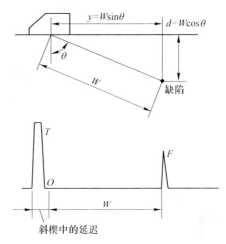

图 3.20 斜射探伤法的几何关系

为了使超声波很好地传入被测工件，探头的耦合是必要的。耦合方法可以大致分为直接耦合法和水浸法两种。直接耦合法是用耦合剂充满探头与被测工件表面之间的空气间隙。如对于具有光滑表面的被测工件，可使用机油、合成浆糊和水做耦合剂；表面粗糙时，可使用甘油或者水玻璃作耦合剂。水浸法是使探头和工件之间通过水层做介质来传播超声波。

3.3.3.4 超声波探伤的适用范围

图 3.21 所示为超声波探伤应用于各种被测工件的情况。探伤时要注意选择探头和扫描方法，使得超声波尽量能垂直地射向缺陷面。根据被测工件的制造方法，一般都可以估计得出缺陷的方向性和部位，故事先应研究如何选择合适的探伤方法。

金属组织对超声波探伤有不同程度的不利影响。金属是小晶粒的集合体，随着结晶方向的不同，在其中的声速也有所不同，因此当超声波射到各个晶粒时，会引起微小的反射和散射。这些反射波在观察时就呈现为草状回波。此外，反射还会造成被测工件中传播的超声波的衰减，并减少多次反射的脉冲次数。如图 3.22 所示。金属的晶粒越大，这种衰减和草状回波就越显著，引起信噪比下降，有时甚至完全不能出现缺陷回波。遇到这种情况，可以降低频率，使波长加大，来改善信噪比，但这种办法并非都能完全解决问题。如不锈钢铸件和焊缝、大型铸钢件等就是由于这种草状回波和衰减给探伤带来困难，甚至不能探伤。

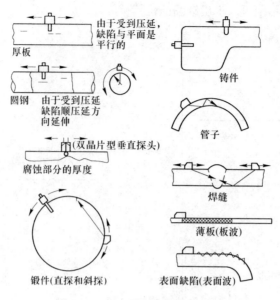

图 3.21　超声波探伤的适用范围

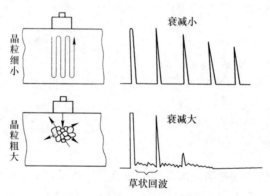

图 3.22　金属组织对超声波探伤的影响

　　超声波探伤对于平面状缺陷，不管其厚度如何薄，只要超声波是垂直地射向它，就可以取得很高的缺陷回波。另一方面，对球形状缺陷，假如缺陷不是相当大，或者不是较密集的话，就不能得到足够的缺陷回波。因此，超声波对钢板的层叠、分层和裂纹的探伤分辨率要求是很高的，而对单个气孔的探伤分辨率要求则很低。

　　如果被测工件的金属组织较细，超声波可以传到相当远的距离，因此对直径为几米的大型锻件也可以进行内部探伤。

　　超声波探伤的缺点是没有明确的记录，对缺陷种类的判断需要有高度熟练的技术。

3.3.4　红外线探伤

3.3.4.1　红外线探伤的原理

　　所有物体当温度高于热力学温度零度（−273℃）时，都能发射红外线，温度越高，辐射量越大。因此红外线与"热"有着密切的关系。红外线探伤就是基于被测零件的热传导、热扩散或热容量的变化，当物体内部存在着裂纹或气孔一类的缺陷时，将引起这些热性能的改变。一般主要是测定被测零件温度的分布状态，当被测零件在加热或冷却过程中测量到其温度变化的差异，从而判明缺陷的存在。

3.3.4.2 红外线探伤的方法

红外线探伤可分为主动探伤和被动探伤两类。

（1）主动探伤。主动探伤是用外部热源对被测零件进行加热，在加热的同时或以后，测量被测零件表面温度和温度分布。加热零件时，热量将沿表面流动，如果零件无缺陷，热流是均匀的；如果有缺陷存在，热流传性将改变，形成热不规则区，从而可发现缺陷所在。

（2）被动探伤。被动探伤是将零件加热或冷却，在一个显著区别于室温的温度下保温到热平衡，然后用红外辐射计或热像仪进行扫描的方法。其原理是利用被测工件自身发射的红外辐射不同于环境红外辐射的特点来检查被测零件表面的温度及温度分布。表面温度梯度的不正常反映了零件中存在的缺陷。由于被动探伤无需外部热源，特别是在生产现场应用起来尤为方便。

3.3.4.3 红外线探伤的特点

红外线探伤的优点是加热和探测设备比较简单，能根据特殊需要设计出合理的检测方案，有广泛的用途，对金属、陶瓷、塑料、橡胶等各种材料中的缺陷，如裂缝、孔洞、异物、气泡、截面变异、脱胶等，均可方便地进行探查。实践证明，许多用 X 射线或超声波难以探查的缺陷，用红外线技术却能正确地加以探查。

3.3.5 射线探伤

射线在穿透物体的过程中，由于物体的吸收和散射，其强度要减弱，减弱的程度取决于物体的厚度、材料的性质、射线的种类和缺陷的有无。当物体含有气孔时，气孔部分不吸收射线，容易通过；反之，若混有易吸收射线的异物杂质时，射线就难以通过。用强度均匀的射线照射被检测物体，使透过的射线在图像底片上感光、显影后，就得到了与材料内部结构或缺陷相对应的黑度不同的图像，即射线底片。通过对这种底片的观察来检查缺陷的种类、大小和分布状况等。再依据相应的标准，来评定缺陷的危害程度，这就是射线探伤法。

容易穿透物质的射线有 X、γ 和中子三种射线，在设备诊断中常用前两种，产生中子射线的装置比较笨重、复杂、不适用于现场使用。

射线探伤用于零件内部探伤；能够检查金属、非金属材料；发现缺陷的灵敏度高；缺陷位置、形状、大小可在底片上看出；穿透力强，但是探伤的操作复杂，对人体有一定的伤害，使用时必须注意安全保护。

3.4 旋转零件振动诊断技术

在机械设备的故障诊断技术中，振动诊断是普遍采用的基本方法。当机械内部产生异常时，会导致振动的加剧和振动特性的变化。因此，根据对振动信号的监测与分析，不用停机和解体，就可掌握设备的实际运行状况，正确判断故障，为设备维修提供科学的依据。

机械设备中大部分都是旋转机械，都有转轴组件，它包括转子（轴、传动件、联轴器等）和轴承等部分。它的转速一般较高，其工作状态不仅影响设备本身的运行质量，而且影响安全，可能造成机毁人亡的严重事故，因此对转轴组件的监测与诊断在安全、经济两方面都有重要的意义

3.4.1 转子振动诊断

异常的振动是转子故障的主要表现形式，零件松动、转子不平衡、连接不对中、转轴裂纹和变形等缺陷都能通过振动快速、准确地反映出来。

工作转速远低于临界转速的转子称为刚性转子，如电动机、水泵和通风机等一般机械的转子。工作转速接近或高于临界转速的转子称为柔性转子，如燃气轮机和离心式压缩机等的转子。这里只介绍最具普遍意义的刚性转子的故障振动诊断技术。

刚性转子故障激发的振动主要是同步振动，又称强迫振动。振动的频率等于转子的旋转频率（转频）及其倍频，振幅一般随转速的增加而增大。

故障激发的振动大多数是横向振动（转子上的质点在垂直轴线方向发生位移的振动），它对机械设备的影响也最大。因此，转子振动监测的主要目标是转子的横向振动。

转子的故障很多，不同故障引起的振动有不同特点，这些特点就是我们诊断故障的依据。这里只介绍几种主要故障的机理及其特点。

3.4.1.1 不平衡故障振动诊断

转子质量中心与转动轴线不重合称为不平衡。这样的转子在转动时要产生离心惯性力，引起转子系统的强迫振动。

产生不平衡的原因很多，如设计方面的原因、转子的材质不均、加工和装配误差、转轴变形以及使用过程中由于腐蚀、磨损、介质结垢或转子局部损坏等原因都要造成转子不平衡。

不平衡是不可避免的，仅当不平衡量超过了规定，才认为转子出现了不平衡故障。有关资料表明转子不平衡故障约占旋转机械故障的30%，因此它是一种最常见的故障。

A   不平衡振动分析

如图 3.23 所示，设转轴中部圆盘的质量为 m，质量中心为 C，几何中心为 A，偏心距 $e = AC$，转轴两端在轴承中可自由旋转，轴承刚度很大，不考虑阻尼。当转子静止时轴没有静挠度，圆盘的几何中心 A 与转动轴线上 O 点重合，转子的不平衡量（重径积）用矢量 me 表示。当转子转动时，由于离心惯性力作用轴产生动挠度 x，转子作弓形旋转运动，在稳定状态时，不平衡量（重径积）为 $m(e + x)$。由它产生的、作用在圆盘上的离心惯性力与弹性恢复力平衡，故得如下等式：

$$m(e + x)\omega^2 = kx \qquad (3.9)$$

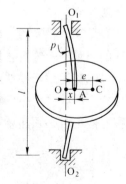

图 3.23   垂直轴上的旋转圆盘

因转子横向扰动的固有频率 $\omega_c = \sqrt{k/m}$ ，故有：

$$x = \frac{me\omega^2}{k - m\omega^2} = \frac{e(\omega/\omega_c)^2}{1 - (\omega/\omega_c)^2} \tag{3.10}$$

当 $\omega = \omega_c$ ，即转速 $n = \omega_c/2\pi$ 时，轴的动挠度趋近无穷大，离心惯性力趋近无穷大，它能使设备破坏，故称这个转速为转子的临界转速。

对于刚性转子 $\omega \ll \omega_c$ ，轴的动挠度 $x \approx 0$ ，可以忽略不计。因此，刚性转子的离心惯性力始终为：

$$F = me\omega^2 \tag{3.11}$$

它在 X 和 Y 方向的分力为：

$$F_x = F\cos\omega t \tag{3.12}$$

$$F_y = F\sin\omega t \tag{3.13}$$

它们都是周期变化的简谐力，因此要引起转子系统在 x 和 y 方向作强迫振动，振动规律为同频率的简谐运动。

B　不平衡振动特点

（1）主要是横向简谐振动，频率等于转频，没有或很少倍频分量。

（2）转频低于转子横向固有频率时，转速增加，振幅也随之明显增大。这与测点处轴颈不同心或椭圆度造成的假振动信号不同。

（3）转子支承系统沿旋转方向各处都有振动，但相位不同，振幅也不同，随各方向的刚度变化而异，一般说水平方向刚度最小，因此振幅最大。这与基础引起的振动只在一个方向不同。

（4）转子两端的支承振动在静不平衡时相位相同，在动不平衡时或相反。

3.4.1.2　不对中故障振动诊断

用联轴器连接的两根轴，轴线若不重合（不对中）将引起轴变形、轴振动和轴承损坏，危害很大。联轴器本身偏转、轴承磨损、轴的挠曲变形和基础变形等都是造成轴线不重合的原因。

轴线不对中有两种情况：平行不对中和角度不对中。实际上这两种不对中常常是同时存在的，如图3.24所示。

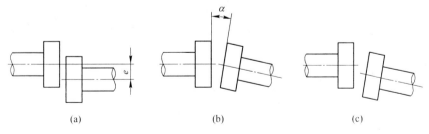

图 3.24　轴线不对中

（a）平行不对中；（b）角度不对中；（c）同时存在

A　不对中振动分析

a　平行不对中

图3.25所示为用刚性联轴器连接的轴在轴线平行不对中时的受力情况。当连接螺栓

所在位置 P 点对偏心方向的角位移为 $\theta(\theta = \omega t)$ 时，由于两半联轴器上的 P 点不能分离，因此金属纤维 PO_2 受拉伸，金属纤维 PO_1 受压缩，取 $PS = PO_1$，则因 $PO_2 \gg e$，故可认为 $O_1 S \perp PO_2$，因此 PO_1 和 PO_2 的相对变形量约为：

$$O_2 S = e\cos\omega t \tag{3.14}$$

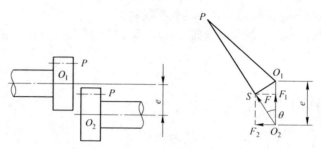

图 3.25　轴线平行不对中受力分析

如果两半联轴器尺寸和材料相同，两者的变形量近似相等，则 PO_1 和 PO_2 的变形量均为：

$$\delta = \frac{1}{2}e\cos\omega t \tag{3.15}$$

设联轴器在 PO_1、PO_2 方向的刚度为 k，则 PO_2 方向拉力为：

$$F = k\delta = \frac{1}{2}ke\cos\omega t \tag{3.16}$$

它在 O_1O_2 方向的径向分力为：

$$F_1 = F \cdot \cos\omega t = \frac{1}{2}ke\cos\omega t \cdot \cos\omega t = \frac{1}{2}ke\cos^2\omega t = \frac{k}{4}e(1 + \cos 2\omega t) \tag{3.17}$$

即：

$$F_1 = \frac{ke}{4} + \frac{ke}{4}\cos 2\omega t \tag{3.18}$$

PO_1 方向的压力及其在 O_1O_2 方向的径向分力与拉力及其径向分力的大小相等方向相反。

由上可知：径向分力的前项不随时间改变，其作用是使两轴线的不对中量减小。后项是随时间而变化的周期力，其作用是使转轴产生 2 倍转频的横向谐振动。

b　角度不对中

轴线角度不对中时，轴线相交成一定角度，除附加径向力产生的 2 倍频横向振动外，还要在附加轴向力作用下产生以转频为周期的较大轴向振动。

B　不对中振动特点

平行不对中特点：

（1）主要是横向振动，频率为转频的 2 倍，不对中越严重，2 倍频分量越大。

（2）幅值对转速变化不敏感。

（3）转子两端的支承振动相位相反，靠近联轴器两支承的振动相位也相反。

角度不对中振动特点：

（1）有横向振动，还有轴向振动，幅值对转速变化不敏感。轴向振动的振幅大于横向振动，频率等于转频。

（2）被连接的两根轴，轴向振动相位相反。

3.4.1.3 松动振动诊断

由于基础连接不牢，轴承外圈有较大间隙或过盈连接的过盈量不足等因素都能引起振动，其特点为方向性强（在松动方向振动大）。除有转频分量外，还有一系列大振幅高次倍频分量。

3.4.1.4 轴上裂纹振动诊断

如果设计不当（选材不当或结构不合理）或加工方法不当，会引起应力集中导致横向疲劳裂纹，引起断轴事故，危害极大。

在静止条件下监测裂纹，可以用磁力探伤、超声、荧光着色等手段直接监测，非常有效。在运转过程中监测裂纹的发生和发展就比较困难，至今还没有完善地解决。近年来主要从转子的振动信息中寻找裂纹的发生与发展。计算表明如果轴的中部发生一深度等于 1/4 直径的裂纹，轴的刚度仅变化 10%，固有频率仅变化 5%。因此，直接从转子固有频率变化或运转过程中的振动变化发现早期裂纹是困难的。目前较常用的监测方法是监测机械设备在开、停过程中振幅的变化及使用期间这种变化的发展速度。

轴上有了开裂纹（工作时裂纹区处于拉应力状态，裂纹呈张开状态），轴的刚度就不是各向同性，轴旋转时振动带有非线性特征，在频谱中除出现转频分量外，还有幅值衰减很快的 2 倍频、3 倍频、5 倍频等高频分量，随着裂纹扩张，它们（特别是 2 倍频分量）的幅值也要随之增大。因此，在设备开、停过程中，转子在经过 1/2，1/3，……临界转速时，由于振动的高频成分（2 倍频分量、3 倍频分量……）与转子的固有频率重合，响应就会出现较明显的共振峰值（见图 3.26），而且在使用期间越来越大。因此将开、停时的信号记录下来，进行分析，如出现次谐共振，且振幅在使用期间又逐渐发展，就应该引起注意，这是目前较有效的诊断方法。

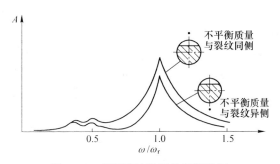

图 3.26 有开裂纹转子共振频谱图

3.4.2 滚动轴承振动诊断

滚动轴承是机械设备的重要零件，但易损坏，据统计在使用滚动轴承的旋转机械中大约 30% 的机械故障是由滚动轴承故障引起的。

滚动轴承故障按产生的原因划分有以下几种：

（1）磨损。滚动轴承内外圈的滚道和滚动体表面，既承受载荷又有相对运动，因此会发生各种形式的磨损（疲劳磨损、磨料磨损、黏着磨损和腐蚀磨损等）。正常情况下疲劳磨损是滚动轴承故障的主要原因，一般所说的轴承寿命就是指轴承的疲劳寿命。

（2）压痕。轴承受过大载荷或因硬度很高的异物侵入时，都将在滚动体和滚道的表面上形成凹痕，使轴承运转时产生剧烈的振动和噪声，影响工作质量。

（3）断裂。轴承元件的裂纹和破裂主要是加工轴承元件时磨削加工或热处理不当引起，也有的是由于装配不当、载荷过大、转速过高、润滑不良产生的过大热应力引起。

轴承元件损伤，运行时必然产生冲击和振动。根据振动诊断轴承的状态是目前最适用的方法。但是，由于轴承的结构特点和不可避免的加工与安装误差，正常轴承运行时，不可避免地已有相当复杂的振动，再加上轴承所在设备的各种振动干扰，因此根据振动信号判别轴承故障的关键是排除干扰，提高信噪比。

3.4.2.1　滚动轴承的故障振动分析

滚动轴承的故障振动由两种故障引起：局部故障和分布故障。

A　局部故障

当轴承元件的滚动面上产生损伤点（如点蚀、剥落、压痕、裂纹等）时，轴承运行过程中在损伤处滚动体与内外圈就会因反复碰撞产生周期性的冲击力，引起低频振动，它的频率与冲击力的重复频率相同，称为轴承故障的特征频率。特征频率的大小取决于损伤点所在的元件和元件的几何尺寸以及轴承的转速，一般在 1kHz 以下，在听觉范围内（1～20kHz）是分析轴承故障部位的重要依据。

冲击力具有极为丰富的频率成分，其高频分量必然激发轴承系统的组成部分产生共振，即以各自的固有频率作高频自由衰减振动。高频自由衰减振动的振幅大、持续时间长，但重复频率与冲击的重复频率（故障特征频率）相同。这些特点也是分析轴承故障的重要依据。

图 3.27 所示为轴承有局部故障的波形图，虽然轴承系统的高频自由衰减振动很复杂，但因测点通常距外圈最近，传感器拾取的高频衰减信号以外圈的为最显著。

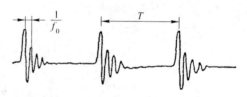

图 3.27　滚动轴承发生的冲击振动

T—冲击重复周期（即轴承局部故障的特征周期）；
f_0—轴承外圈的固有频率

a　局部故障特征频率的计算

轴承故障特征频率计算公式见表 3.2，这些公式是向心推力滚动轴承在外圈固定条件下推导出来的。

表 3.2　轴承故障特征频率

表面损伤点位置	特征频率/Hz
外圈	$f_o = \dfrac{Z(D - d\cos\alpha)}{2D}f$
内圈	$f_i = \dfrac{Z(D + d\cos\alpha)}{2D}f$
滚动体	$f_b = \dfrac{D^2 - (d\cos\alpha)^2}{2Dd}f$

注：d—滚动体直径；D—轴承滚道的节径；Z—滚动体数量；α—接触角；f—轴的转动频率。

b 局部故障的振动波形

正常轴承的时域振动波形如图 3.28 所示，没有冲击尖峰，没有高频率的变化，杂乱无章，没有规律。

（1）固定外圈有损伤点的振动。若载荷的作用方向不变，则损伤点和载荷的相对位置关系固定不变，每次碰撞有相同的强度，振动波形如图 3.29 所示。

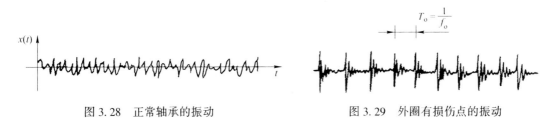

图 3.28 正常轴承的振动   图 3.29 外圈有损伤点的振动

（2）转动内圈有损伤点的振动。若载荷的作用方向不变，当滚动轴承内圈转动时，则损伤点和载荷的相对位置关系呈周期变化。每次碰撞有不同的强度，振动幅值发生周期性的强弱变化，呈现调幅现象，周期取决于内圈的转频，如图 3.30 所示。

（3）滚动体有损伤点的振动。若载荷的作用方向不变，当滚动体上有损伤点时，则发生的振动如图 3.31 所示。这种情况和内圈有损伤点相似，振动幅值呈周期性强弱变化，周期取决于滚动体的公转频率。

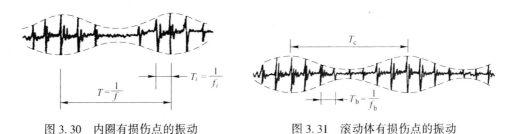

图 3.30 内圈有损伤点的振动   图 3.31 滚动体有损伤点的振动

B 分布故障（均匀磨损）

轴承工作面有均匀磨损时，振动性质与正常轴承相似，杂乱无章、没有规律，故障的特征频率不明显，只是幅值明显变大。因此，只可根据振动的均方根值变化判别轴承的状态。

3.4.2.2 滚动轴承振动监测诊断技术

有损伤的轴承振动信号的低频段有特征频率分量，在高频段有固有频率分量。因此诊断轴承故障可以使用低通滤波器去掉高频分量在低频段进行，也可使用高通或带通滤波器去掉低频分量在高频段进行。

A 简易诊断

简易诊断一般是以振动信号的幅值变化为根据，常用的诊断参数是：峰值、均方根值、峰值系数和峭度系数。

（1）峰值。轴承有剥落、压痕等局部损伤产生冲击时，轴承的振动峰值明显增大，因此峰值是监测轴承早期故障最灵敏的参数，但是它的稳定性差，受载荷、转速和测试条件变化的影响很大，对灰尘等环境干扰也十分敏感。

（2）均方根值。轴承工作面的均匀磨损或局部损伤逐渐发展增多以后，振动峰值的变化就不明显，只有用均方根值才能比较准确地给出恰当的评价。但均方根值对轴承早期的局部损伤却不适用，因为由冲击引起的振动峰值虽大，但持续时间极短，对时间平均大峰值的出现几乎表现不出来。

（3）峰值系数。峰值系数是峰值和均方根值的比值，它和峰值一样对表面早期剥落、压痕等损伤反应灵敏，且不受载荷、转速和测试条件变化的影响，稳定性好，因此是较好的诊断参数。一般认为轴承正常时峰值系数小于 5，轴承异常时峰位系数为 5～10，大于 10 时轴承有较严重故障。不过当具有多处剥落、压痕等缺陷时峰值系数会因均方根值的增大而减小；当轴承速度很高，脉冲间的间隔太短时，峰值系数也会因均方根值的增大而减小，因而影响了峰值系数识别轴承损伤的能力。

（4）峭度系数。正常轴承的峭度系数约为 3，有损伤的轴承这个值将增大。峭度系数与峰值系数类似，但对信号中大幅值成分更灵敏，这对监测轴承早期损伤极为有效。

B　精密诊断

轴承最常见、最有害、也是最受重视的故障是局部故障，因此发展了许多针对这类故障的精密诊断方法。根据监测频段不同，这些方法可划分为低频（特征频率段）分析法和高频（固有频率段）分析法两种。

a　低频分析法

有损伤的轴承元件在运行中产生具有特征频率的振动，直接监测特征频率分量的幅值变化是诊断轴承故障部位最直接的方法。由于轴承的特征频率低，因此这种方法通常称为低频分析法。

低频分析法的信号处理过程如图 3.32 所示，加速度传感器拾取的振动信号经电荷放大器放大，积分器转换为速度信号（低频振动一般用振动速度作诊断参数），低通滤波器去掉高频分量，然后送入分析仪中进行频谱分析。在频谱图上根据故障的特征频率的峰值就能确定故障的大小和部位。这种分析法难以揭示早期故障，故只有简单的机械设备使用。

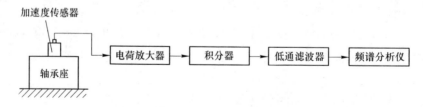

图 3.32　低频分析法原理图

b　高频分析法

轴承局部故障激发的高频固有振动除具有振幅较大、持续时间较长、重复频率与冲击的重复频率（故障特征频率）相同等特点外，而且可以避开低频干扰，有较高的信噪比；可以不受转速变化的影响，有较高的稳定性，因此根据这个频段的幅值变化判别轴承的早期故障有较好的效果，是当前使用较普遍的方法。

高频分析法根据分析对象划分，主要有两种。一种是选用轴承元件的固有频率作为分析对象。因为监测轴承振动的测点通常都选在轴承座上，外圈距测点最近传输损失最少，所以一般都选用轴承外圈的固有频率作为分析对象。另一种是选用频率较高的加速度传感器的固有频率或电谐振器的谐振频率作为分析对象。轴承局部损伤能激发轴承系统各组成部分产生固有频率振动，同样也能激发加速度传感器产生固有频率振动。因此高频分析法的分析对象也可以选用加速度传感器的固有频率。

高频分析法根据对信号的分析处理方法划分，主要有两种。一种是高频常规分析法。对振动信号用带通滤波器分离出需要的高频信号后，只作某些时域处理和频域处理的分析方法称常规分析法。如图 3.33 所示，加速度传感器拾取的振动信号经电荷放大器放大、带通滤波器分离出需要的分量后，进行绝对值处理和频谱分析，在频谱图上根据故障的特征频率就能确定故障的大小和部位。

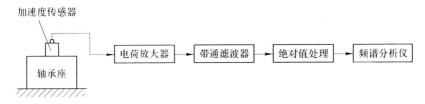

图 3.33　高频绝对值分析法原理图

另一种是高频包络分析法。将轴承振动信号的高频成分分离出来后，再提取它的包络信号进行频谱分析的方法称高频包络分析法（也叫共振解调分析法）。由于包络信号是近似的周期信号，幅值大、持续时间长，但重复频率没有改变，而且没有低频干扰，因此在谱图上可获得较明显的特征谱线，对故障识别十分有利。图 3.34 所示为这种方法的一种处理过程，加速度传感器拾取的振动信号经电荷放大器、高通滤波器、绝对值处理器后还要经过低通滤波器，才送入分析仪进行频谱分析。

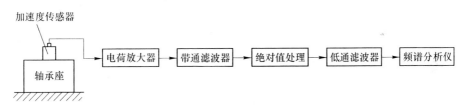

图 3.34　包络分析法处理过程

3.4.3　齿轮振动诊断

齿轮传动在机械设备中应用很广，齿轮损伤是导致设备故障的重要原因，据统计在齿轮箱中齿轮损坏的百分比最大，约占 60%。并且齿轮损伤造成的后果也十分严重，因此开展齿轮状态监测与故障诊断具有重大的实际意义。

传动齿轮常见的故障按产生的原因划分有以下 4 种。

（1）齿面磨料磨损。润滑油不清洁、磨损产物以及外部的硬颗粒侵入接触齿面都会在齿面滑动方向产生彼此独立的划痕，使齿廓改变，侧隙增大，甚至使齿厚过度减薄，导致断齿。

（2）齿面黏着磨损。重载、高速传动齿轮的齿面工作区温度很高，如润滑不好，齿面间油膜破坏，一个齿面上的金属会熔焊在另一个齿面上，在齿面滑动方向可看到高低不平的沟槽，使齿轮不能正常工作。

（3）齿面疲劳磨损。疲劳磨损是由于材料疲劳引起，当齿面的接触应力超过材料允许的疲劳极限时，在表面层将产生疲劳裂纹，裂纹逐渐扩展，就要使齿面金属小块断裂脱落，形成点蚀。严重时点蚀扩大连成一片，形成整块金属剥落，使齿轮不能正常工作，甚至使轮齿折断。

（4）轮齿断裂。轮齿如同悬臂梁，根部应力最大，且有应力集中，在变载荷作用下应力值超过疲劳极限时，根部要产生疲劳裂纹，裂纹逐渐扩大就要产生疲劳断裂。轮齿工作时由于严重过载或速度急剧变化受到冲击载荷作用，齿根危险截面的应力值超过极限就要产生过载断裂。

传动齿轮的常见故障按分布特征划分有两种：一种是分布故障，齿轮损伤分布在所有轮齿的齿面上，如磨料磨损等；另一种是局部故障，齿轮损伤只在一个或几个轮齿上，如剥落、断齿等。

监测诊断齿轮工作状态的方法大体分两大类：一类是采集运行中的动态信息（一般是振动或噪声），根据它们的变化进行诊断；另一类是对润滑油进行分析，根据油中磨损产物的状况进行诊断。在这里只介绍根据振动信号监测诊断齿轮状态的方法。

3.4.3.1　齿轮振动分析

齿轮有误差、轮齿不是刚体，即使是合格的一对新齿轮在啮合运行时也要产生振动，因此研究齿轮振动机理，掌握齿轮故障振动特点具有十分重要的意义。

A　轮齿刚度变化和齿轮误差引起的振动（齿轮的基本振动）

a　齿轮啮合的数学模型

齿轮具有一定质量，轮齿可看成弹簧，一对齿轮副可看成一个振动系统，其力学模型如图3.35所示。

在载荷平稳、没有阻尼、没有齿面摩擦、轴的扭转刚度很小的条件下，根据动力学基本定律可得到齿轮副的数学模型为：

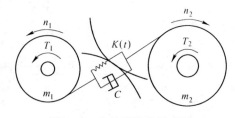

图 3.35　齿轮副力学模型图

$$M\frac{\mathrm{d}^2x}{\mathrm{d}t^2} + C\frac{\mathrm{d}x}{\mathrm{d}t} + K(t)x = P_s + K(t)e(t)$$

$$(3.19)$$

$$M = m_1 m_2 / (m_1 + m_2) \tag{3.20}$$

$$m_1 = J_1 / r_1^2 \tag{3.21}$$

$$m_2 = J_2 / r_2^2 \tag{3.22}$$

式中　M——齿轮副等效质量；

m_1，m_2——主、从动轮在啮合线上的等效质量；

J_1，J_2——主动轮、从动轮对轴线的转动惯量；

C——齿轮副的啮合阻尼系数；

$K(t)$——啮合齿的合成弹簧刚度（啮合刚度，即啮合齿在啮合点抵抗变形的能力）；

P_s——主动轮上的驱动力；

$e(t)$——齿轮误差在啮合线上引起的相对位移（与轮齿弯曲方向相同者为正值）。

式（3.19）表明正常齿轮的振动主要由两部分组成：一部分来源于刚度 $K(t)$ 的周期变化，与齿轮的误差无关，称为常规振动；另一部分来源于周期变化的齿轮误差 $e(t)$，与齿轮的加工精度有关。

b 刚度变化引起的振动

（1）刚度变化规律。在啮合过程中，由于啮合点的位置改变、参加啮合的齿数改变，啮合刚度也发生改变，这种改变每转过一齿就要重复一次，频率为：

$$f_z = \frac{n_1 Z_1}{60} = \frac{n_2 Z_2}{60} \tag{3.23}$$

式中　n_1，n_2，Z_1，Z_2——两齿轮的转速与齿数；

$\quad\quad f_z$——啮合频率（简称啮频）。

如图 3.36 所示，对于直齿啮合刚度变化陡峭，几乎是矩形周期函数，对于斜齿啮合刚度变化小，一般近似正弦函数。

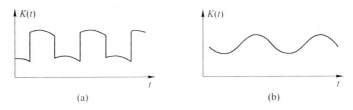

图 3.36　啮合刚度变化曲线

（a）直齿；（b）斜齿

（2）刚度变化引起的振动。在理想条件下 $e(t) = 0$ 时，齿轮的运动方程为：

$$M \frac{d^2 x}{dt^2} + C \frac{dx}{dt} + K(t)x = P_s \tag{3.24}$$

这是一个单自由度线性微分方程，其稳态响应就是齿轮的常规振动，它与激振函数（周期变化的啮合刚度）有相同的频率和变化规律。因此对于直齿齿轮，刚度周期变化使齿轮产生的常规振动除啮频（f_z）成分外，还有丰富的高次倍频成分；对于斜齿齿轮它的频谱除啮频（f_z）成分外，高次倍频成分很少。

c 齿轮误差引起的振动

（1）调幅振动。考虑误差的存在，式（3.19）是非线性微分方程，解析分析有一定困难，为作简单的定性分析，将方程左端的刚度项以等效值 K_m 取代，则变为：

$$M \frac{d^2 x}{dt^2} + C \frac{dx}{dt} + K_m x = P_s + K(t)e(t) \tag{3.25}$$

这是一个单自由度的线性微分方程，由于激振函数 $K(t)e(t)$ 是周期性的，因此稳态响应是与激振函数有相同频率和规律的振动。所以，分析齿轮误差引起的振动应从激振函数的分析入手。

若啮合刚度的变化为：

$$K(t) = A\cos 2\pi f_z t \tag{3.26}$$

齿轮误差为：

$$e(t) = A'\cos 2\pi f t \tag{3.27}$$

式中 f——齿轮误差频率。

则激振函数为：

$$K(t)e(t) = (AA'\cos 2\pi f t)\cos 2\pi f_z t \tag{3.28}$$

式（3.28）表明，激振函数是一个幅值受误差信号（调制波）调制的调幅简谐函数（调幅波），频率等于啮频 f_z，波形如图3.37（c）所示。这样的激振函数使齿轮产生的振动当然也是频率等于啮频、幅值受误差信号调制的调幅简谐振动。

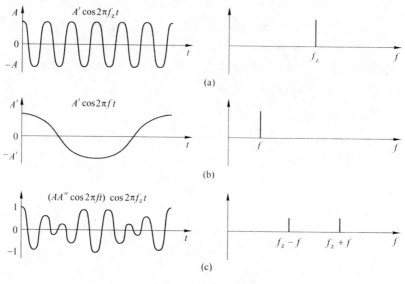

图 3.37   幅值调制

另外，有误差的齿轮其振动信号的频谱图，除有常规振动的啮频及其各次倍频的谱线（以下简称一系列啮频谱线）外，显著的特征是有对称分布于一系列啮频谱线两侧的一系列边频谱线组成的边频带 $f_z - f$ 和 $f_z + f$（见图3.37）。边频带的形状取决于误差的幅值变化，边频的间隔取决于误差的频率，对于齿轮的大周期误差（齿轮的转频为基频），间隔等于转频，对于齿轮的小周期误差（齿轮的啮频为基频），间隔等于啮频，边频带与啮频及其各次倍频谱线重合。

（2）调频振动。齿轮误差除产生幅值受调制的常规振动外，必然还引起转速波动，影响啮合频率，出现频率受误差调制的现象。可以证明由误差产生的调频振动与调幅振动一样，在谱图上也是在一系列啮频谱线两侧产生对称的一系列边频谱线组成的边频带，边频的间隔等于误差的频率。

由于调幅、调频是同时出现，因此有误差的齿轮在谱图上的边频带应为两种调制单独作用时边频成分的叠加，又因为边频成分具有不同的相位，所以叠加后边频带的对称性就不再存在了。

需要指出的是如果与齿轮刚性连接的旋转部件惯性越大，速度波动就越小，调频现象也就越不显著。

B 齿轮固有频率振动

由于啮合时，齿间撞击必然引起齿轮的轴向固有频率自由衰减振动和扭转固有频率自由衰减振动，固有频率在高频段，通常在 1～10kHz 内。

C 齿轮损伤引起的振动（齿轮的故障振动）

有损伤的齿轮和有误差的齿轮一样，有相同的振动特征：在低频段产生调制效应有边频带，但幅值明显增大；在高频段有损伤的齿轮激发的固有频率振动也明显增强。齿轮故障振动的这些特点是我们诊断齿轮故障的有利依据。

D 其他振动成分

其他振动成分主要有：

（1）齿面摩擦引起的振动。啮合齿面间的相对滑动速度，在节点处要反向，因此在节点处齿面间的摩擦力要突然反向，产生"节线冲击"，引起齿轮振动，频率与啮频振动的频率相同，但幅值很小，所以它的影响可不考虑。

（2）转频及其低次谐频振动。齿轮有大周期误差和局部损伤除产生调制效应出现边频带外，还要引起转频及其低次倍频振动，当然有局部损伤的齿轮幅值明显增大。

（3）主动轴驱动不平稳，被动轴阻力波动等外因引起的振动。

3.4.3.2 齿轮振动监测诊断技术

因为有损伤的齿轮，在低频段有幅值明显变大的啮频及其倍频成分、有显著的边频带、有幅值明显的转频及其低次倍频成分；在高频段有幅值明显变大的固有频率成分。根据这些特点可以诊断出齿轮的故障。因此，诊断齿轮的故障可以在低频段也可以在高频段进行。

A 简易诊断

简易诊断在时域中进行，目的是判别齿轮是否处于正常状态。采用的有量纲特征参数主要是：振幅值、均方根值、方根幅值、平均幅值、峭度、偏度等；无量纲特征参数主要是：波形系数、峰值系数、脉冲系数、裕度系数、峭度系数等。这些参数适用于不同情况，没有绝对优劣之分。

机械设备中除齿轮外，转轴、轴承、电动机等也要产生振动，正确区分它们是简易诊断的关键。下面以减速箱为例（见图 3.38）对齿轮和滚动轴承的振动判别加以说明。

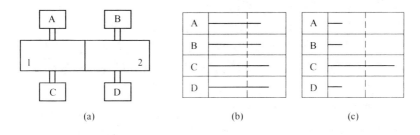

图 3.38 减速箱简易诊断

(a) 减速箱简图；(b) 齿轮有故障；(c) 滚动轴承有故障

在图 3.38 中，测振点选在 A、B、C、D 4 个轴承座上，若 4 个测振点的振动值都超出规定，且基本相同，则说明减速箱的齿轮有故障，因为齿轮故障的振动频率较低，传递损失小，所以 4 个测振点的振动值基本相同。若 4 个测振点的振动值只一个点 C 超出规定，则说明 C 处滚动轴承有故障。因为滚动轴承故障的振动频率较高，传递损失大，所以 C 处轴承故障只在 C 处有较强的响应，其他测振点是几乎测不出来的。

B   精密诊断

精密诊断主要在频域中进行，目的是判别齿轮故障的程度和部位。

a   频域诊断

（1）功率谱啮合频率及其倍频分量分析。齿轮均匀磨损产生的作用与齿轮小周期误差相同，使常规振动的幅值受到调制，在谱图上产生边频，但边频成分与常规振动的啮频及其各次倍频成分重合，故使啮频及其各次倍频成分的幅值增加，而且高次成分增加较多。因此，根据啮频及其高次倍频成分的振幅变化（至少取高、中、低三个频率成分）可以诊断齿轮的磨损程度。

图 3.39 是齿轮磨损前后幅值的变化情况，实线是磨损前的振动分量，虚线是磨损后的增量。磨损程度可用平均相对幅值变化系数表示：

$$a = \frac{1}{N} \sum_{i=1}^{N} \frac{B_i}{A_i} \tag{3.29}$$

式中，A_i、B_i 分别表示正常状态和磨损状态下各次啮合频率成分的幅值。

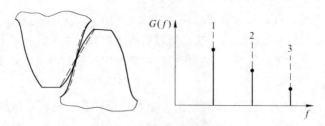

图 3.39   齿轮均匀磨损功率变化

为了突出高次倍频成分的影响，可采用不等权平均。于是相对幅值变化系数改为：

$$a = \frac{1}{N} \sum_{i=1}^{N} C_i \left(\frac{B_i}{A_i} \right) \tag{3.30}$$

式中，C_i 为加权数，可采用递增的等比数列，例如：1、1.5、1.5^2、1.5^3、…、1.5^{N-1}。

（2）功率谱边频带分析。啮频振动分析主要用来诊断齿轮的分布故障（如轮齿的均匀磨损），对齿轮早期局部损伤不敏感，应用面窄。大部分齿轮故障是局部故障，它使常规振动受到调制，呈现明显的边频带。根据边频带的形状和谱线的间隔可以得到许多故障信息，因此功率谱边频带分析是普遍采用的诊断方法。

图 3.40（a）所示为齿轮上一个轮齿有剥落、压痕或断裂等局部损伤时，齿轮的振动波形及其频谱。波形图是一个齿轮的常规振动，受一个冲击脉冲（每转动一周重复一次）调制产生的调幅波。由于冲击脉冲的频谱在较宽范围内具有相等且较小的幅值，因此频谱图上边频带的特点是范围较宽、幅值较小、变化比较平缓，边频的间隔等于齿轮的转频。

波形图是一个齿轮的常规振动，受一个变化比较平缓的宽脉冲调制产生的调幅波。由于宽脉冲的频率范围窄，高频成分很少，因此在频谱图上边频带范围比较窄，幅值较大，衰减较快。损伤分布越均匀，边频带就越高、越窄。边频的间隔仍然等于齿轮的转频。

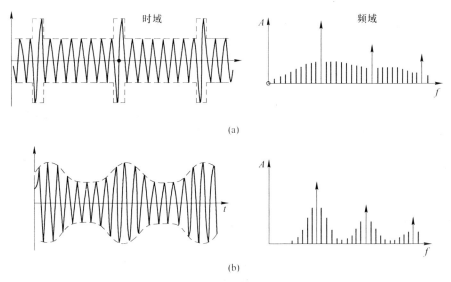

图 3.40　齿轮的振动波形及其频谱

（a）齿轮上一个轮齿有剥落、压痕或断裂等局部损伤；

（b）齿轮有分布比较均匀的损伤

（3）高频分析法。齿轮齿面有局部损伤时，在啮合过程中就要产生碰撞，激发齿轮以其固有频率作高频自由衰减振动。采用固有频率振动为分析对象，诊断齿轮状态的方法称高频分析法。在谱图上，基频谱线的频率就是故障冲击的重复频率，根据此频率值即可诊断出有故障的齿轮及故障的严重程度。这种方法虽然与滚动轴承的高频包络分析原理一致，但难度要大得多，因为齿轮的高频振动信息在传感器的测点处异常微弱，需要使用格外精密的仪器与技术。

图 3.41（a）所示为齿轮振动的原始波形，图 3.41（b）所示为原始波形经过带通滤波后提取的高频成分波形，图 3.41（c）所示为高频成分经过包络检波后得到的低频包络波形，由于它近似周期信号，因此在它的频谱图中有较明显的尖峰，如图 3.41（d）所示，这对故障分析十分有利。

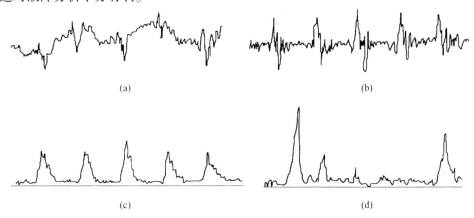

图 3.41　齿轮振动波形及其频谱图

（a）原始波形；（b）高频信号波形；（c）包络信号波形；（d）包络信号波形频谱

b　倒频谱分析诊断

有一对齿轮啮合的齿轮箱，在它的振动频谱图上，啮频分量及其倍频分量两侧有两个系列边频谱线，一个是边频谱线的相互间隔为主动齿轮的转频；另一个是边频谱线的相互间隔为被动齿轮的转频。如果两齿轮的转频相差不多，这两个系列的边频谱线就十分靠近，即使采用频率细化技术也很难加以区别。有数对齿轮啮合的齿轮箱，在它的振动频谱图上，边频带的数量就更多，分布更加复杂，要识别它们就更加困难了。比较好的识别方法是倒频谱分析法，因为边频带具有明显的周期性，倒频谱分析法能将谱图上同一系列的边频谱线简化为倒频谱图上的单根或几根谱线，谱线的位置是原谱图上边频的频率间隔，谱线的高度反映了这一系列边频成分的强度，因此监测者便于识别有故障的是哪个齿轮及故障的严重程度。

如图 3.42（a）所示为有缺陷的齿轮在运行时测得的功率谱，它含有大量的边频带频谱分量。通过功率谱我们只能大致估计其边频间距约为 10Hz，很难分辨确定出各种周期成分。但是通过做该齿轮的倒频谱，如图 3.42（b）所示，我们能够精确的找到其倒频率 $\tau = 995\text{ms}$，对应频率为 $1/\tau = 10.4\text{Hz}$。这就很方便地找出了复杂频谱上的周期成分。另外，从齿轮倒频谱图中我们还可以找到频率为 28.1ms 的谱线，其对应的频率为 35.6Hz，这个频率是齿轮轴的旋转频率。

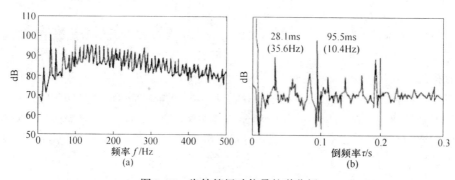

图 3.42　齿轮箱振动信号的谱分析
（a）有缺陷齿轮运行时的功率谱；（b）倒频谱

此外，倒频谱分析还能排除传感器测点位置和信号传输途径带来的影响，这对齿轮监测工作的实施也是十分有利的。

c　时域平均诊断

时域波形对故障反映直观、敏感，特别是局部损伤最为明显。因为局部损伤在时域中为短促陡峭的幅值变化，容易识别，但在频域中由于能量十分分散、幅值变化很小，却不易识别。因此，时域平均法诊断近年来有很大发展。时域平均法诊断首先要采用时域平均技术，排除各种干扰，分离出所需齿轮的振动信号，然后才可根据分离出来的信号直接观察波形，确定齿轮的损伤。

图 3.43 所示为对齿轮振动信号采用时域平均技术后得到的波形图，在图上齿轮的故障是比较明显的。

图 3.43（a）所示为正常齿轮的时域平均信号，主要是均匀的常规振动波形。没有明显的高频波动。

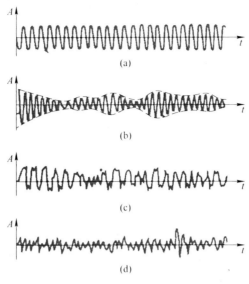

图 3.43 齿轮在各种状态下的时域平均波形
(a) 正常；(b) 安装错位；(c) 磨损；(d) 局部剥落

图 3.43 (b) 所示为齿轮安装有缺陷，啮合振动受调制，调制信号频率是齿轮转频及其倍频。

图 3.43 (c) 所示为齿面严重磨损，但较均匀，出现较大的高频波动现象。

图 3.43 (d) 所示为齿轮有局部剥落或断齿的信号，有突跳现象，出现以齿轮转频为频率的冲击脉冲。

3.5 液压系统故障诊断

液压系统应用很广，液压系统的故障主要来自两方面，一是构成系统的元件，二是液压系统的工作介质（液压油）。系统元件故障中油泵故障的发生率最高，液压系统故障以液压油污染变质引起的故障为最高，而液压油引起的故障中约有 90% 是由污染颗粒造成。油液中混入的固体微粒直接使运动件的配合面产生磨料磨损，使元件寿命缩短，泄漏增加，甚至出现动作失灵现象；混入的固体微粒还可能将系统中阻尼孔、阀口、滤网堵塞，使系统不能正常工作。油液化学成分变化使润滑性能下降，密封件损坏。油液中混入空气，油液被乳化或呈泡沫状使元件动作不稳定。油液中混入水分，油液被乳化降低了油的黏度，元件磨损加剧，运动件动作不稳定。当然，液压系统因安装、调试不当引起的故障也是较多的。

液压系统的故障特征：

（1）正常情况下液压系统的故障不会突然发生，因为无论是元件磨损、密封件变质、液压油污染都是渐近性的，发展到一定程度才会造成故障。因此，对液压系统监测流量、压力、振动、温度等的变化，实现"状态维修"，使设备经常处于正常运行状态，有十分重要的意义。

（2）液压系统是一个封闭结构，各元件的工作状况不能直接在外部观察，也不便于测量检查，再加上影响液压系统正常工作的原因错综复杂，泵、阀、缸、管道、液压油都可能导致相同的故障现象，因此寻找故障部位的工作比较困难。

（3）寻找故障根源虽然困难，但是液压系统的元件和辅件都已标准化、系列化、通用化，因此更换故障元件是比较容易的，不过要注意更换元件后容易出现的新故障。

3.5.1　诊断参数

常用状态信息的特征参数有：执行机构的工作状况、压力、流量、振动、噪声、温度、液压油污染。

（1）执行机构的工作状况。执行机构的速度、运动范围、承载能力等功能参数的变化是设备故障的征兆，但是这些诊断参数灵敏度不高，往往液压系统的组成元件已经出现缺陷，设备的这些参数仍没有明显的变化。

（2）压力。压力变化是系统中泵、阀、管道、液压油等缺陷的征兆，而且也影响系统的承载能力。

（3）流量。流量的变化也是液压系统中泵、阀、管道、液压油缺陷的征兆，而且也影响液压系统运动部分的速度大小和稳定性。

（4）振动和噪声。振动和噪声是液压系统故障的征兆，特别是液压泵性能劣化的主要征兆，而且振动也影响设备性能，降低液压元件的寿命。

（5）温度。液压系统工作时，能量损失转化为热能使系统温度升高。温度过高、能量损失过大是液压系统的元件损伤和液压油质量下降的征兆，而且温度过高也对液压系统产生许多较显著的不良影响。

（6）液压油污染。油中磨损微粒、腐蚀产物、粉尘、水分、空气以及油中酸和焦油分离、化学成分变化都是液压油变质、液压元件磨损的征兆，而且液压油污染不仅是液压系统的故障征兆，也是导致液压系统产生故障的根源。

3.5.2　诊断方法

液压系统是一个有机联系的多元件封闭结构，它的故障根源既隐蔽又复杂，给故障诊断带来的困难很大，常用诊断方法包括简易诊断和精密诊断。

3.5.2.1　简易诊断

液压系统简易诊断通常是依靠简单的仪表和操作者的感官与经验，根据执行机构的工作状况、泄漏、温度、振动、噪声和液压油质量等的变化作出正常与否的结论。可以在系统不工作时进行，也可以开机进行（最好先去掉载荷）。但要注意安全，防止故障加重和人身事故。

3.5.2.2　精密诊断

精密诊断须依靠检测仪对系统故障的原因、部位、程度做出判断与预报。重要的系统可以在线监测诊断，由传感器采集信息，由计算机进行分析处理与诊断，一般系统则是在简易诊断的基础上进行。

在熟悉有关资料、了解系统工作原理，清楚每个元件与辅件性能和作用的基础上，按功能将液压系统划分成几个区域。分析故障时，首先应按故障现象的特点确定故障所在的区域，然后按一定顺序在确定区域内进行查找，若有必要还可用液压回路检测仪检测元件性能，把故障的确切位置、程度和原因确定下来。严禁盲目拆卸或任意调整，必须调整时（流量、压力、元件行程等可调整部分），一要注意每次只能调整一个变量，以免产生干扰，调整后若故障无变化，则应复位后再进行另一个变量的调整；二要注意调整的幅度，避免过大、过小，以免产生新的故障；三要注意调整后若缺乏把握，开动系统的时间就不宜太长，以防意外。

（1）划分区域确定故障所在范围。一般液压系统如图3.44所示，可划分成以下几个部分：

1）动力部分。包括泵电机，溢流阀及卸荷回路等部分，这是液压系统的心脏，为系统提供所需的能量（一定压力和流量的液压油），推动整个液压系统工作。

2）油箱部分。包括油箱，油位计，滤网，恒温器，冷却器，油温表等部分，这是储存、处理液压油的部分，为系统提供所需质量的工作介质，对泵和所有元件的性能和寿命都有很大的影响。

3）整个系统控制部分。包括系统压力、流量控制元件，蓄能器，压力开关等控制整个油路的所有装置。

4）执行机构控制部分。包括液压缸，液压马达等执行机构和它们专用的压力阀、流量控制阀、换向阀和安全阀等。控制部分的数量随执行机构的数量而改变，图3.44中的三个执行机构相互独立，因此控制部分也是三个。控制部分的复杂程度与执行机构的工作特性相适应，最简单的控制部分只由一个换向阀组成。

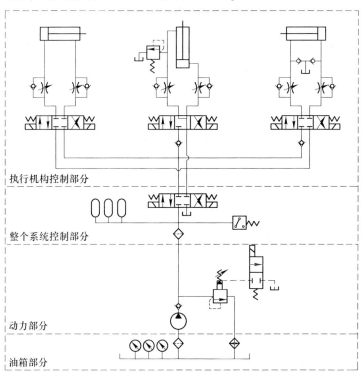

图3.44 液压系统的区域划分

不同的区域有不同的功能，区分明确，因此根据故障现象的特点，确定故障所在的区域一般来说不是一件难事。如图 3.44 所示系统，当系统故障仅限于某执行机构时，则故障源必在该执行机构的控制部分；若所有执行机构都有相同的故障，则故障源可能在整个系统的控制部分，也可能在动力部分或油箱部分，诊断时就应在这三部分按一定顺序查找。

（2）明确查找顺序，找出故障部位。确定了故障源的区域，还须要在区域内按一定顺序查找故障的具体部位和原因。查找时一般是按油液通过的路线依次进行，当然也可按先简后难的顺序进行，只要认真而系统地逐个进行全面检查，就可以找出有故障的部位。但是有理由时，跳过某些部分，某些方面的检查，直接转到有怀疑的地方，可以节省很多时间，也是应该的。

（3）检测元件性能。当故障缩小到回路的一个部分或一个元件时，有时需要检测元件性能才能准确定出故障的程度、部位和原因，液压回路测试器就是用来完成这一任务的专门仪器。这种仪器的回路中主要装有压力表、流量计、温度计和控制油压的加载阀，可以对管式连接液压系统的流量、压力和温度进行检测，可以做选择性检测也可以进行全系统检测。

根据与管路的连接方式不同，液压回路测试器分为旁通式和直通式两种。旁通式测试器的进油口接在被检测元件之后，出油口必须接油箱。它只能对系统中的组件进行分隔测试，不能对封闭的液压系统作整体测试。直通式测试器能承受规定限度的高压，串接在液压系统的压力回路中，在系统工作时测量液压油的流量、压力和温度。用于封闭的液压系统，当然也可当作旁通式检测仪使用，对系统进行旁通测试。

为了便于旁通式测试器的使用，在液压系统的管路上可以接入永久性的"T"型接头（即三通接头），不测试时用堵头将一端堵死，检测时打开堵头，接上测试器的进油管，就可在不影响系统工作条件下进行检测。这种检测方式通常称为"T"试验，实际上它是旁通测试的一种。新型的"T"型接头有采用磁性旋塞做堵头的，定时拆下旋塞可以检查油的污染程度，也可采用带传感器的堵头，给监测工作带来方便。

液压回路测试器的使用可以通过以下例子说明。

图 3.45 所示为一个简单的液压系统，若故障现象是在负载加大时，液压油缸动作减慢。为了查出故障部位，需要使用检测仪检查泵、阀、缸的泄漏量，因为一般来说动作减慢的主要原因是元件泄漏量大，推动活塞的流量不足。

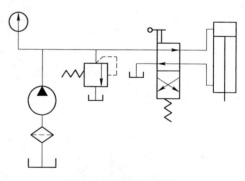

图 3.45 液压系统图

A 采用旁通式测试法

a 液压泵测试

按图 3.46 所示在 A 处将液压泵与系统断开接入测试器，空载启动电机以额定转速旋转，油液全部经测试器流回油箱，调节测试器的加载阀，使系统压力由空载逐渐上升到系统的工作压力（不能超过工作压力，因为没有溢流阀保护），如果流量计示值减少到不能允许的程度，就说明液压泵有故障。工程上常以不加载（即全开）的流量为泵的理论流量，允许的流量损失百分比（容积效率）不能超过 25%。在检测时应注意压力表的指针，若有跳动，说明液压泵吸油侧液面太低，过滤器堵塞或吸油管密封不严出现了气穴现象，这时应先进行维修，排除跳动现象后，才能进行测试，否则要影响检测工作的质量。

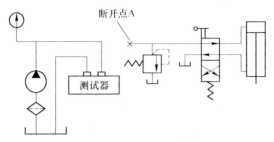

图 3.46 液压泵故障的旁通测试

b 溢流阀测试

按图 3.47 在 B 处断开接入测试器，启动电机，先逐渐调节测试器的加载阀，压力表显示的数值为该液压系统溢流阀的调定值时，调节溢流阀使之溢流。然后重新调节测试器的加载阀，在溢流阀打开之前，如果测试器流量计显示的数值变化大，就说明故障在溢流阀。此时应进一步检查溢流阀的阀芯及阀座有无磨损伤痕。

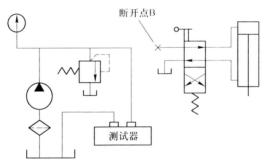

图 3.47 溢流阀故障的旁通测试

c 方向控制阀测试

按图 3.48 在 C 处断开接入测试器，启动电机逐渐调节测试器加载阀，在溢流阀打开之前，若流量基本不变，则换向阀良好，若变化大则换向阀泄漏大，故障在换向阀。

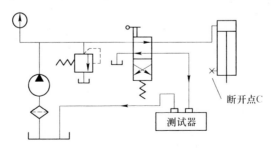

图 3.48 换向阀的旁通测试

因为液压系统的流量和泄漏与泵的转速、油液温度和油压等都有密切关系，故做上述测试时，必须规定上述参数的大小，并且在试验过程中保持基本不变。

以上测试的记录数据见表 3.3。

表 3.3　测试记录数据表

测试位置	空载流量/L·min^{-1}	工作压力为 9.8MPa 的流量/L·min^{-1}
A	75	68
B		45
C		38

则各元件泄漏损失流量可计算如下（系统工作压力为 9.8MPa 时）：

液压泵泄漏损失流量为：75 − 68 = 7L/min，流量损失约为 9.3%

溢流阀泄漏损失流量为：68 − 45 = 23L/min，流量损失约为 33.8%

换向阀泄漏损失流量为：45 − 38 = 7L/min，流量损失约为 15.5%

总流量损失为：75 − 38 = 37L/min，总的流量损失约为 49.3%

因此，诊断结论是此系统总的流量损失约为 49.3%，所以液压缸完成规定动作所需时间要增加一倍。流量损失最严重元件是溢流阀，应立即更换或维修；换向阀损失也大，应在适当时间更换或修理；液压泵流量损失不严重，还可继续使用。

B　采用直通测试法

将测试器串接在液压系统被测元件之后，如图 3.49 ~ 图 3.51 所示，检测方法完全与旁通式相同。

C　采用"T"试验

如图 3.52 所示，在管路中设置三通接头，检查回路的流量、泵及其他元件的流量损失，以此确定系统、元件的工作状态。

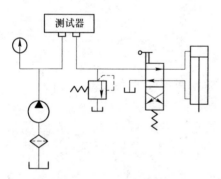

图 3.49　液压泵故障直通测试

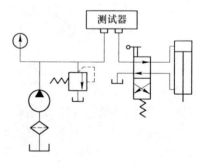

图 3.50　溢流阀故障直通测试

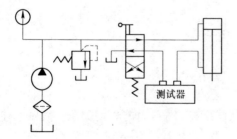

图 3.51　换向阀直通测试

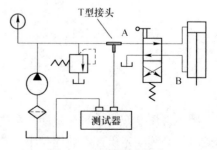

图 3.52　T 型接头接法

a 测回路流量损失（回路试验）

将换向阀置上位，用加载阀逐渐加压到系统的工作压力，液压缸活塞行至终点时，流经测试器的流量 Q_1，即为推动活塞运动的实际流量。若泵的理论流量为 Q_0，则回路流量损失为 $Q_0 - Q_1$。按同样方式进行换向阀"下位"试验，若回路流量损失只是"上位"试验大，则故障部位在换向阀和（或）其后的液压缸；若"上下位"试验流量损失都大，则故障部位除换向阀和液压缸外还可能在液压泵和溢流阀。为了找出故障的确切部位还须按泵阀缸顺序进行以下检测。

b 测泵流量损失（泵试验）

在 A 处设置密封挡板截住油流，调节检测仪加载阀到工作压力，流经测试器流量 Q_2 为泵的实际流量。泵的流量损失为 $Q_0 - Q_2$。

c 测换向阀和液压油缸流量损失（堵缸试验）

在 B 处设置密封挡板，油流不能进入液压缸，流往测试器的流量 Q_3 即为进入液压油缸的流量。换向阀上位接入系统流量损失为 $Q_2 - Q_3$，液压油缸流量损失为 $Q_3 - Q_1$。

复习思考题

3-1 机械设备故障诊断技术研究内容包括哪些？

3-2 机械设备故障诊断技术的方法有哪些？

3-3 油样分析工作分为几步进行，油样分析方法有几种，它们应用的范围如何？

3-4 机械设备的无损伤技术有哪些常用方法，各自的特点是什么？

3-5 引起转子振动的因素有哪些，不平衡和不对中振动的特点各有哪些？

3-6 如何诊断转轴裂纹故障？

3-7 滚动轴承的故障振动分为哪两种类型，精密诊断方法有哪些？

3-8 齿轮振动的特征频率主要有哪些？

3-9 液压系统的故障主要来自哪些方面？

3-10 液压系统故障诊断参数有哪些？

3-11 试述液压系统故障诊断步骤。

4 通用零件的修复技术

本章提要：零件修复是机械设备修理的一个重要组成部分，是修理工作的基础。机械零件的修复就是采取正确的修理方法和工艺，使零件达到装配时的尺寸精度、表面粗糙度、形位公差等，并使零件的机械性能（强度、硬度、韧度、疲劳强度等）恢复或提高。

应用各种修复新技术修理设备是提高设备维修质量、缩短修理周期、降低修理成本、延长设备使用寿命的重要措施，尤其对贵重、大型零件、加工周期长、精度要求高的零件，需要特殊材料或特种加工的零件，意义更为突出。

通常，修复失效零件与更换零件相比具有如下优点：(1) 节省时间；(2) 节约材料；(3) 可降低备件的消耗；(4) 可避免因其备件不足而停修；(5) 修复旧件一般不需要大、精、稀设备，牵涉人力少，易组织生产；(6) 利用新技术修复旧件还可以提高零件的某些性能，延长寿命。

零件常用的修复方法主要有焊接修复、电镀修复、金属喷涂修复和粘接修复等。对于机械零件，粘接修复往往难以保证修复后零件的强度和其他工作性能的要求，故在实际生产应用中，除了进行必要的补缝堵漏外，很少使用。

4.1 焊接修复法

焊接修复法是把焊接加工工艺应用于零件修理过程中的方法。焊接修复具有设备和工艺简单、操作容易、修理周期短、速度快、成本低、焊接质量好等优点，因此应用广泛。焊接方法的种类很多，现场常用手工电弧焊，在有条件的情况下，也可采用气体保护焊、等离子电弧焊等方法。

4.1.1 焊修的特点及应用范围

4.1.1.1 焊修的特点

焊接在机械制造中主要用来制造毛坯、半成品或成品，焊修主要用来修理机械零件，它们具有共同点。但是，焊修后的零件常常需要机械加工，并要保证其机械性能，因此，应注意以下几个特点。

A 焊修零件易产生变形和损坏

焊修时零件局部受热，焊修部位的温度很高，距焊池越远温度越低。各部的温度不同，热膨胀量也不同。高温金属的膨胀受周围低温区域金属的影响，不能自由地膨胀，受到的力为压应力，产生压缩变形。冷却时，低温处金属收缩完成后，高温金属（焊修部位）还在继续冷却收缩，它受到周围低温金属的限制，不能自由地收缩，受到的力为拉应力，但冷却后，这部分金属比原来的尺寸减小。

零件焊修时由于受热膨胀和冷却收缩不均匀而产生的内应力称为热应力。同时，焊修部位的组织也不均匀，焊缝区为铸态组织，融合区组织成分不均匀、力学性能差，热影响区的过热区组织晶粒粗大并易产生裂纹。这种焊修后因组织不均匀而产生的应力称为组织应力。我们把焊修后的内应力称为残余应力。

焊修时的内应力，使零件在焊修过程中产生变形或开裂（塑性金属易产生变形；脆性金属易产生裂纹）。焊修后的残余应力，在机械加工和使用中，由于残余应力的释放，又会使零件产生变形，甚至开裂，影响零件的尺寸精度，并降低零件的抗疲劳强度。因此，在焊修时要采取相应的措施减小内应力，减少或防止变形和开裂。

B 受零件材质和使用要求影响大

不同的机械零件，由于工作条件（使用要求）不同，机械性能也不同。应在熟悉零件工作条件的基础上，了解零件使用的材料、组织、机械性能、热处理等方面的技术要求，以便在焊修时采取合理的措施，使修复后的零件达到使用要求。

焊修时，材料的焊接性能是影响零件焊修的主要因素，要根据零件的使用要求，合理地确定焊修工艺措施。如低碳钢具有良好的焊接性能，若能合理地确定焊修工艺参数（电源种类与极性、焊条直径、焊修电流、焊修层数等），将得到很好的焊修效果。

C 零件焊修后的加工性能易改变

对焊修后需要进行机械加工才能达到尺寸精度、几何形状和表面粗糙度等要求的零件，焊修前还要考虑焊修后的加工性能。

由于焊修时会使零件的组织发生变化，使零件的硬度增加，导致加工困难，因此，在焊修前要考虑焊修后的可加工性。例如，灰铸铁的焊补极易形成白口组织，合金钢的焊修因空淬现象（形成马氏体）难以进行机械加工，因此，应采取焊前预热、缓冷或焊后回火处理等措施，以改善其加工性能。

4.1.1.2 焊修的应用

焊接修理法应用广泛，目前主要用于金属零件裂纹及损伤的焊补、断裂零件的焊接以及用堆焊的方法修复磨损零件等。例如，对常出现的轴颈磨损，常用堆焊的方法在轴颈处堆敷一层金属，然后进行机械加工。轴类零件、齿轮或其他零件等的裂纹或断裂，也常用焊接方法进行修理。

4.1.2 焊修工艺及准备工作

焊修时，应合理地确定焊修工艺和进行焊前准备工作，以保证焊修后零件的机械性能。

4.1.2.1 焊修工艺的确定

焊修工艺的确定主要是指坡口形式、焊接工艺参数等的确定。

A 坡口形式

坡口是根据焊修要求，在零件焊修部位加工的一定几何形状的沟槽。常见的坡口形式有 Y 形坡口、双 Y 形坡口、U 形坡口等，如图 4.1 所示。焊修时，应根据零件的尺寸合理地确定坡口的形式，常用 Y 形和双 Y 形坡口，尽量不用加工困难的 U 形坡口。在保证焊透的情况下，尽量不用坡口，以减少机械加工量。

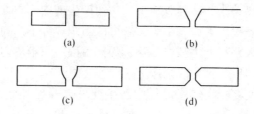

图 4.1 坡口形式

（a）不打坡口；（b）Y 形坡口；（c）U 形坡口；（d）双 Y 形坡口

坡口的加工方法有切削加工、火焰加工、碳弧气刨等。在现场焊修时，常用火焰加工、砂轮加工，对加工量小的坡口也可用锯锉加工。穿透裂纹坡口和焊修形式如图 4.2 所示。

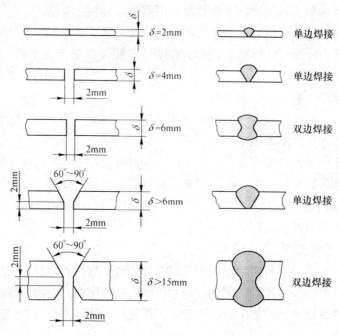

图 4.2 穿透裂纹坡口和焊修形式

B 焊修工艺参数的确定

焊修工艺参数是为保证焊修质量而确定的焊修物理量，主要包括电源种类与极性、焊条、焊修电流与焊修层数等。合理地确定焊修工艺参数是保证焊修质量的关键。

a 电源的种类与极性

手工电弧焊常用交流焊机、整流式直流焊机和逆变焊机等。直流焊机和逆变焊机具有容易引弧、电弧稳定、焊接质量较好等优点，但设备成本高，维修比交流焊机困难。

直流焊机和逆变焊机按极性不同有正接和反接两种形式。正接是把工件接在阳极，适用于厚件的焊修，目的是使焊修件有足够的熔深；反接是把工件接在阴极，适用于薄件的焊修，目的是防止烧穿焊件。

b 焊条的选择

焊条的种类繁多，常用的碳钢焊条（GB/T 5117—1995）的型号是按熔敷金属的抗拉强度、药皮类型、焊接位置和焊接电流种类划分的。

焊条按熔渣的化学性质分为酸性焊条和碱性焊条两大类。酸性焊条的熔渣为酸性，焊修时产生的保护气体主要是 CO 和 H_2，并容易脱渣，对焊修件上的油、锈、污物不敏感，电弧燃烧稳定，交流电和直流电源均可使用，工艺性能好，但焊缝金属的氢含量高，接头产生裂纹的倾向大。碱性焊条的熔渣为碱性，焊修时产生的保护气体主要是 CO_2 和 CO，焊缝金属的氢含量低，但对焊修件上的油、锈、污物敏感，焊修前应认真清理。由于碱性焊条少硫低氢，因此焊缝金属的塑性、韧度好，抗裂性强。为更好地发挥碱性焊条的抗裂作用，对重要结构的焊接应采用反接直流焊机。E4303 是典型的酸性焊条，E5015 是典型的碱性焊条。

（1）焊修低碳钢或低碳合金钢时，一般按"等强度原则"选择焊条，即焊芯金属与母材相等，而不是考虑化学成分相同或接近。焊修不锈钢、耐热钢时，一般按"成分相近原则"选择焊条，即焊条的化学成分与母材相同或相近。焊修刚度大、形状复杂及承受冲击载荷、交变载荷的重要零件时，应选用碱性焊条。焊修铸铁时，应根据零件的重要程度和加工要求选择相应的铸铁焊条，并有冷焊、热焊之分。

（2）焊修碳钢、低碳合金钢时，碳钢及低碳合金结构钢的碳当量经验公式为：

$$w(C_{当量}) = \left[\frac{w(C) + w(Mn)}{6} + \frac{w(Cr) + w(Mo) + w(V)}{5} + \frac{w(Ni) + w(Cu)}{15} \right] \times 100\%$$

$$(4.1)$$

式中，$w(C)$、$w(Mn)$、$w(Cr)$、$w(Mo)$、$w(V)$、$w(Ni)$、$w(Cu)$ 分别为钢中该元素质量分数。

实践证明，当碳当量 $w(C_{当量}) < 0.4\%$ 时，焊修性能良好，对焊条的选用要求不严格，可按"等强度原则"选用酸性焊条；当 $w(C_{当量})$ 为 $0.4\% \sim 0.6\%$ 时，焊修性能较差，冷裂纹倾向明显，焊修时应预热并采取其他工艺措施防止裂纹，应按"成分相近原则"选用碱性焊条；当 $w(C_{当量}) > 0.6\%$ 时，焊修性能差，冷裂纹倾向严重，焊修时需要较高的预热温度和严格的工艺措施，也按"成分相近原则"选用碱性焊条。表 4.1 列出了部分碳钢焊条的牌号和用途。

表 4.1 部分碳钢焊条的牌号和用途

牌 号	用 途
E4313	焊接一般低碳钢薄板结构
E4303	焊接重要的低碳碳钢结构
E5016	焊接中碳钢及某些重要低碳合金结构钢
E5015	焊接中碳钢及 16Mn 等重要的低碳合金结构钢
E5018	焊接重要的低碳结构钢和低碳合金结构钢，如 16Mn 等

（3）磨损零件的堆焊修复根据焊层的性能要求选用焊条，按强度、耐磨性等进行选择。表 4.2 列出了部分堆焊焊条的牌号和用途。

表 4.2　部分堆焊焊条的牌号和用途

牌　号	用　　途
DHD107	低碳钢、中碳钢、低碳合金钢表面堆焊
DHD167	用于农机、矿山机械、建筑机械堆焊
DHD212	常温高硬度单层、多层堆焊
DHD266	高锰钢轨、破碎机、冲击机械堆焊
DHD512	中温高压阀门表面堆焊

（4）铸铁焊修时，一是易产生裂纹，二是易形成"白口"。灰铸铁的焊修按是否预热分为冷焊和热焊两类，冷焊一般不预热或预热到 400℃ 以下，热焊是将工件整体或局部预热到 600~700℃。因此，在选择焊条时，要根据零件的重要程度和零件是否加工选择焊条，并采取相应的措施。为防止裂纹和"白口"，焊修前最好预热，焊后保温，特别是对需要加工的焊修零件。表 4.3 列出了部分铸铁焊条的牌号和用途。

表 4-3　部分铸铁焊条的牌号和用途

牌　号	用　　途
DHZ208	一般灰口铸铁焊条（焊前预热、焊后保温）
DHZ208	重要灰口铸铁薄壁件和焊后需要加工面的焊接
DHZ208	用于高强度灰口铸铁和球墨铸铁焊接（焊前应预热）

（5）焊条直径通常根据焊修零件的厚度选择，见表 4.4。

表 4.4　铸铁直径的选择

零件厚度/mm	焊条直径/mm
≤ 4	不超过焊件厚度
4~12	3.2~4.0
>12	≥4

c　焊接电流的选择

焊接电流是指流经焊接回路的电流，主要根据焊条的直径进行选择，见表 4.5。

表 4.5　焊接电流的选择

焊条直径/mm	焊接电流/A	焊条直径/mm	焊接电流/A
1.6	25~40	4.0	160~210
2.0	40~65	5.0	200~270
2.5	50~80	6.0	260~300
3.2	100~130		

d　焊接层数

焊接层数根据焊修件的厚度和焊条的直径确定。实际上，每一焊层的厚度应等于焊条直径的 0.8~1.2 倍。由于后焊焊层对先焊焊层有热处理作用，多层焊接有利于提高焊缝质量，但超过 4~5mm 后热处理效果不明显。同时，为防止零件过热，每层也不宜太厚，一般以 3~4mm 为宜。

4.1.2.2 焊修前的准备工作

（1）清洁处理。焊修前应仔细清除焊修表面的油、锈、污物等，以减少气孔、夹渣等焊接缺陷。使用碱性焊条时，更应该仔细清理。难以清理干净时，可去除一层表面材料。

（2）裂纹、断裂焊修。对未穿透裂纹零件，裂纹深度大于 6mm 时，为保证焊透，应在裂纹处开坡口，坡口底部做成圆角，并超过裂纹深度 2~3mm，如图 4.3 所示；裂纹深度在 6mm 以下时，一般不用开坡口。对断裂（穿透裂纹）零件的焊修，根据零件的厚度按图 4.2 确定坡口的形式并进行焊

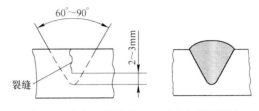

图 4.3　未穿透裂纹的坡口开法和焊后形状

接。对圆柱形零件（如轴）对接焊修时，为保证其强度，对接边最好做成铲状或楔形。

（3）铸铁和有裂纹倾向的高碳钢等焊补时，为防止裂纹继续扩展，焊前先在裂纹两端钻出 2~5mm 的止裂圆孔，裂纹焊合后再补焊两圆孔。

（4）堆焊零件表面的准备。为保证焊修质量，对需要堆焊修复的堆焊表面要仔细脱脂、除锈，并用机械加工方法去除表面缺陷，如麻点、裂纹等。对需要进行渗碳、渗氮等化学热处理的堆焊表面，用机械加工的方法去除 1mm 左右的硬化层。

4.1.3　注意事项

在焊修过程中，零件容易变形和开裂。为保证焊修质量，除了采取合理的焊修工艺，做好焊修前的准备工作，减少气孔、夹渣以及未焊透外，在焊修过程中还应注意防止零件的变形和开裂。

4.1.3.1　焊接应力与变形和开裂

焊修加热时，焊缝区金属受热膨胀量较大，受周围金属的制约不能自由地膨胀而被塑性压缩；冷却时，焊缝区金属受周围金属的制约而不能自由地收缩，各部分收缩不一致，必然导致焊缝区乃至整个零件产生焊接应力和变形，当应力超过材料的强度时，就会产生裂纹，甚至开裂。

4.1.3.2　焊修零件变形的形式

焊修零件变形的基本形式如图 4.4 所示。收缩变形（见图 4.4（a））是由于焊缝金属横向和纵向收缩引起的；角变形（见图 4.4（b））是由于单面焊接焊缝收缩引起的；弯曲变形（见图 4.4（c））是由于焊缝布置不对称，焊缝集中部位的纵向收缩引起的；波浪变形（见图 4.4（d））是由于焊缝纵向收缩使焊件失稳引起的；扭曲变形（见图 4.4（e））是由于焊接顺序不合理引起的。

4.1.3.3　减小焊修应力的方法

焊修应力不仅使零件在焊修时产生变形甚至裂纹、开裂，还影响焊后机械加工的精度，而且在安装使用后，由于应力的释放，也会产生变形甚至裂纹，使零件不能正常使用

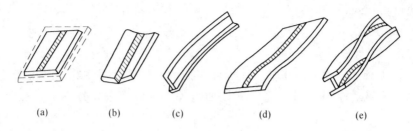

图 4.4 焊修变形的基本形式

（a）收缩变形；（b）角变形；（c）弯曲变形；（d）波浪变形；（e）扭曲变形

或损坏。零件在焊修中产生应力是不可避免的，但可以采用一定的方法减小焊修应力，以减小零件的变形或裂纹。

（1）焊前预热、焊后缓冷。焊前预热是焊修前将工件整体或局部加热到一定温度，一般预热到 500~600℃以下；焊后缓冷是将焊后工件用石棉包裹，或用灰覆盖，或放在炉子内使其缓慢冷却。预热和缓冷的目的是减小焊缝区金属和周围金属的温差，使其同时膨胀和收缩，从而减小焊修应力。

预热温度应根据零件的材料、组织、性能而定。碳钢预热温度随含碳量的增加而提高，一般预热温度为 100~450℃，如 45 钢可预热到 250℃，灰铸铁一般预热到 600~700℃。整体预热可在热处理炉内进行预热或火焰加热，局部预热可用火焰加热焊缝周围100~200mm 的区域。

（2）锤击或锻打。锤击是在焊修过程中，对炽热焊缝或堆焊层金属用手锤连续击打，使焊缝金属产生塑性变形，以抵消焊缝金属的收缩量，减小焊修应力。锤击时的最佳温度为 800℃，随温度降低，击打力应相应减小。低于 300℃时，不允许击打，以免产生裂纹。

锻打是针对大型工件的焊修而言。大型工件焊修后，对其整体加热，然后用空气锤等进行锻打，锻打温度同锤击温度。

（3）加热减应区。如图 4.5 所示，焊修时对工件的适当部位（减应区）进行加热使之膨胀，然后对损坏处进行焊补，焊后同时冷却。这种方法的关键是正确地选择减应区，减应区应选在阻碍焊缝膨胀和收缩的部位。加热减应区可使焊补区焊口扩张，焊后又能和焊补区同时收缩，减小了焊补区的内应力。

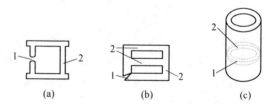

图 4.5 焊修零件减应区示意图

1—焊补区；2—减应区

4.1.3.4 减小内应力和防止变形的方法

减小内应力可以减小零件的变形，但是在焊修过程中，零件的变形是不可避免的。如果零件变形量大，会增大矫正难度和费用，甚至会使零件报废。当对零件变形量有较高要求时，则应首先考虑控制其变形量，焊修后再采取适当的措施减小内应力。除了上述减小内应力和防止变形的方法外，还有以下 4 种。

（1）反变形法。反变形法是根据材料的性质、焊修变形的方向和变形量，人为地做出与焊修变形相反的变形，以抵消焊修后的变形，反变形方向和变形量一般凭经验估计，如图 4.6 所示。图 4.6（b）所示的反角变形，焊前加垫板做出反变形，焊后消除了变形。

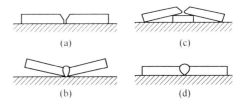

图 4.6　反变形法
（a）角变形焊前；（b）角变形焊后；
（c）反角变形焊前；（d）反角变形焊后

（2）刚性固定法。如图 4.7 所示，刚性固定法是把焊修零件刚性夹固以防止产生焊接变形。这种方法能有效地减小焊接变形，但会产生较大的焊接应力，适用于塑性良好、刚性较小的低碳钢的焊修。

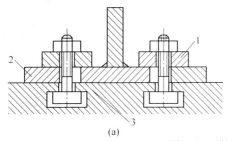

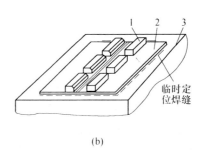

图 4.7　刚性固定法
1—压铁；2—焊件；3—平台

（3）水冷法。水冷法是用冷水喷射焊修零件的背面或将工件浸在冷水中仅露出焊修部分。这种方法能使焊修时产生的热量尽快散失，降低焊修工件的温度，减小膨胀和收缩量，以减小变形。

（4）合理地安排焊修顺序。合理的焊修顺序能最大限度地使焊修件自由收缩。如图 4.8 所示，对收缩量大的焊缝或受其他部分限制收缩的焊缝应先焊；采用对称的焊修顺序；长焊缝采用退焊、跳焊等方法，以使工件能自由收缩，减小应力和变形。

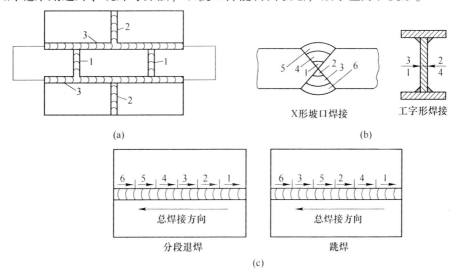

图 4.8　焊修顺序
（a）合理焊修顺序；（b）对称焊修顺序；（c）长焊缝焊顺序
1~6—焊修顺序

4.1.4 零件的焊后处理

4.1.4.1 变形的矫正

焊修后零件产生的变形，常用机械矫正法或火焰矫正法进行矫正。

A 机械矫正法

机械矫正法是利用机械力使焊件产生塑性变形，恢复其尺寸和形状，常用的方法有锤击矫正、压力机矫正、矫直机矫正等。图4.9所示为利用螺杆压力机矫正圆柱形零件。

B 火焰矫正法

火焰矫正法是利用火焰加热焊修后零件的适当部位，利用零件冷却时产生的收缩变形，恢复零件的尺寸和形状。火焰矫正时，应根据零件的结构特点和变形情况正确地选择加热部位。常见的加热方式有点状、

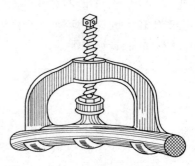

图4.9 螺杆压力机矫正圆柱形零件

线状、螺旋状、锯齿状、三角形加热等。图4.10（a）所示为在凸起位置周围进行的点状加热，冷却收缩后将其拉平；图4.10（b）所示为线状加热（或进行螺线形、锯齿形加热），冷却收缩后将使丁字梁的变形减小或消除；图4.10（c）所示为三角形加热（或进行螺线形、锯齿形加热），冷却收缩后使上拱部分减小或拉平。

火焰加热矫正时，如果未能一次完全矫正，可进行多次加热矫正。

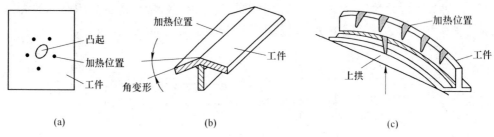

(a)   (b)   (c)

图4.10 加热矫正焊修变形零件的方法
(a) 点状加热；(b) 线状加热；(c) 三角形加热

4.1.4.2 内应力的消除

焊修或矫正后的零件存在内应力，对重要的零件，为保证其加工和使用性能，需要消除零件的内应力。消除内应力最有效的方法是进行热处理，常采用去应力退火的方法消除零件焊修后的内应力。

去应力退火也叫低温退火，其工艺是在热处理炉内加热零件到500~600℃，保温（保温时间可按壁厚计算，每1mm厚度保温4~5min），炉冷。

4.1.4.3 焊后热处理

除去应力退火外，对需要进行热处理的零件，应根据工作条件、使用性能等，采取合理的热处理工艺，以达到要求的组织和机械性能。

4.1.5 埋弧堆焊

4.1.5.1 埋弧堆焊的基本原理

埋弧堆焊的电弧在焊剂层下燃烧，如图4.11所示。

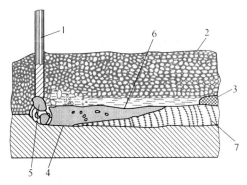

由于电弧的高温作用，熔化的金属与焊剂蒸发形成金属蒸气与焊剂蒸气，在焊剂层下造成一个密闭空腔，电弧在空腔内燃烧。在空腔的上面覆盖着熔化的焊剂层，隔绝了大气对焊缝金属的影响。由于气体的膨胀作用，空腔内的蒸气压力略大于大气压力，此压力与电弧的"磁吹"作用共同向后排挤熔化的金属，加深了基体金属的熔深。与金属一同被挤向溶池较冷部位的熔渣，因密度较

图4.11 埋弧堆焊过程
1—焊丝；2—焊剂；3—熔渣；4—熔池；
5—电弧；6—熔化金属；7—焊缝

小而浮在金属熔池上部，减缓了焊缝金属的冷却速度，使熔渣、金属及气体之间的反应更充分，能更好地清除熔池中的非金属杂质、熔渣和气体，从而得到化学成分理想的堆焊层。

埋弧焊的优点是：（1）液态金属与熔渣及气体的冶金反应较充分，堆焊层的化学成分和性能较均匀，焊缝表面光洁；（2）由于焊剂中元素对焊缝金属的过渡作用，可以根据零件的性能要求选用不同的焊丝和焊剂，以获得合乎要求的堆焊层；（3）堆焊层与基体金属的结合强度高；（4）堆焊层的抗疲劳性能比用其他修复工艺获得的修复层的性能强；（5）生产率高。

其缺点是工艺和技术比焊条电弧焊复杂，且由于焊接电流大，工件的热影响区大，因而主要用于较大的不易变形零件的修复。

4.1.5.2 埋弧堆焊设备

设备示意图如图4.12所示。工件夹持在堆焊机床上，堆焊机头（包括送丝机构和焊箱）固定在堆焊机床横拖板上，并以一定的速度沿工件轴向移动。堆焊电源的正极接焊丝导管，负极接工件。送丝机构使焊丝均匀送进，焊剂经焊剂软管均匀流向焊丝端部覆盖电弧。落下的焊剂和被除渣刀刮下的渣壳通过筛网收集到焊剂箱。对机床的要求是转速能在0.3～10r/min范围内无级调节，堆焊螺距为2.3～6mm，并能夹持所修复的零件。

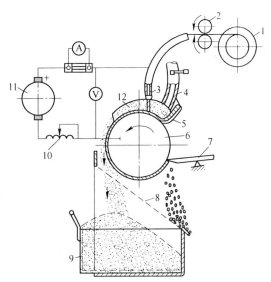

图4.12 埋弧堆焊设备示意图
1—焊丝盘；2—送丝轮；3—焊丝导管；4—焊丝软管；
5—焊剂挡板；6—工件；7—铲渣刀；8—筛网；
9—焊剂箱；10—电感；11—堆焊电源；12—焊剂

4.1.5.3　埋弧堆焊材料

埋弧堆焊材料主要指焊丝和焊剂，相当于焊条的焊芯和药皮。焊丝通常采用 H08、H08A、H08Mn、H15、H15Mn 等低碳钢丝和 45 钢、50 钢等钢丝，也采用可得到更高硬度和耐蚀性的 H2Cr13、H3Cr13、H30CrMnSiA、H3Cr2W8V 合金钢丝。

焊剂主要用来保证电弧稳定燃烧，防止空气侵入熔池而使焊缝金属氧化和氮化；向焊缝补充合金元素，以改善焊缝金属的化学成分和组织；防止焊缝产生裂纹、气体和疏松；减少金属飞溅和烧损等。焊剂的主要化学成分有 MnO、SiO_2、CaF_2、CaO、MgO、Al_2O_3、FeO 等。常用的焊剂有 HJ130、HJ131、HJ230、HJ330、HJ430、HJ433。为改善堆焊层的性能和补充烧损的元素，可在焊剂中加入其他合金元素。

4.1.5.4　埋弧堆焊工艺规范

A　电源的性质和极性

埋弧堆焊多用直流电。直流正接熔深较大，直流反接熔深较小。考虑堆焊过程的稳定性及提高生产率等因素，多采用直流反接。

B　工作电压与工作电流

当采用 $\phi1.5\sim2.2$mm 焊丝堆焊时，其工作电压常为 $22\sim30$V。焊丝含碳量高，电压取较高值；反之，取值低。若电压过低，起弧困难，且堆焊时易熄弧，堆焊层结合强度不高。若电压过高，虽起弧容易，但易出现堆焊层不平整且脱渣困难的情况。

工作电流与焊丝直径的关系为：

$$I = (85 \sim 110)d \tag{4.2}$$

式中　I——工作电流，A；

　　　d——焊丝直径，mm。

C　堆焊速度

堆焊速度一般为 $0.4\sim0.6$m/min，可按下式计算：

$$n = (400 \sim 600)/\pi D \tag{4.3}$$

式中　n——工件转速，r/min；

　　　D——工件直径，mm。

堆焊前先进行试焊，然后根据堆焊层质量进行调整。

D　送丝速度

由于工作电流是由送丝速度来控制的，因此电流确定后送丝速度即可确定。通常送丝速度以调节到工作电流为预定值为宜。当焊丝直径为 $\phi1.6\sim2.2$mm 时，送丝速度为 $1\sim3$m/min。

送丝速度与工件转速的关系为：

$$v = \frac{(4\sim5)\pi Dn}{1000} \tag{4.4}$$

式中　v——送丝速度，m/min；

　　　D——工件直径，mm；

　　　n——工件转数，r/min。

E 堆焊螺距

焊丝的纵向移动速度应使相邻的焊道彼此重叠 1/3 左右，以保证堆焊层平整且无漏焊。堆焊螺距可根据焊丝直径按下式选用：

$$S = (1.9 \sim 2.3)d \tag{4.5}$$

式中 S——堆焊螺距，mm；

  d——焊丝直径，mm。

若堆焊小直径零件，由于渣壳不易冷却，难以脱渣，并且熔化金属冷却较慢，未凝固已随工件的转动而流动，为此，在工艺上可采取两次"走刀"的方法加以解决，它相当于车削双头螺纹。

F 焊丝的伸出长度

根据经验，焊丝从焊嘴伸出的长度约为焊丝直径的 8 倍，通常取 10~18mm。伸出太长，电阻太大，焊丝的熔化速度加快，熔深稍有减少，同时由于焊丝颤动，堆焊层的成形差；若伸出太短，焊嘴离工件太近，易将焊嘴烧坏。

G 焊丝后移量

为避免堆焊圆柱形零件时熔池中的液态金属流失，并延长渣壳对堆焊层的保温时间和渣壳冷却时间，易于除渣，焊丝应从焊件的最高点向零件旋转的反向移一个距离 K，后移量 K 约为工件直径的 8%。

H 工件预热

为防止堆焊层产生裂纹，可将工件预热，预热温度依工件的含碳量而定，如图 4.13 所示。

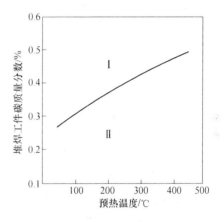

图 4.13 含碳量与预热温度的关系
Ⅰ—有裂纹区；Ⅱ—无裂纹区

4.1.6 钎焊

用低于焊件熔点的金属材料作钎料（填充材料），将焊件和钎料共同加热到高于钎料熔点而低于焊件熔点的温度，钎料熔化润湿焊件的钎焊面，并靠毛细作用填充接头缝隙，经钎料与焊件之间的扩散而形成钎焊接头。与熔化焊相比，焊件加热温度低，变形小，其组织及力学性能变化小；受焊件焊接性的限制少，可连接异种材料；绝大多数金属及合金以及非金属材料都可用钎焊修复。钎焊的缺点是焊缝强度较其他焊接方法低，故适于强度要求不高的零件的裂纹、断裂的修复，尤其适于低速运动零件的研伤、划伤等局部缺陷的修补。

钎焊质量除取决于钎焊方法、钎剂、钎料及保护气氛，很大程度上还取决于钎焊前焊件表面的清洗、接头间隙的控制及焊后处理。

钎焊按温度分为硬钎焊和软钎焊。钎料熔点高于 450℃ 的钎焊称为硬钎焊，低于 450℃ 的钎焊称为软钎焊，相应的钎料分为硬钎料、软钎料；钎剂分为硬钎剂和软钎剂。

常用的软钎料有锡铋合金、铅锡合金、锌镉合金等。硬钎料有铜锌合金、铜磷合金、银基钎料、铝基钎料、镍基钎料等。选用钎料时应考虑以下因素：（1）熔点低于焊件；

（2）与焊件能形成良好的钎焊接头；（3）满足所用钎焊温度及方法的需要；（4）满足接头工作需要，成本低。

常用的软钎剂主要由松香、酒精、三乙醇胺、盐酸乙二胺等有机物及氯化锌、氯化铵、盐酸等组成。硬钎剂主要由硼酸、硼砂、氟硼酸盐、氯化物等组成。

钎剂的主要作用是清除钎料与焊件待焊表面的氧化膜，改善钎料与焊件的润湿，并在钎焊过程中防止再度氧化。对钎剂的要求是熔点低于钎料，有良好的去膜能力和较宽的活化温度范围，不易失效，钎焊后的残渣对焊件的腐蚀性小、且易清除。

4.2   电镀修复法

电镀是在直流电场作用下，利用电解原理，使金属或合金沉积在零件表面上，形成均匀、致密、结合力强的金属镀层的过程。能够导电的溶液称为电解液。在溶液中或熔化状态下能够导电的化合物称为电解质。电解液中的电解质在电场力的作用下被分解的过程称为电解。

4.2.1   电镀修复的特点与应用范围

4.2.1.1   电镀修复的特点

电镀不仅可以修复磨损零件的尺寸，而且可以保持或提高零件的表面硬度、耐磨性及耐蚀性等。镀层与基体结合强度高，镀层金属组织致密，电镀过程是在较低温度（15～105℃）下进行，基体金属的组织与性能不变，零件不会产生变形。通过选择合适的镀层金属，可满足不同性能零件的修复要求，如镀铬可进行耐磨性修复，镀锌可进行保护性修复等。

电镀修复的缺点是镀层不能太厚，因随镀层厚度的增加，镀层的机械性能下降；电镀工艺复杂，修复时间较长，价格也较高。

4.2.1.2   应用范围

目前，电镀工艺主要用于磨损量较小的零件修复，如轴径磨损在 0.6mm 以下，可采用镀铬的方法修复其尺寸，恢复耐磨性。另外，电镀也应用于零件的保护性修复上，如具有耐蚀性要求的零件，可镀锌保护零件不受腐蚀。电镀在其他行业也具有广泛的用途。

4.2.2   常用镀层金属

镀层金属很多，在机械修复中常用的镀层金属有铬、铁、锌、铜等。

4.2.2.1   铬

在纯金属中，铬的硬度是最高的。镀铬层外观为白色镜状（也有黑色、蓝色），硬度 HB 可达 800～1000，比渗碳钢硬度 HB（约 625）高 30% 左右，并能在各种温度下保持其硬度。镀铬层具有良好的化学稳定性和很强的抗强酸、强碱和大气等的腐蚀能力。镀铬层滑动摩擦因数小，铬和轴承合金的摩擦因数为 0.13，与钢的摩擦因数为 0.16，小于钢与钢的滑动摩擦因数 0.2。镀铬层与金属基体结合力强、内应力小，不易脱落和变形。多孔性镀铬还可改善零件的润滑条件，即镀铬后改变电流方向，对阳极进行剥蚀，可在镀层表面产生均匀的点状和网状沟纹，能储存润滑油，改善润滑条件。

镀铬工艺复杂、修复时间长、费用高；镀铬层不能太厚，一般为 0.2~0.3mm，否则会产生脆性和脱落，因此不能修复磨损较大的零件。目前，镀铬多用于提高零件的耐磨性、磨损量小的零件尺寸修复、抗腐蚀及装饰等方面。例如，某轧钢厂对某轧钢模具进行表面镀铬处理，使模具寿命提高 5 倍，生产率提高 2 倍。

4.2.2.2 铁

镀铁层硬度为 180~220HB，经热处理后硬度可达 500~600HB，具有一定抗磨性。镀铁层厚度可达 3~5mm，并可和镀铬配合使用（先镀铁后镀铬），修复磨损量较大的零件，获得高硬度、耐磨性表面。镀铁工艺中使用的原料（铁屑、盐酸）来源广、成本低，镀铁速度快，比镀铬快 10 倍以上。在电镀液中加入糖和甘油等附加物，会使镀层中增碳 1%左右（即镀铁层的"钢化"），可显著提高镀铁层的硬度和耐磨性。

4.2.2.3 锌

金属锌外观为白色，在干燥的空气中较稳定，在潮湿的空气和水中会在表面形成碳酸锌（$ZnCO_3$）和氧化锌（ZnO），具有保护性。锌强度较低，一般不能用来修复耐磨性零件。但锌具有良好的耐蚀性，镀锌层常用作钢铁防锈层，广泛应用于大型钢铁构件、船舶等的防腐。

4.2.2.4 铜

铜具有良好的导电性和抛光性，组织细密，与基体结合牢固，常用作改善零件的导电性以及电镀层的底层、钢铁零件防止渗碳部分的保护层和磨损铜轴瓦的修复。铜在空气中易氧化，不能作为防腐性镀层。

4.2.3 电镀原理及电镀修复工艺

4.2.3.1 电镀原理

最常用的电镀方法是槽镀，即把镀件放在盛有电镀液的镀槽中进行电镀。槽镀技术可靠、质量容易保证、成本低。

如图 4.14 所示，电镀工件（经镀前处理）作为阴极，电镀金属作为阳极（有时也用不溶于电镀液的金属作阳极，如镀铬时用铅作阳极），电镀液为电镀金属化合物以及导电盐、添加剂等，以使电镀液具有良好的导电性、分散能力、稳定性和深镀性等。当两极接通电源（直流电）后，电镀液中的金属离子向阴极（工件）移动，在阴极得到电子，被还原并沉积在阴极表面，成为工件镀层。阳极如用电镀金属，则电镀金属在阳极失去电子，成为离子溶解在电镀液中，补充电镀液中金属离子的浓度。阳极如用不溶解于电镀液的金属，则阳极只有阴离子放电，并有氧气逸出，

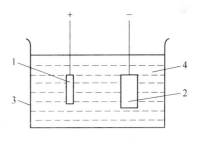

图 4.14 电镀工作原理示意图
1—阳极；2—阴极（工件）；
3—电镀槽；4—电镀液

需要定期往电镀液中加入电镀金属盐、氧化物或氢氧化物补充电镀液中金属离子的消耗，并中和电镀液的酸度。

4.2.3.2　电镀修复工艺

电镀修复工艺主要包括：镀前表面处理、电镀及镀后处理等。

A　镀前表面处理

电镀前应对电镀修复工件进行表面处理。所谓镀前表面处理，就是用机械、物理及化学等方法，去除工件表面的油漆、锈蚀、油脂及污物等，以获得洁净的表面，达到良好的电镀效果。

镀前表面处理一般分为两步：一是表面预处理，二是镀前处理。

a　表面预处理

表面预处理是指用水、毛刷、棉布等初步清除工件上的灰尘、油脂等，然后进行除油、除漆、除锈等。

表面油漆的清理可用机械方法、火焰法、碱液清洗法、溶剂清洗法等去除。表面油脂的清理常用溶剂法、碱液法、乳液法等去除。溶剂法是用汽油、丙酮、乙醇、三氯乙烯、四氯化碳等溶剂进行擦洗、浸洗、蒸汽清洗，其中蒸汽清洗脱脂比较彻底。碱液法只能用于清除动、植物油，而不宜用于清除矿物油，因此，清除油脂时，应在碱液中加入其他成分，如合成洗涤剂。钢铁工件除油脂可采用表 4.6 中配方，根据需要的用量，按表进行配比，在 $80 \sim 100$℃时进行清洗。乳液法是利用乳化作用使油膜在有机溶剂中除去。乳液除油可在常温下进行，且比碱液法除油效率高。乳液除油剂的主要成分为有机溶剂、乳化液、混合溶剂和表面活性剂等，其配方见表 4.7。

<table>
<tr><th colspan="2">表 4.6　碱液除油剂配方</th></tr>
<tr><th>成　分</th><th>质量浓度（成分/水）/g·L^{-1}</th></tr>
<tr><td>Na$_3$PO$_4$</td><td>$25 \sim 35$</td></tr>
<tr><td>Na$_2$CO$_3$</td><td>$25 \sim 35$</td></tr>
<tr><td>合成洗涤剂</td><td>0.75</td></tr>
</table>

<table>
<tr><th colspan="2">表 4.7　乳液除油剂配方</th></tr>
<tr><th>成　分</th><th>含量/%</th></tr>
<tr><td>煤油</td><td>67</td></tr>
<tr><td>松油</td><td>22.5</td></tr>
<tr><td>月桂酸</td><td>5.4</td></tr>
<tr><td>三乙醇胺</td><td>3.6</td></tr>
<tr><td>丁基溶纤剂</td><td>1.5</td></tr>
</table>

除锈方法有手工除锈法、机械除锈法、化学除锈法和电化学除锈法，其目的是去除电镀工件表面的锈蚀和氧化物。手工除锈法是利用手工工具，如砂布（纸）、锉刀、钢丝刷等，对工件打磨进行除锈的方法。机械除锈法是利用机械设备，如钢板除锈机、风动刷、喷砂（丸）机等，去除工件表面锈蚀的方法。

化学除锈法是利用化学反应去除工件表面锈蚀的方法，适用于较复杂的工件。

电化学除锈法是把工件放置于除锈液中，并通直流电，通过电化学反应去除锈层的方法。电化学除锈又分为阳极除锈和阴极除锈两种。阳极除锈是把工件作为阳极（工件接正极），该方法会使工件腐蚀（阳极失去电子，金属成为离子溶解于除锈液），故很少采用。阴极除锈是把工件作为阴极（工件接阴极），通电后氧化铁被还原，同时阴极产生氧气，从而去除锈层。

b　镀前处理

经表面预处理后的工件，表面上往往还有极薄的油膜、氧化物膜和硫化物等，它们的存在影响镀层与工件表面的结合，还需进行镀前处理。以低碳钢（含碳量低于0.35%）挂镀件镀前处理为例，其方法和步骤如下：

（1）阳极清洗：碱液75g/L，电流密度5~10A/dm²，槽电压6V，温度90~100℃，时间1~2min。

（2）冷水漂洗：喷淋，浸入水槽10~15s，出槽时再喷淋。

（3）酸洗：用体积分数为25%~85%的浓盐酸，室温清洗1~2min，去除氧化膜。

（4）冷水漂洗：同（2），但不能用同一水槽。

（5）阳极清洗：同（1），但用另一电镀槽。

（6）冷水漂洗：同（2），但用另一水槽。

经过以上处理的零件，可进行镀铬、铁、铜、锌等。

B　电镀

经镀前处理的零件，应立即进行电镀。电镀液的配方与操作参阅有关电镀工艺手册。电镀时应注意，阴极电流总是集中于镀件边缘棱角及突出表面，使得各表面镀层厚度不均匀，影响电镀质量。为防止这种现象发生，可采取以下措施：

（1）选择分散能力好的电镀液及添加剂。

（2）合理安排镀件与阳极的位置及距离。

（3）设置辅助阴极。

（4）使镀件与电镀液做相对运动。

C　镀后处理

经电镀后的工件，如果其尺寸、表面粗糙度、几何形状、镀层机械性能等达到要求，可不进行机械加工或热处理等。但当镀件尺寸、表面粗糙度、几何形状不满足要求时，应进行机械加工以满足要求，如对镀铬层进行磨削加工，对镀铁层进行热处理及机械加工等。

4.2.4　金属刷镀

金属刷镀也称为涂镀或擦镀，其原理与槽镀原理相同。它是应用电化学的原理，在金属表面局部，有选择地快速沉积金属镀层，从而达到恢复零件尺寸，保护零件和改变零件表面性能的目的。工件的镀层是用浸满镀液的刷镀笔在工件表面刷涂沉积得到的。

4.2.4.1　工作原理

图4.15所示为刷镀工作原理示意图。圆柱形刷镀工件6接阴极，刷镀笔2接阳极，刷镀时，刷镀笔与工件做均匀的相对运动，并周期性地浸蘸（或浇注）专用电镀液。电镀液中的金属离子在电流作用下，不断地还原并沉积在工件表面而形成镀层。由于工件与刷镀笔在接触时发生瞬时放电，因此电流密度要比槽镀大10~20倍，速度比槽镀大几倍到几十倍。

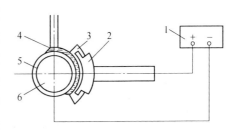

图4.15　刷镀工作原理示意图

1—电源；2—刷镀笔；3—阳极包套；
4—刷镀液；5—刷镀层；6—工件

4.2.4.2　特点

（1）刷镀在低温下进行，基体金属性质几乎不受影响，热处理效果不会改变；镀层具有良好的力学和化学性能，它与基体金属结合强度高于常规的槽镀和金属喷涂；对于铝、铜、铸铁和高合金钢等难以焊接的金属，以及淬硬、渗碳、渗氮等热处理层也可刷镀，不需附加随后的热处理。

（2）工艺适用范围大，同一套设备可以镀不同的金属镀层，也可以由同一种金属获得不同性能的镀层，达到沉积速度快、致密性好、导电率高、内应力小、耐磨性好、镀层光亮或吸水性好等目的。

（3）设备轻便简单，工艺灵活，不需镀槽，工件尺寸不受限制，不拆卸解体就可在现场刷镀修复，操作简便，一般技工经短期培训即可掌握，镀液不需经常或定期化验及调整成分。

（4）经济效益高，镀层厚度误差可控制在±0.01mm，适于修复精密零件，对大型工件和贵重金属零件以及工艺加工复杂的工件尤有价值。刷镀后一般不需要再进行机械加工，修复时间短，维修成本低。

（5）操作安全，对环境污染少。刷镀液一般都不含氰化物和其他剧毒化学药剂，性能稳定，对人体无毒害，排除废液少，储运时不需防火。

4.2.4.3　应用范围

刷镀的应用范围大致归纳为以下几方面：

（1）修复零部件中由于磨损或加工后尺寸超差的那部分，特别是精密零件和量具。如滚动轴承内外座圈的孔和外圆、花键轴的键齿宽度、变速箱体轴承座孔、曲轴轴颈等。

（2）修复大型、贵重零件，如曲轴、机体等局部磨损、擦伤、凹坑、腐蚀、空洞和槽镀产品的缺陷或槽镀难以完成的工作。

（3）机床导轨划伤或研伤的修补，它比选用机械加工、锡铋合金钎焊、金属喷涂、粘接等修复技术效果更佳。

（4）零件表面的性能改善，提高耐磨性和耐腐蚀性。可选择合适的金属镀层作为防腐层；适合其他加工要求的过渡层，如铝、钛和高合金钢槽镀前的过渡层；零件局部防渗碳、渗氢等保护层。

（5）在工艺美术、建筑装修等领域应用。

（6）使用反向电流用于动平衡去重、去毛刺和刻模具等。

但是，刷镀工艺不适宜用在大面积、大厚度、大批量修复，其技术经济指标不如槽镀。它不能修复零件上的断裂缺陷，不适宜修复承受高接触应力的滚动或滑动摩擦表面，如齿轮表面、滚动轴承滚道等。虽然在各个部门应用十分广泛，也取得明显的经济效果，但仍有一定的局限性。

4.2.4.4　主要设备

主要设备包括专用电源（也可用普通直流电源）、不溶性阳极制成的刷镀笔和一些辅助设备。

　　A　专用电源

这是刷镀技术的主要设备。对电源的要求是能输出电压和电流无级可调的直流电，并有平硬的输出外特性，快速过流保护性能。能准确地计算消耗的电量，控制镀层的厚度。

B 刷镀笔

它是主要工具，由导电柄和阳极组成。目前已有大、中、小和回转四种类型。导电柄的作用是连接电源和阳极，用手或机械夹持来移动阳极，做各种规定动作。阳极是工作部分，由不溶性材料制成，通常使用含磷量为99.7%以上的高纯石墨制成。阳极的表面要包装一层脱脂棉，其作用是为了储存镀液和防止阳极与工件直接接触而产生电弧，烧伤工件。为适应不同工件形状和特殊需要，可把阳极设计成各种专门形状规格。为保证刷镀质量，避免镀液相互污染，阳极必须专用，一个阳极只用于一种镀液。

4.2.4.5 镀液

镀液是刷镀过程中的主要物质条件，对刷镀质量有关键性的影响。按其作用可分为四类：预处理溶液、金属刷镀溶液、退镀溶液和钝化溶液。常用的是前两种。

A 预处理溶液

它用于刷镀前对工件进行表面处理，包括清洗油污和杂质，清除金属表面氧化膜和疲劳层。该类溶液又分为电净液和活化液两种。

（1）电净液：呈碱性，在电流作用下具有较强的去油污能力，同时也有轻度的去锈能力，适用于所有金属基体的净化。常用的是无色透明的碱性水溶液。

（2）活化液：呈酸性，具有去除金属表面氧化膜的能力，可保证镀层与基体金属间有强的结合力。不同基体金属应选不同的活化液。

B 金属刷镀溶液

这类溶液多为有机络合物水溶液，其金属含量高，沉积速度快。金属刷镀溶液的品种很多，按获得镀层成分可分为单金属和合金刷镀液；根据镀液酸碱程度分为碱性和酸性。碱性镀液其镀层致密，对边角、裂缝和盲孔部位有较好的刷镀能力，不会损坏旁边的镀层和基体，能适用于各种金属材料，但沉积速度慢。酸性镀液的沉积速度快，但它对基体金属有腐蚀性，故不宜用于多孔的基体（如铸铁等）及易被酸浸蚀的材料（如锌和用等）。除镀镍溶液外，大多数使用中性或碱性镀液。

刷镀溶液一般按待修零件对镀层性能要求选择。如需要快速修复尺寸，常用钢、镍和钴等镀液；要求表面有一定硬度和耐磨性，则用镍、镍-钨合金等镀液；要求表面防腐蚀，可用镍、镉、金和银等镀液；需要镀层有良好导电性，用铜、金和银等镀液；要求改变表面可焊性，用锡和金等镀液。

4.2.4.6 刷渡工艺

A 镀前准备好电源、镀液和镀笔

对工件表面进行预加工，去除毛刺和疲劳层，并获得正确的几何形状和较低的表面粗糙度（$Ra \leq 3.2\mu m$）。当修补划伤和凹坑等缺陷时，还需进行修整和扩宽。对油污严重的工件，应预先进行全面除油。对锈蚀严重的工件还应进行除锈。

B 电净处理

它是对工件欲镀表面及其邻近部位用电净液进行精除油。电净时，工作电压为4～20V，阴阳极相对运动速度为8～18m/min，时间30～60s。电净后，用清水将工件冲洗干净。电净的标准是水膜均摊。

C 活化处理

它是用活化液对工件表面进行处理，以去除氧化膜和其他污物，使金属表面活化，提高镀层与基体的结合强度。活化时间 60s 左右，活化后用清水将工件冲洗干净。不同的金属材料需选用不同的活化液及其工艺参数。活化的标准是达到指定的颜色。

D 镀底层

在刷镀工作层前，首先刷镀很薄一层（$1 \sim 5 \mu m$）特殊镍、碱铜或低氢脆镉作底层，提高镀层与基体的结合强度，避免某些酸性镀液对基体金属的腐蚀。

E 刷镀工作层

它是最终镀层，应满足工件表面的力学、物理和化学性能要求。为保证镀层质量，需合理地进行镀层设计，正确选定镀层的结构和每种镀层的厚度。当镀层厚度较大时，通常选用两种或两种以上镀液，分层交替刷镀，得到复合镀层，这样既可迅速增补尺寸，又可减少镀层内应力，保证镀层质量。若有不合格镀层部分可用退镀液去除，重新操作，冲洗、打磨、再电净和活化。

F 镀后处理

刷镀后工件用温水彻底清洗、擦干、检查质量和尺寸，需要时需机械加工。剩余镀液过滤后分别存放，阳极、包套拆下清洗、晾干、分别存放，下次对号使用。

影响刷镀质量的主要因素有工作电压、电流、阴阳极相对运动速度、镀液和工件温度、被镀表面的湿润状况以及镀液的清洁等。

4.2.5 化学镀镍

化学镀镍以其优良的镀层性能，如硬度高、耐磨性、耐蚀性优异等，得到广泛的应用。化学镀镍不仅应用于计算机的硬磁盘、石油机械、电子、汽车工业、办公机器以及机器制造工业，而且在维修行业中用于磨损零件的修复。

化学镀镍具有以下特点：

（1）溶液稳定性好，可以循环使用；

（2）沉积速度快，生产效率高；

（3）镀层外观光亮，具有镜面光泽；

（4）镀层防腐性能高；

（5）对复杂零件具有优异的均镀能力；

（6）镀层孔隙率低；

（7）操作简单，使用方便。

以钢制轴杆（打印机、扫描机、复印机等）的化学镀镍为例，其工艺过程如下：化学除油→电解除油→热水清洗→流水清洗两次→酸洗→流水清洗两次→去离子水→中（高）磷光亮化学镀镍→清洗→钝化→烘干→检验→包装。

最近几年，光亮化学镀镍工艺获得许多电镀厂的青睐，发展较快，也开始在机械维修行业中应用。

4.3 粘接修复法

粘接是利用黏结剂把两个分离、断裂或磨损的零件进行连接、修复或补偿尺寸的一种工艺方法。目前，它以快速、牢固、节能、经济等优点代替了部分传统的铆、焊及螺纹连接等工艺。

4.3.1 粘接修复特点

（1）粘接温度低。粘接时温度低，不产生热应力和变形，不改变基体金相组织，密封性好，接头的应力分布均匀，不会产生应力集中现象，疲劳强度比焊、铆、螺纹连接高3~10倍，接头质量轻，有较好的加工性能，表面光滑美观。

（2）粘接工艺简便易行。一般不需复杂的设备，黏结剂可随机携带，使用方便，成本低、周期短，便于推广应用，适用范围广，几乎能连接任何金属和非金属、相同的和不同的材料，尤其适用于产品试制、设备维修、零部件的结构改进。对某些极硬、极薄的金属材料、形状复杂、不同材料、不同结构、微小的零件采用粘接最为方便。

（3）黏结剂优点。黏结剂具有耐腐蚀、耐酸、碱、油、水等特点，接头不需进行防腐、防锈处理，连接不同金属材料时，可避免电位差的腐蚀。黏结剂还可作为填充物填补砂眼和气孔等铸造缺陷，进行密封补漏，紧固防松，修复已松动的过盈配合表面。还可赋予接头绝缘、隔热、防振以及导电、导磁等性能，防止电化学腐蚀。

（4）粘接存在的不足。粘接有难以克服的许多不足之处，如不耐高温，一般只能在300℃以下工作，粘接强度比基体强度低得多。黏结剂性质较脆，耐冲击力较差，易老化变质，且有毒、易燃，某些黏结剂需配制和调制，工艺要求严格，粘接工艺过程复杂，质量难以控制，受环境影响较大，分散性较大，目前还缺乏有效的非破坏性质量检验方法。

4.3.2 粘接修复原理

4.3.2.1 机械连接理论

从微观上看，任何物体表面都是粗糙的、多孔的，粘接时，各种黏结剂渗入到物体的孔隙中，固化后形成无数微小的"销钉"将两个物体镶嵌在一块，起到机械固定作用。

4.3.2.2 物理吸附理论

任何物质分子之间都存在着物理吸附作用，这种力虽然弱，但由于分子数目多，总的吸附力还是很强的。当物质分子接触得越紧密、越充分时，物理吸附力就越大。但这种理论无法解释某些非极性高分子聚合物，如聚异丁烯和天然橡胶等之间具有很强的黏附现象。

4.3.2.3 扩散理论

黏结剂的分子成键状结构且在不停地运动。在粘接过程中，黏结剂的分子通过运动进入被粘物体的表层。同时，被粘物体的分子也会进入黏结剂中。这样相互渗透、扩散，使黏结剂和被粘物体之间形成牢固地结合。

4.3.2.4 化学键理论

黏结剂与被粘物体表面之间通过化学作用，形成化学键，从而产生紧密的化学结合。当环氧、酚醛等树脂与金属铝表面粘接时，就有化学键形成。

实际上，黏结剂与被粘接物体之间的黏合是由机械连接、物理吸附、分子间互相扩散与化学键等多种形式综合作用的结果。

4.3.3 黏结剂

黏结剂简称胶。它是由基料、增塑剂、固化剂、填料和溶剂等配制而成。黏结剂的种类很多，分类方法也不一样。按基料的化学成分分为：（1）无机黏结剂，主要有硅酸盐、硼酸盐、磷酸盐；（2）有机黏结剂，主要有天然胶，如动物胶、植物胶；合成胶，如树脂胶、橡胶型和混合型。

4.3.3.1 无机黏结剂

在维修中应用的无机黏结剂主要是磷酸-氧化铜黏结剂。它由两部分组成，一部分是氧化铜粉末；另一部分是磷酸与氢氧化铝配制的磷酸铝溶液。这种黏结剂能承受较高的温度（600~850℃），黏附性能好，抗压强度达90MPa、套接抗拉强度达50~80MPa、平面抗拉强度为8~30MPa，制造工艺简单，成本低。但性脆、耐酸和碱的性能差。可用于粘接内燃机缸盖进排气门座过梁上的裂纹、硬质合金刀头、套接折断钻头、量具等。

4.3.3.2 有机黏结剂

由高分子有机化合物为基础组成的黏结剂称有机黏结剂。常用的有环氧树脂和热固性酚醛树脂。

A 环氧树脂

它是因分子中含有环氧基而得名。环氧基是一个极性基团，在黏结中与某些其他物质产生化学反应而生成很强的分子作用力。因此，它具有较高的强度，黏附力强，固化后收缩小、耐磨、耐蚀、耐油，绝缘性好，适合于工作温度在150℃以下，是一种使用最广泛的黏结剂。

环氧树脂种类很多，最常用的是高环氧值、低、中分子量的双酚A型环氧树脂。它的黏度较低，工艺性好，价格低廉，在常温下具有较高的胶接强度和良好耐各种介质的性能。

B 热固性酚醛树脂

热固性酚醛树脂也是一种常用的胶料，其黏附性很好，但脆性大、机械强度差，一般用其他高分子化合物改性后使用，例如与环氧树脂或橡胶混合使用。

此外，还有一种是厌氧密封胶。它是由甲基丙烯酸脂或丙烯酸双脂以及它们的衍生物为黏料，加入由氧化剂或还原剂组成的催化剂和增调剂等组成。由于丙烯酸脂在空气或氧气中有大量的氧的抑制作用而不易聚合，只有当与空气隔绝时，在缺氧的情况下才能聚合固化，因此称厌氧胶。厌氧胶黏度低，不含溶剂，常温固化，固化后收缩小，能耐酸、碱、盐以及水、油、醇类溶液等介质，在机械设备维修中可用于螺栓紧固、轴承定位、堵塞裂隙、防漏，但它不适宜粘接多孔性材料和间隙超过0.3mm的缝隙。

4.3.4 粘接修复工艺

粘接的工艺过程大致如下：根据被粘物的结构、性能要求及客观条件，确定粘接方案，选用黏结剂；按尽可能增大粘接面积，按提高粘接力的原则设计粘接接头；对被粘表面进行处理，包括清洗、除油、除锈、增加微观表面粗糙度的机械处理和化学处理；调制黏结剂；涂黏结剂，厚度一般为0.05~0.2mm，要均匀薄涂；固化，要掌握固化温度、压力和保持时间等工艺参数；检验抗拉、抗剪、冲击和扯离等强度，并修整加工。

粘接工艺要点有：

（1）黏结剂的选用。目前市场上供应的黏结剂没有一种是"万能胶"。选用时必须根据被粘物的材质、结构、形状、承受载荷的大小、方向和使用条件以及粘接工艺条件的可能性等，选择适用的黏结剂。被粘物的表面致密、强度高，可选用改性酚醛胶、改性环氧胶、聚氨酯胶或丙烯酸酯胶等结构胶；橡胶材料粘接或与其他材料粘接时，应选用橡胶型黏结剂或橡胶改性的韧性黏结剂；热塑性的塑料粘接可用溶剂或热熔性黏结剂；热固性的塑料粘接，必须选用与粘接材料相同的黏结剂；膨胀系数小的材料，如玻璃、陶瓷材料自身粘接，或与膨胀系数相差较大的材料，如铝等粘接时，应选用弹性好、又能在室温固化的黏结剂；当被粘物表面接触不紧密、间隙较大时，应选用剥离强度较大而有填料的黏结剂。

（2）接头设计。接头的受力方向应粘接强度的最大方向上，尽量使其承受剪切力。接头的结构尽量采用套接、嵌接或扣合连接的形式。接头采用斜接或台阶式搭接时，应增大搭接的宽度，尽量减少搭接的长度。接头设计尽量避免对接形式，如条件允许时，可采用粘—铆、粘—焊、粘—螺纹连接等复合形式的接头。接头的结构设计目前尚没有准确的计算方法与标准模式，在实践中对重要的零件粘接应进行模拟试验。几种粘接接头形式对比示意图如图 4.16 所示。

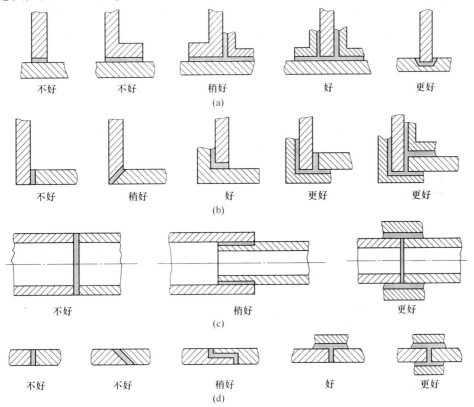

图 4.16　几种粘接接头形式对比示意图

（a）垂直粘接；（b）角粘接；（c）圆环粘接；（d）水平粘接

（3）表面处理。它是保证粘接强度的重要环节。一般结构粘接，被粘物表面应进行预加工，例如用机械法处理，表面粗糙度 $R_a = 12.5 \sim 25 \mu m$；用化学法处理，表面粗糙度 $R_a = 3.2 \sim 6.3 \mu m$。表面处理后，表面清洗与粘合的时间间隔不宜太长，以避免沾污粘接的表面。表面处理与清洗效果，决定于被粘物的材质和选用的清洗剂，要正确选用。

（4）粘合。按黏结剂的状态（液体、糊状、薄膜、胶粉）不同，可用刷涂、刮涂、喷涂、浸渍、粘贴或滚筒布胶等方法。胶层厚度一般控制在 $0.05 \sim 0.35 mm$ 为最佳，要完满、均匀。

（5）固化。加压是为了挤出胶层与被粘物之间的气泡和加速气体挥发，从而保证涂层均匀。加温要根据黏结剂的特性或规定选定温度，并逐渐升温使其达到黏结剂的流动温度。同时，还需保持一定的时间，才能完成固化反应。因此，温度是固化过程的必要条件，时间是充分条件。固化后要缓慢冷却，以免产生内应力。

（6）质量检验。检查粘接层表面有无翘起和剥离现象，有无气孔和夹空，是否固化。一般不允许做破坏性试验。

（7）安全防护。大多数黏结剂固化后是无毒的，但固化前有一定的毒性和易燃性。因此在操作时应注意通风、防止中毒、发生火灾。

4.3.5　应用范围

由于粘接有许多优点，随着高分子材料的发展，新型黏结剂的出现，粘接在维修中的应用日益广泛。尤其在应急维修中，更显示其固有的特点。

（1）用于零件的结构连接。如轴的断裂、壳体的裂纹、平面零件的碎裂、环形零件的裂纹与破碎，皮带运输机皮带的粘接等。

（2）用于补偿零件的尺寸磨损。例如机械设备的导轨研伤粘补以及尺寸磨损的恢复，可采用粘贴聚四氯乙烯软带、涂抹高分子耐磨胶粘剂、101 聚氨酯胶粘接氟塑料等。

（3）用于零件的防松紧固。用胶粘替代防松零件如开口销、止动垫圈、锁紧螺母等。

（4）用于零件的密封堵漏。铸件、有色金属压铸件，焊缝等微气孔的渗漏，可用黏结剂浸渗密封，现已广泛应用在发动机的缸体、缸头、变速箱壳体、泵、阀、液压元件、水暖零件以及管道类零件螺纹连接处的渗漏等。

（5）用粘接替代过盈配合。如轴承座孔磨损或变形，可将座孔镗大后粘接一个适当厚度的套圈，经固化后镗孔至尺寸要求；轴承座孔与轴承外圈的装配，可用粘接取代压配合，这样避免了因过盈配合造成的变形。

（6）用粘接替代焊接时的初定位，可获得较准确的焊接尺寸。

（7）用粘接替代离心浇铸制作滑动轴承的双金属轴瓦，既可保证轴承的质量，又可解决中小企业缺少离心浇铸专用设备的问题，是应急维修的可靠措施。

4.4　金属电喷涂修复法

零件的金属电喷涂修复是利用热能把金属（丝、粉）熔化，并用高压气体把熔化的金属液吹散成微小颗粒，高速喷射在处理好的工件上，形成具有一定附着力和机械性能的金属层。根据熔化金属的方式不同，喷涂分为电弧喷涂、火焰喷涂、等离子喷涂等。其中，金属电弧喷涂（电喷涂）设备简单，操作方便，目前应用广泛。

4.4.1　金属电喷涂的原理与设备

4.4.1.1　金属电喷涂的原理

图 4.17 所示为金属电喷涂工作原理图。两根喷涂金属丝 1 通过送料机构 3 并穿过导向管 4 与高压气体喷嘴处的 a 点接触。通电后，送料机构 3 连续地将金属丝送进，并使两根金属丝在 a 点接触，由于 a 点的接触电阻最大，因此 a 点的金属丝被熔化，熔化的金属液被从中间的喷嘴 5 喷出的高压气体（0.6~0.8MPa）吹成雾状的微粒（15~20μm），以很高的速度喷射在零件 6 的表面上，形成结合紧密的喷涂层。

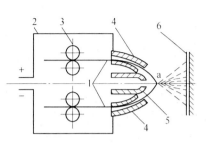

图 4.17　金属电喷涂工作原理
1—金属丝；2—导线；3—送料机构；
4—导向管；5—喷嘴；6—零件

4.4.1.2　金属电喷涂设备

如图 4.18 所示，金属电喷涂设备主要有喷枪、控制柜、钢丝盘、电源、压缩空气装置（空气压缩机、储气罐、油水分离器和空气过滤器等）。喷枪起弧电源为直流电源，常用直流电焊机作起弧电源，凡是电压在 30~50V、电流在 100~800A 的直流电焊机均可。送料驱动机构的电动机采用单相交流电动机。空气压缩机产生喷射用高压气体，压缩空气的压力为 0.6~0.8MPa，压缩空气通过储气罐、油水分离器以及空气过滤器后，其中的油水和灰尘等杂质被去除，以保证其质量，提高喷涂层结合力。储气罐必须有一定的体积，一般应大于空气压缩机 0.5min 的排气量，以维持供需平衡和消除压力脉动现象。

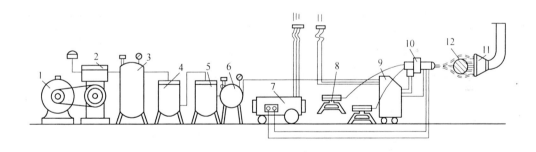

图 4.18　金属电喷涂设备
1—电动机；2—空气压缩机；3，6—储气罐；4—油水分离器；5—空气过滤器；7—直流电焊机；
8—钢丝盘；9—控制柜；10—喷枪；11—吸尘罩；12—工件

4.4.2　金属喷涂层的主要性质

金属喷涂层的机械性质主要是指喷涂层的多孔性，喷涂层与基体的结合强度，喷涂层的强度、硬度和耐磨性等。

4.4.2.1　喷涂层的多孔性

喷涂层微粒之间以机械方式结合，其间隙较大，如电弧喷涂时，间隙一般为喷涂层体积的 5%～15%，组织不致密。有时，间隙的存在是有益的，如可以储存润滑油，改善润滑条件，增加散热面积等；有时是有害的，如用于密封、防腐时，间隙的存在会使密封不严，加快腐蚀等。如果喷涂层不允许有间隙，必须在热喷涂后用高熔点的蜡类、抗蚀性和减磨性能好且不溶于润滑油的合成树脂，如采用环氧树脂、酚醛树脂等进行封闭处理，以填充封闭喷涂层间隙。

4.4.2.2　喷涂层与基体的结合强度

喷涂层与基体之间以机械方式结合，结合强度较低，如抗拉强度只有 20MPa 左右，只是电焊、电镀的几十分之一。为提高喷涂层与基体的结合强度，喷涂前应对工件进行表面处理，清洁、干燥，粗糙的表面结合强度高。清洁处理是用机械或化学的方法除去工件表面的油污、氧化层等。粗糙处理可以采用在工件表面车沟纹、滚压等方法，使工件表面粗糙化，提高结合强度。

喷涂层的冷却收缩对结合强度有一定的影响。如喷涂圆柱形零件时，喷涂层冷却收缩受工件的限制而不能自由地收缩，在喷涂层内产生拉应力，对工件则产生压应力，有助于提高喷涂层与工件的结合强度。但是，当喷涂层温度过高或厚度过大时，过多的收缩使喷涂层内的拉应力过大，当超过其本身的抗拉强度时，会产生裂纹而报废。这时，就应对工件进行适当的预热，一般预热到 100～250℃，马上进行喷涂，以使喷涂层和基体同时收缩，避免裂纹的产生。

4.4.2.3　喷涂层的强度和硬度

喷涂层微粒之间同样是以机械方式结合的，致密性差，具有多孔性，因此结合强度不高，不能承受点、线接触载荷和较大的冲击载荷。

喷涂层的硬度与喷涂金属丝的材料有关。对于碳钢，喷涂层的硬度随含碳量的增加而提高，具体见表 4.8。喷涂层硬度是比较高的，因为在喷涂过程中，炽热的金属液被高压气体吹散成微粒喷射在工件表面，冷却速度很快，具有淬火作用，喷涂层组织为马氏体、屈氏体和索氏体，使喷涂层硬度提高。另外，金属微粒在喷射过程中的撞击产生冷作硬化，也提高了喷涂层的硬度。

表 4.8　金属丝含碳量对喷涂层硬度的影响

含碳量/%	金属丝硬度（HB）	喷涂层硬度（HB）	含碳量/%	金属丝硬度（HB）	喷涂层硬度（HB）
0.1	104	192	0.62	194	267
0.45	158	230	0.80	230	318

4.4.2.4　喷涂层的耐磨性

材料硬度越高，耐磨性越好。但对喷涂层而言，由于其微粒的结合为机械结合，结合强度较低，因此在干摩擦或跑合阶段耐磨性较差，磨损较快，磨粒还会加速磨损，甚至有可能堵塞油孔造成事故。但在稳定磨损阶段和良好润滑的条件下，由于喷涂层多孔的储油性改善了润滑条件，喷涂层本身硬度也高，因此喷涂层具有良好的耐磨性。

4.4.3　金属电喷涂的应用

金属电喷涂应用广泛，喷涂工艺不受工件材质的限制，不仅可以在金属表面上喷涂，而且可以在非金属材料（塑料、陶瓷、木材等）表面进行喷涂。

金属电喷涂常用于工件的表面保护、零件的磨损修复以及改善零件的性能等。

4.4.3.1　工件的表面保护

为防止钢铁材料的氧化腐蚀，可在工件表面喷涂铝、镍铬合金等。

在钢铁材料表面喷涂铝，可大大提高材料的抗氧化、抗腐蚀能力（因为喷涂铝的表面形成一层致密的氧化膜 Al_2O_3，具有很强的抗大气腐蚀和抗高温腐蚀能力）。喷涂铝（0.1~0.2mm）可在500℃的高温下不被氧化。如果喷铝后再涂煤膏沥青溶液，烘干后经800~900℃加热扩散，可耐900℃高温。喷涂铝可用于户外的机器、容器以及高温工作下机器等的抗氧化、腐蚀保护。

喷涂镍铬合金，可使金属基体在1000℃高温下不受氧化腐蚀。用镍铬合金金属丝（镍60%~80%，铬15%~20%，铁小于25%）喷涂防腐金属表面0.375mm，并刷涂含有铝粉颜料（10%~20%）的煤膏沥青溶液，烘干后经1050~1150℃加热扩散，可保护基体在1000℃的高温下不被氧化。

4.4.3.2　零件的磨损修复

根据零件的技术要求和使用性能，对磨损零件的磨损部位喷涂满足要求的金属，可恢复零件的原有尺寸，并可通过机械加工满足使用要求。

喷涂碳钢材料可修复一般碳钢零件的磨损，如一般轴类零件的轴颈磨损；喷涂不锈钢材料可获得较高硬度、耐磨和耐蚀性表面；同时喷涂两种材料可获得类似合金层的表面，如选用铝、铅两种金属丝喷涂轴套，可获得耐磨性能较好地轴承合金。

4.4.3.3　改善零件的性能

在钢铁材料上喷涂减磨材料，可以代替同种材料制成的零件或改善零件的摩擦性能。例如，在铸铁基体上喷涂铝青铜，可代替整体铸造的青铜件，如大型滑动轴承的制造；在工件上喷涂多孔的不锈钢层 $50\mu m$，再用压缩空气喷涂水基聚四氟乙烯弥散液，室温干燥，370℃固化处理，复合层具有抗爬行、摩擦因数小、高温稳定、耐腐蚀和不老化等特点，可用于改善导轨的摩擦性能。

4.5　修复层的表面强化

机械零件的失效大多发生于零件表面，因此提高零件的表面性能，对延长零件的使用寿命至关重要。目前，应用于修复层强化的表面强化新技术有喷丸强化、激光表面处理、离子氮碳共渗、真空熔接、滚压强化等技术。

4.5.1　喷丸强化技术

喷丸强化的过程是将大量高速运动的弹丸喷射到零件表面上，使金属材料表面产生剧烈的塑性变形，从而产生一层具有较高残余压应力的冷作硬化层，即喷丸强化层，其深度为0.3~0.5mm，它能显著地提高零件在室温及高温下的疲劳强度和抗应力腐蚀性能，能抑制金属表面疲劳裂纹的形成及扩展。选择合理的喷丸强化工艺可以使结构钢、高强度钢、铝合金、钛合金、镍基或铁基热强合金等材料的疲劳强度得到显著提高。凡承受循环

（交变）载荷或在腐蚀环境中承受恒定载荷的零件，如弹簧类、齿轮类、叶片类、轴类、链条类等均可通过喷丸强化技术提高使用寿命。

喷丸强化用的弹丸材料可分为黑色金属、有色金属及非金属材料，常用的有钢丸、铸铁丸、玻璃丸、不锈钢丸、硬质含金丸等。弹丸必须满足以下要求：近似球形、实心无尖角；具有一定的冲击韧性和较高的硬度。弹丸直径一般为 0.05～15mm，弹丸越细获得的零件表面粗糙度越小，反之越高。黑色金属零件用钢丸、铸铁丸或玻璃丸，有色金属零件应避免采用钢丸或铸铁丸，以免零件表面与附着的铁粉产生电化学反应。喷丸强化过程中，决定强化效果的工艺参数有：弹丸直径、弹丸硬度、弹丸速度、弹丸流量及喷射角度，通常采用喷丸强度和表面覆盖率来评定喷丸强化的效果。常用喷丸强化方法有风动旋片式和机械离心式喷丸。

4.5.2　激光表面强化处理技术

利用激光特有的极高的能量密度、极好的方向性、单色性和相干性的特点，对零件表面进行强化处理，可以改变金属零件表面的微观结构，提高零件的耐磨性、耐腐蚀性及抗疲劳性。激光表面强化处理技术与其他热处理方法相比，具有适用材料广、变形小、硬化均匀、快速、硬度高、硬化深度可精确控制等优点。常用的激光表面强化处理方法有：激光表面固态相变硬化、激光"上光"、激光表面涂敷、激光表面合金化。

4.5.2.1　激光表面固态相变硬化

具有固态相变的合金（如碳钢、灰铸铁及大部分合金）在高能激光束的作用下，使金属表面的温度迅速升到奥氏体转变温度，激光扫描过后，工件表层温度快速冷却，如同淬火，在 0.1～1mm 表层内获得超细化的马氏体，硬度比普通淬火高 15%～20%，而且只是表层受热，零件热变形很小。用于处理导轨、曲轴、气缸套内壁、齿轮、轴承圈等，效果十分明显。

4.5.2.2　激光表面合金化

根据对零件表面性能的要求，选择适当的合金元素涂抹于零件表面，利用高能激光束进行加热，使合金元素和基体表层同时熔化，在表层形成一种新的合金材料，这样，可以在低性能材料上对有较高性能要求的部位进行表面合金化处理，以提高耐磨性、耐腐蚀性、耐冲击性等性能。它比渗碳、渗氮、气相沉积等方法处理周期要短得多。

4.5.2.3　激光表面涂敷

激光表面涂敷是将粉末状涂敷材料预先配制好并粘结在需要处理的部位上，用高功率密度的激光加热，使之全部熔化，同时使基体表面微熔，激光束移开后，表面迅速凝结，从而形成与基体金属牢固结合的具有特殊性能的涂敷层。该工艺可在价格低廉的金属材料上覆盖一层具有特殊性能的材料，与热喷涂、电镀等工艺相比较，操作简单、加工周期短、节省材料。例如，在刀具上涂覆碳化钨或碳化钛、阀门上涂覆 Co-Ni 合金等，即可满足性能要求，又可节约大量高性能材料。

4.5.2.4　激光"上光"

用高能量的激光束使具有固态相变的金属表层快速熔化，激光移开后，熔化金属快速凝固获得超细的晶体结构，熔合表层原有的缺陷和微裂纹，有利于提高抗腐蚀性能和抗疲劳性能，特别对铸件效果十分明显。如柴油机铸铁缸套外壁经激光"上光"处理后，表面铸态结构变成超细马氏体和渗碳体的混合结构，大大提高了抗蚀能力。

利用激光表面强化技术处理零件，由于强化层不仅有较高的耐磨性，而且强化过程中零件变形非常小，因此该工艺可安排在精加工后进行，同时还可对盲孔底部、深孔侧壁等零件进行表面强化处理。以解决其他热处理工艺不易解决的难题。

4.5.3　离子氮碳共渗

（1）炉内气氛：一般采用丙酮和氨混合气体，以丙酮∶氨＝1∶9～2∶8为宜。

（2）温度：加热温度一般为600℃±20℃。硬度要求高的零件取较高的温度；要求变形小的零件取较低温度，也可选用520～560℃；高速钢刀具宜在540℃以下处理；要求离子氮碳共渗层厚的低碳钢、铸铁及合金钢取较高温度，即620℃左右。

（3）保温时间：含碳及合金元素较高的材料，其渗扩速度较慢，如中高碳钢、中高碳合金钢、高镍铬钢、奥氏体耐热钢等保温时间为4h左右；工具钢保温2h左右；单纯防腐及高速钢刀具保温1h即可。

（4）冷却速度：随炉冷却到150～200℃出炉后空冷。

4.5.4　电火花表面强化技术

电火花表面强化工艺是通过电火花的放电作用把一种导电材料涂敷熔渗到另一种导电材料的表面，从而改变后者表面的性能。如把硬质合金材料涂到用碳素钢制成的各类刀具、量具及零件表面，可大幅提高其表面硬度（硬度HRC可达70～74）、增加耐磨性、耐腐蚀性，提高使用寿命1～2倍。因此，电火花表面强化技术可用于上述各类零件的表面强化和磨损部位的修补。

4.5.4.1　基本原理

金属表面电火花强化的原理是：在电极与工件之间接直流或交流电，振动器使电极与工件之间的放电间隙频繁发生变化并不断产生火花放电，经多次放电并相应移动电极的位置，就使电极材料熔结覆盖在工件表面上，从而形成强化层。金属零件表面之所以能够强化，是由于在脉冲放电作用下，金属表面发生超高速淬火、渗氮、渗碳及电极材料的转移四个方面的物理化学变化。

（1）超高速淬火：电火花放电使工件表面极小面积的金属熔化。由于放电时间很短暂，而被加热的金属周围是大量的冷金属，因此被加热金属急速冷却下来，形成了超高速淬火。

（2）渗氮：电火花放电区域内，空气中的氮分子被电离，它和熔化的金属中的有关元素化合成高硬度的金属氮化物，如氮化铁、氮化铝等。

（3）渗碳：来自石墨电极或周围介质中的碳元素因融于熔化的金属中而形成碳化物，如碳化铁、碳化铝等。

（4）电极材料的转移：在压力和电火花放电的条件下，电极材料接触转移到工件金属熔化表面，有关金属合金元素（W、Ti、Cr等）迅速扩散到金属表面，形成强化层。

电火花表面强化层的金相组织变化、强化层厚度、硬度及耐磨性、耐腐蚀性等均与电极材料、工件材料及强化条件有关。

4.5.4.2　电火花表面强化的特点

（1）强化在空气介质中进行，不需要特殊复杂的处理装置和设施。

（2）可用于机械零件、工模夹具、量具、刃具的局部表面处理，强化前不需经过特殊预处理。

（3）强化时，可根据工件表面的不同要求选择适当的电极材料，以提高表面硬度，增强耐磨性、耐腐蚀性。

（4）强化层厚度可以通过电气参数和强化时间进行控制。

（5）强化过程变形非常小，因此可安排为末道工序。

（6）由于有一定的强化层厚度，因此电火花表面强化既可用于提高零件的硬度及耐磨性，又可用于磨损件的修复。

复习思考题

4-1　机械零件的常用的修复工艺手段有哪些，在选择修复工艺时应考虑哪些因素？

4-2　零件焊修的特点是什么？

4-3　焊修前，焊修部位的处理包括哪些内容？

4-4　焊修过程中减小焊修应力的方法有哪些？

4-5　如何减小和防止焊修零件的变形？

4-6　零件变形矫正的方法有哪些？

4-7　电镀修复的特点是什么？

4-8　说明电镀修复常用金属镀层的性质及用途。

4-9　刷镀的主要特点是什么？

4-10　简述金属电喷涂的工作原理。

4-11　简述金属喷涂层的主要性质。

4-12　金属电喷涂在维修中主要应用在哪些方面？

4-13　粘接修理法同其他方法相比的优势是什么，最适合的修理什么类型的零件？

5 通用零件的维修与装配

本章提要：通用零件是指能在各种机器中广泛使用的零件。比如常见的轴类零件、轴承类零件、齿轮类零件，本章着重对这些通用零件的拆解、维修、装配等工艺进行详细介绍。

机器在长时间的运转后，因零部件之间存在相互运动，产生磨损和损坏，致使原有的配合性质发生改变，甚至破坏，使机器工作精度下降或发生故障，严重时会导致机器丧失工作能力。因此，对出现故障的零件进行维修或更换，是保证设备正常运转的手段之一。

5.1 维修前的准备工作

机械设备在维修前应进行有关准备工作。它包括：技术准备、组织准备、拆卸、清洗、检验等。这些工作必须按机械设备的结构特点、技术性能要求、需要修复或更换零部件的情况以及本单位的具体条件，依照一定的计划、方法和步骤，选用合适的工具及设备进行。

5.1.1 技术准备

技术准备主要是为维修提供技术依据。重点是准备完整的技术资料，包括机器的装配图与零部件图、机器安装图、相关技术标准及使用说明书等。依此分析、研究、掌握机器的结构特点，明确各零部件之间的装配方式、配合状态，分清可拆件和不可拆件，并确定拆卸方法和拆卸方案。通常，机械中的螺纹、键、销连接以及间隙配合、过渡配合和过盈量不大的过盈配合连接均属于可拆连接，但过盈配合连接的过盈量较大时，一般不拆；凡是焊接、铆接、扩口和冷冲卷边均属于不可拆连接。

在图册准备中要注意：有些机械设备由有关部门出版或编制的现成图册可直接选用，而没有现成图册的则需由自己进行编制。图册内容应包括：主要技术数据；原理图、系统图；总图和重要部件装配图；备件或易损件图；安装地基图；标准件和外购件目录；重要零件的毛坯图等。

在确定维修工作类别时要按维修工作量的大小、内容和要求，明确和划分大修、中修、小修、项修以及计划外维修等。

要根据机械设备的使用情况和本单位的具体条件安排好年度维修计划。

总之，做好维修前的技术准备工作是保证维修质量、缩短维修时间、降低维修费用的重要因素。

5.1.2　组织准备

维修工作的组织形式和方法是否恰当，会直接影响维修质量、生产效率和费用成本。因此，必须根据需要，结合本单位的维修规模、机械设备情况、技术水平、承修机械设备的类型以及材料供应等具体条件，全面考虑，分析比较，采用更合理更适用的组织形式和方法。

5.1.2.1　设备维修的组织形式

（1）集中维修。这种形式多用于小单位。通常由厂部统一管理，设备部门及机修车间对机械设备从拆卸、维修到装配集中组织进行。它的优点是维修力量可集中使用，有利于采用先进的维修工艺和技术，便于备件供应和制造，统筹安排使用资金费用。其缺点是各部件或总成不可能同时进行维修，因此停修时间较长，生产任务和维修工作容易出现矛盾。

（2）分散维修。多用于车间分散、机械设备数量较多的大型单位。日常维护和修理均由车间负责；机修车间主要负责精密、大型、稀有机械设备的大修。这种维修形式的优点是各部件或总成能同时进行维修，缩短了维修时间，有利于充分调动和发挥生产车间的积极性、主动性，维修工人的工作相对固定，质量容易保证，设备利用率较高，可组织流水作业。

（3）混合维修。适合于中型单位。除大修由机修车间负责外，其余维修工作均由生产车间负责。该形式既有集中又有分散，兼备两种组织形式的优点，一方面可加强生产车间对机械设备保养维修的责任感；另一方面集中进行大修有利于提高质量。但是，有些维修工作分工会出现困难，使用和维修不易协调，占用的维修设备和人员较多。

5.1.2.2　机械设备的维修企业

（1）中心修配厂。是整个行业部门的机械设备检修基地，是大修厂。其承担的维修任务较多、规模较大、车间设备较多、工种齐全。

（2）专业单位的机修车间。比中心修配厂规模要小，一般归专业单位领导，如机械化施工公司、汽车运输公司、各厂、矿等。它一般完成中修任务。

（3）基层单位的修配站（所）。只能进行小修，若未设修配站（所），可组织巡回维修服务队进行巡回服务。

5.1.2.3　机械设备的维修规模

（1）单机维修。一台机械设备除个别专业维修外，其余工作全部由一组工人在一个工作地点上完成。这种方法是将所需要维修的零件从机械设备上拆下，进行清洗、检验分类、更换不可修的零件，修复需要修的零件，等修好以后仍重新装在该机械设备上，直至全部装配成整机为止。采用这种方法，由于各零部件、总成的损坏程度和维修工作量不平衡，所需时间也不一致，因而常影响维修工作的连续性，维修时间较长。但是，生产组织简单，各组之间一般不需协调配合。单机维修适用于修理规模不大的厂以及中小修的情况下。

（2）部件维修。一台机械设备按部件或总成分别由许多小组在不同的工作地点同时进行维修，每个小组只完成一部分维修工作。这种方法由于机械设备各部分可以分别同时维修，缩短了维修时间；同时由于每组工人只从事一部分维修，专业化程度较高，易掌握，容易保证维修质量，设备利用率也较高，便于组织流水生产。但要求各工作部位、各小组之间能较好配合，适用于批量较大的大修厂。

（3）更换零部件及总成。对于有缺陷的零部件，甚至总成采用更换零件的方法进行维修，并将整机装配出厂，而将换下的零部件和总成另行安排维修，待修竣工检验合格后，再补充到周转零部件或总成的储备量中，以备下次换用。采用这种方法能加快维修过度，缩短维修时间，提高维修生产率，有利于机械设备的合理使用。但这种方法必须在同类机械设备较多情况下才易实行，必须有一定的零部件和总成的储备量。这种方法适用于具备一定数量的周转总成、维修量大、承修机械设备类型较单一的单位。

5.1.3 拆卸

5.1.3.1 一般规则和要求

拆卸的目的是为便于检查和维修。由于机械设备的构造各有其特点，零部件在质量、结构、精度等各方面存在差异，因此若拆卸不当，将使零部件受损，造成不必要的浪费，甚至无法修复。为保证维修质量，在解体之前必须周密计划，对可能遇到的问题有所估计，做到有步骤地进行拆卸。

机械设备种类繁多，构造各异。拆卸前必须先弄清所拆部分的结构特点、工作原理、性能、装配关系，做到心中有数，不能粗心大意、盲目乱拆。对不清楚的结构，应查阅有关图纸资料，搞清装配关系、配合性质，尤其是紧固件的位置和退出方向。否则，要边分析判断，边试拆，有时还需设计合适的拆卸夹具和工具。一般应遵循下列规则和要求：

（1）拆卸前做好准备工作。准备工作包括：拆卸场地的选择、清理；拆前断电、擦拭、放油；对电气、易氧化、易锈蚀的零件进行保护等。

（2）从实际出发，可不拆的尽量不拆，需要拆的一定要拆。为减少拆卸工作量和避免破坏配合性质。对于尚能确保使用性能的零部件可不拆，但需进行必要的试验或诊断，确信无隐蔽缺陷。若不能肯定内部技术状态如何，必须拆卸检查，确保维修质量。

（3）使用正确的拆卸方法，保证人身和机械设备安全。拆卸顺序一般与装配顺序相反，先拆外部附件，再将整机拆成总成和部件，最后全部拆成零件，并按部件汇集放置。根据零部件连接形式和规格尺寸，选用合适的拆卸工具和设备。对不可拆的连接或拆后降低精度的结合件，必须拆卸时需注意保护。有的拆卸需采取必要的支承和起重措施。

（4）对轴孔装配件应坚持拆与装所用力的相同原则。在拆卸轴孔装配件时，通常应坚持用多大的力装配，用多大的力拆卸。若出现异常情况，要查找原因，防止在拆卸中将零件碰伤、拉毛、甚至损坏。热装零件需利用加热来拆卸，一般情况下不允许进行破坏性拆卸。

（5）拆卸应为装配创造条件。如果技术资料不全，必须对拆卸过程有必要的记录，以便在安装时遵照"先拆后装"的原则重新装配。拆卸精密或结构复杂的部件，应画出装配草图或拆卸时做好标记，避免误装。零件拆卸后要彻底清洗、涂油防锈、保护加工面，避免丢失和破坏。细长零件要悬挂，注意防止弯曲变形；精密零件要单独存放，以免损坏；细小零件注意防止丢失；对不能互换的零件要成组存放或打标记。

5.1.3.2　常用拆卸方法

A　锤击法

锤击法是一种手工操作方法，是利用锤子的打击力使相互配合的零件产生相对位移而互相脱离达到拆卸的目的。用于拆卸结构比较简单、尺寸较小、零件坚实、过盈量不大的机件或一些不重要的部位。使用该方法时，必须在被拆卸件的锤击部位垫以硬木或软金属物（方木棒、紫铜棒、黄铜棒或铝棒），切不可直接锤击零件。打击力的作用点应对准零件的中心或较强结构处，打击力要适当，否则会打坏零件或将零件铆死，达不到拆卸的目的。

B　拉拔法

拉拔法是利用螺旋工具或冲击工具使零件产生相对位移而达到拆卸的目的。这种方法具有施力均匀，力的大小和方向容易控制，不易损坏零部件等优点，适用于拆卸轴承、盲轴、联轴器等，但需要专用工具，要求零件的尺寸不是很大或零件上带有拆卸孔、槽等。图5.1所示为使用螺旋工具拆卸零件图，图5.2所示为一种冲击工具。

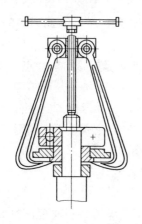

图5.1　使用螺旋工具拆卸零件

图5.2　冲击工具

C　压卸法

压卸法是使用压力机靠静压力使零件间产生相对位移而达到拆卸的目的。这种方法具有施力均匀，力的大小和方向容易控制，不易损坏零部件等优点，适合拆卸结构尺寸较大、装配比较紧甚至是大过盈量的配合件，但需要使用相应的压力工具或压力机。用小型压力工具拆卸零件的示意图如图5.3所示。

D　温差法

温差法是利用零件热胀冷缩的特性，对零件进行加热或冷却而达到拆卸的目的。该方法可以避免零件在拆卸过程中出现卡住或损坏零件的现象，易于拆卸装配过盈量大和尺寸较大的零件。但温差法较难掌握，并且需要加热或冷却设备。使用温差法拆卸时，加热温度不宜过高。

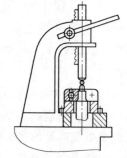

图5.3　用小型压力工具拆卸零件

加热时，应视零件大小等具体情况选择加热方法。现场常用浇热机油、氧气乙炔火焰或喷灯、木材、煤或木炭烧烤等方法。孔零件加热时，为防止轴零件同时被加热而膨胀，需在轴零件上与孔零件相邻的部位包上石棉布或石棉纸，如图 5.4 所示。

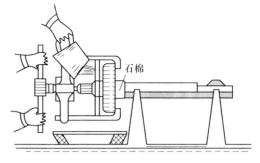

图 5.4 用温差法拆卸零件

用温差法拆卸零件在实际应用中，加热温度一般不宜超过 100~120℃，以防零件变形或影响原有的精度。温度可利用仪器测量或依靠经验来判断，当零件上的机油开始冒烟时，温度为 140℃左右；用直径为 1~2mm 的锡条接触被加热工件，其熔化时的温度为 232℃。

更多情况下，常用加热与锤击，压卸与锤击，加热，拉拔与锤击，加热等组合方法进行拆卸。

E 破坏法

破坏法是利用锯、錾、钻、气割、锤击等方法破坏装配件中的一个或多个零件以达到拆卸的目的。这种方法是一种破坏性拆卸，主要用于不可拆卸的零件、设计无维修需要的零件或已被咬死、焊死的配合件。该方法所破坏的零件将不能继续使用，也没有修复的价值，必须配制新零件。因此，采用破坏法拆卸时，要对拆卸零部件进行分析和确认，以免损坏可用零件。

5.1.4 清洗

在维修过程中搞好清洗是做好维修工作的重要一环。清洗方法和清洗质量对鉴定零件的准确性、维修质量、维修成本和使用寿命等均产生重要影响。清洗包括：清除油污、水垢、积炭、锈层和旧漆层等。

根据零件的材质、精密程度、污物性质和各工序对清洁程度的要求不同，必须采用不同的清除方法，选择适宜的设备、工具、工艺和清洗介质，以便获得良好的清洗效果。

5.1.4.1 拆卸前的前清洗

拆卸前的前清洗主要是指拆卸前的外部清洗。其外部清洗的目的是除去机械设备外部积存的大量尘土、油污、泥沙等脏物，以便于拆卸和避免将尘土、油泥等脏物带入厂房内部。外部清洗一般采用自来水冲洗，即用软管将自来水接到清洗部位，用水流冲洗油污，并用刮刀、刷子配合进行；高压水冲刷即采用 1~10MPa 压力的高压水流进行冲刷。对于密度较大的厚层污物，可加入适量的化学清洗剂并提高喷射压力和水的温度。

常见的外部清洗设备有：

（1）单枪射流清洗机。它是靠高压连续射流、汽水射流的冲刷作用或射流与清洗剂的化学作用相配合来清除污物。

（2）多喷嘴射流清洗机。它有门框移动式和隧道固定式两种。喷嘴安装位置和数量根据设备的用途不同而异，图 5.5 所示为一种喷射式清洗机，洗涤时，工件 1 通过滚道 2 进入清洗机，由传送带 3 运送通过洗涤箱，此时洗涤液自喷头 4 喷射到工件上进行冲洗，待冲洗干净后将工件送出。

5.1.4.2 拆卸后的清洗

A 清除油污

凡是和各种油料接触的零件在解体后都要进行清除油污的工作，即除油。油可分为两类：可皂化的油，就是能与强碱起作用生成肥皂的油，如动物油、植物油，即高分子有机酸盐；还有一类是不可皂化的油，它不能与强碱起作用，如各种矿物油、润滑油、凡士林和石蜡等。它们都不溶于水，但可溶于有机溶剂。去除这些油类，主要是用化学方法和电化学方法。常用的清洗液有：有机溶剂、碱性溶液和化学清洗液等。清洗方式则有人工和机械两种。

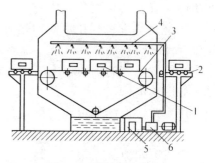

图 5.5 喷射式清洗机
1—工件；2—滚道；3—传送带；
4—喷头；5—澄清槽；6—水泵

常见的有机溶剂有：煤油、轻柴油、汽油、丙酮、酒精和三氯乙烯等。有机溶剂除油是以溶解污物为基础，它对金属无损伤，可溶解各类油脂，不需加热、使用简便、清洗效果好。但有机溶剂多数为易燃物，且成本高，主要适用于规模小的单位和分散的维修工作。

碱性溶液是碱或碱性盐的水溶液。利用碱性溶液和零件表面上的可皂化油起化学反应，生成易溶于水的肥皂和不易浮在零件表面上的甘油，然后用热水冲洗，很容易除油。对不可皂化油和可皂化油不容易去掉的情况，应在清洗溶液中加入乳化剂，使油垢乳化后与零件表面分开。常用的乳化剂有肥皂、水玻璃（硅酸钠）、骨胶、树胶等。清洗不同材料的零件应采用不同的清洗溶液。碱性溶液对于金属有不同程度的腐蚀作用，尤其是对铝的腐蚀较强。表 5.1 和表 5.2 分别列出清洗钢铁零件和铝合金零件的配方，供使用时参考。碱性溶液清洗时一般需将溶液加热到 80~90℃，除油后用热水冲洗，去掉表面残留碱液，防止零件被腐蚀。碱性溶液应用最广。

表 5.1 清洗钢铁零件的配方   （g）

成　　分	配方 1	配方 2	配方 3	配方 4
苛性钠	7.5	20	—	—
碳酸钠	50	—	5	—
磷酸钠	10	50	—	—
硅酸钠	—	30	2.5	—
软肥皂	1.5	—	5	3.6
磷酸三钠	—	—	1.25	9
磷酸氢二钠	—	—	1.25	—
偏硅酸钠	—	—	—	4.5
重铬酸钾	—	—	—	0.9
水	1000	1000	1000	450

表 5-2 清洗铝合金零件的配方 （g）

成 分	配方 1	配方 2	配方 3
碳酸钠	1.0	0.4	1.5~2.0
重铬酸钾	0.05	—	0.05
硅酸钠	—	—	0.5~1.0
肥皂	—	—	0.2
水	100	100	100

化学清洗液是一种化学合成水基金属清洗剂，以表面活性剂为主，由于其表面活性物质降低界面张力而产生湿润、渗透、乳化、分散等多种作用，具有很强的去污能力。它还具有无毒、无腐蚀、不燃烧、不爆炸、无公害、有一定防锈能力，成本较低等优点，目前已逐步替代其他清洗液。

人工清洗是将零件放入装有清洗液的容器中，用毛刷仔细刷洗零件表面，直至洗净为止。对于较大和较脏的零件，应当用木片或钢丝刷将油泥和脏物刮掉，再用棉纱、棉布蘸满清洗剂反复擦洗干净。一般情况下不宜用汽油，因其有溶脂性，会损害人的身体且易造成火灾。

机械清洗通常适用于成批零件的生产或修理过程，包括煮洗、喷洗、振动清洗及超声清洗等。图5.6 所示为煮洗零件的简图。清洗时，工件 1 沿槽 5 按箭头方向送入洗涤箱中，由传送带 2 运送，经洗涤

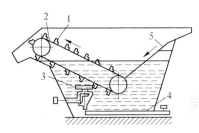

图 5.6 煮洗零件简图
1—工件；2—传送带；3—搅拌器；
4—蛇形管；5—槽

液的清洗后送出。为了保证清洗质量，搅拌器 3 要不断地旋转，将洗涤剂搅匀并使溶液具有一定的动能，传送带的速度不宜太快，洗涤液的温度可由蒸气蛇形管 4 加热到 70~80℃。

振动清洗是将被清洗的零部件放在振动清洗机的清洗篮或清洗架上，浸没在清洗液中，通过清洗机产生振动来模拟人工漂刷动作，并与清洗液的化学作用相配合，达到去除油污的目的。

超声清洗是靠清洗液的化学作用与引入清洗液中的超声波振荡作用相配合达到去污目的。

B 清除水垢

机械设备的冷却系统经长期使用硬水或含杂质较多的水后，在冷却器及管道内壁上沉积一层黄白色的水垢。它的主要成分是碳酸盐、硫酸盐，有的还含二氧化硅等。水垢使水管截面缩小，导热系数降低，严重影响冷却效果，影响冷却系统的正常工作，必须定期清除。水垢的清除方法可用化学去除法，化学清除液应根据水垢成分与零件材料选用。

用 3%~5% 的磷酸溶液注入并保持 10~12h 后，使水垢生成易溶于水的盐类，而后被水冲掉。洗后应再用清水冲洗干净，以去除残留碱盐而防腐。

对铸铁的发动机气缸盖和水套中的水垢可用碱溶液清除，用苛性钠 750g、煤油 150g

加水 10L 的比例配成溶液，将其过滤后加入冷却系统中停留 10～12h 后，然后启动发动机使其以全速工作 15～20min，直到溶液开始有沸腾现象为止，然后放出溶液，再用清水清洗。对铝制气缸盖和水套可用硅酸钠 15g，液态肥皂 2g 加水 1L 的比例配成溶液，将其注入冷却系统中，启动发动机到正常工作温度；再运转 1h 后放出清洗液，用水清洗干净。对于钢制零件，碱溶液浓度可大些，约有 10%～15% 的苛性钠；对有色金属零件，碱溶液浓度应低些，约 2%～3% 的苛性钠。

盐酸、磷酸或铬酸是常用的酸洗液。用 2.5% 盐酸溶液清洗水垢，主要使之生成易溶于水的盐类，如 $CaCl_2$、$MgCl_2$ 等。将盐酸溶液加入冷却系统中，然后使发动机以全速运转 1h 后，放出溶液。再以超过冷却系统容量 3 倍的清水冲洗干净。用磷酸时，取比重为 1.71 的磷酸（H_3PO_4）100mL、铬酐（CrO_3）50g，水 900mL，加热至 30℃，浸泡 30～60min，洗后再用 0.3% 的重铬酸盐清洗，去除残留磷酸，防止腐蚀。

清除铝合金零件水垢，可用 5% 浓度的硝酸溶液或 10%～15% 浓度的醋酸溶液。

C　清除积炭

在维修过程中，常遇到清除积炭的问题，如发动机中的积炭大部分积聚在气门、活塞、气缸盖上。积炭的成分随发动机的结构、零件的部位、燃油、润滑油的种类、工作条件以及工作时间等有很大的关系。积炭是由于燃料和润滑油在燃烧过程中不能完全燃烧，并在高温作用下形成的一种由胶质、沥青质、油焦质、润滑油和炭质等组成的复杂混合物。这些积炭影响发动机某些零件散热效果，恶化传热条件，影响其燃烧性，甚至会导致零件过热，形成裂纹。目前，经常使用机械清除法、化学法和电解法等进行积炭清除。

机械清除法是用金属丝刷与刮刀去除积炭。为了提高生产率，在用金属丝刷时可由电钻经软轴带动其转动。此法简单，对于规模较小的维修单位经常采用，但效率很低，容易损伤零件表面，积炭不易清除干净。也可用喷射核屑法清除积炭。由于核屑比金属软，冲击零件时，本身会变形，因此零件表面不会产生刮伤或探伤，生产效率也高。这种方法是用压缩空气吹送干燥且碾碎的桃、李、杏的核及核桃的硬壳冲击有积炭的零件表面，破坏积炭层而达到清除目的。

对某些精加工零件的表面，不能采用机械清除法时，可用化学法。将零件浸入苛性钠、碳酸钠等清洗溶液中，温度为 80～95℃，使油脂溶解或乳化，积碳变软，约 2～3h 后取出，再用毛刷刷去积碳，用加入 0.1%～0.3% 的重铬酸钾热水清洗，最后用压缩空气吹干。

电化学法是将碱溶液作为电解液，工件接于阴极，使其在化学反应和氢气的剥离共同作用下去除积炭。这种方法有较高的效率，但要掌握好清除积炭的规范。例如：气门电化学法清除积炭的规范大致为：电压 6V、电流密度 6A/m，电解液温度 135～145℃，电解时间为 5～10min。

D　除锈

锈是金属表面与空气中氧、水分以及酸类物质接触而生成的氧化物，如 FeO、Fe_3O_4、Fe_2O_3 等，通常称为铁锈。去锈的主要方法有机械法、化学酸洗法和电化学酸蚀法。

机械法是利用机械摩擦、切削等作用清除零件表面锈层。常用的方法有刷、磨、抛光、喷砂等。单件小批维修靠人工用钢丝刷、刮刀、砂布等刷、刮或打磨锈蚀层。成批或有条件的，可用电动机或风动机作动力，带动各种除锈工具进行除锈，如电动磨光、抛光、滚光等。喷砂除锈是利用压缩空气，把一定粒度的砂子通过喷枪喷在零件的锈蚀表面上，它不仅除锈快，还可为油漆、喷涂、电焊等工艺做好准备。经喷砂后的表面干净，并有一定的粗糙度，能提高覆盖层与零件的结合力。机械法除锈只能用在不重要的表面。

化学法是利用化学反应把金属表面的锈蚀产物溶解掉的酸洗法。其原理是：酸对金属的溶解以及化学反应中生成的氢对锈层的机械作用而脱落。常用的酸包括盐酸、硫酸、磷酸等。由于金属的不同，使用的溶解锈蚀产物的化学药品也不同。选择除锈的化学药品和其使用操作条件主要根据金属的种类、化学组成、表面状况和零件尺寸精度及表面质量等确定。

电化学酸蚀法是零件在电解液中通以直流电，通过化学反应达到除锈目的。这种方法比化学法快，能更好地保存基体金属，酸的消耗量少。一般分为两类：一类是把被除锈的零件作为阳极；另一类是把被除锈的零件作阴极。阳极除锈是由于通电后金属溶解以及在阳极的氧气对锈层的撕裂作用而分离锈层。阴极除锈是由于通电后在阴极上产生的氢气，使氧化铁还原以及氢对锈层的撕裂作用使锈蚀物从零件表面脱落。上述两类方法，前者主要缺点是当电流密度过高时，易腐蚀过度，破坏零件表面，故适用于外形简单的零件。而后者虽无过蚀问题，但氢易浸入金属中，产生氢脆，降低零件塑性。因此，需根据锈蚀零件的具体情况确定合适的除锈方法。

此外，在生产中还可用由多种材料配制的除锈液，把除油、锈和钝化三者合一进行处理。除锌、镁金属外，大部分金属制件不论大小均可采用，且喷洗、刷洗、浸洗等方法都能使用。

E　清除漆层

零件表面的保护漆层需根据其损坏程度和保护涂层的要求进行全部或部分清除。清除后要冲洗干净，准备再喷刷新漆。

清除方法一般用手工工具，如刮刀、砂纸、钢丝刷或手提式电动、风动工具进行刮、磨、刷等。有条件的也可用各种配制好的有机溶剂、碱性溶液等作退漆剂，涂刷在零件的漆层上，使之溶解软化，再借助手工工具去除漆层。

为完成各道清洗工序，可使用一整套各种用途的清洗设备，包括：喷淋清洗机、浸浴清洗机、喷枪机、综合清洗机、环流清洗机、专用清洗机等。究竟采用哪一种设备，要考虑其用途和生产场所。

5.2　轴类零件的维修与装配

轴是机器工作过程中的承载零件之一，主要承受弯曲载荷和扭矩作用，有些轴还经常受到冲击载荷的作用。因而，轴的失效形式概括起来表现为：轴颈的磨损、轴的变形（弯曲变形、扭转变形等）、轴的疲劳裂缝和断裂以及轴上键槽的损坏等，其中轴颈磨损、弯曲变形和疲劳损坏是轴的主要失效形式。因此，在轴的修配过程中，应合理地设计、选材，正确地加工、修理和装配，确保轴的工作性能和使用性能。制作轴类的材料大多数是低、中碳钢或合金钢。轴的设计尺寸、形状选择、表面粗糙度、装配的配合性质、配合质量等，对轴的强度及使用寿命都有很大影响。

5.2.1 轴的重新配制

在生产实际中，常会遇到轴类零件失效而且没有修复价值或不能修复的现象，此时必须考虑重新配制新轴。这个过程实际上是完成轴类零件的设计过程，只不过是有实样可以参考而已。轴的重新配制应考虑以下因素。

5.2.1.1 选材和结构设计

保证轴强度的首要因素是轴的合理选材。选择材料时应考虑轴的抗疲劳性、耐磨性等要求，且对应力集中的敏感性要小，具有良好的加工性和热处理性。

轴类材料大多采用低、中碳钢及合金钢。优质碳素结构钢，对应力集中的敏感性小，经过热处理能大大改善其综合机械性能，且价格低廉，应用很广。一般机械轴常采用 30 钢、35 钢、40 钢、45 钢和 50 钢，其中最常用的是 45 钢，为保证其机械性能，应进行调质或正火处理。合金钢具有较好的机械性能和良好的淬透性，常用于传递大功率并要求减轻质量和提高轴颈耐磨性，但它对应力集中比较敏感，且价格较高。常用的合金钢有 12CrNi2、20Cr、40Cr、35CrMo 等。形状复杂的曲轴和凸轮轴常采用球墨铸铁制造。

结构设计除了考虑轴的截面尺寸满足强度要求外，还要考虑轴与其相关零件装配的结构尺寸要求。

（1）为了便于轴上零件的定位、装配、拆卸和节约材料，一般常用阶梯轴。

（2）为了减小应力集中，提高轴的抗疲劳强度，应尽量减缓轴截面的变化，在不同直径的过渡处应采用内圆角，其内圆角半径不宜过小。如果受轴上零件的圆角或倒角大小的限制，则可采用凹切圆角（见图 5.7）或肩环圆角（见图 5.8）以保证圆角尺寸。

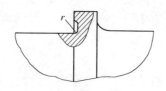

图 5.7 凹切圆角

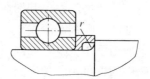

图 5.8 肩环圆角

（3）由于过盈配合会产生应力集中，降低轴的抗疲劳强度，因此，除选择合适的过盈量外，在结构上应采取增大配合处的轴颈，在轴上或轮毂上开卸荷槽等办法来减小应力集中，如图 5.9 所示。

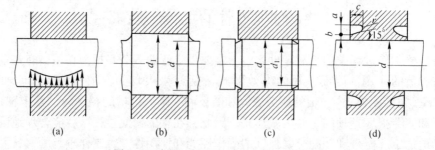

图 5.9 降低过盈配合处应力集中的措施

（a）过盈配合处的应力集中；（b）增大配合处直径（$d_1 = 1.05d$）；（c）轴上开卸荷槽（$d_1 = (0.92 \sim 0.95)d$）；

（d）毂上开卸荷槽（$a = 0.1d$；$b = 0.05d$；$c = 0.125d$；$r = 0.03d$）

5.2.1.2 制定加工工艺路线

表面质量对轴的疲劳强度有很大的影响，疲劳裂纹经常发生在表面最粗糙的地方。因此，可采用珩磨、表面强化处理如滚压、喷丸等工艺，并安排合理的工艺路线，以确保加工质量，控制表面粗糙度。

（1）常见阶梯轴的一般加工工艺路线为：下料—锻造—正火—粗加工—调质—精加工—铣键槽。

（2）齿轮轴的一般加工工艺路线为：下料—锻造—退火—粗加工—调质—半精加工—齿形加工—表面淬火—精加工—铣键槽。

5.2.1.3 热处理

在轴零件的加工过程中，可适当选择调质处理、表面氮化、渗碳、高频或火焰表面淬火等热处理手段，以满足零件的强度、韧性、耐磨性、耐腐蚀性等综合机械性能的要求，提高轴的承载能力，延长轴的使用寿命。

5.2.2 轴的拆卸方法

轴与包容件之间的装配，根据不同的工作要求，有着不同的配合性质。拆卸时，应根据其配合性质，采用不同的拆卸方法和工具。常用的拆卸方法有击卸法、拉卸法、压出法以及温差法和破坏法。

5.2.2.1 击卸法

配合过盈不大的轴类零件，一般可用锤击的方法或用退卸器、压力机、千斤顶等工具拆卸。用锤击时应在轴头处垫以铜棒、铅块或硬质木块，切勿直接击打轴头，以免轴头变形损坏。击卸时，首先对被拆卸的零件进行试击，如果听到坚实的声音要停止击卸进行检查，查看是不是由于拆出方向相反或紧固件未拆下所引起。

5.2.2.2 拉卸法

拉卸法即利用拉出器、退卸器、拔销器等工具拉卸轴类零件或带有内螺纹的轴、销、钩头键及盲轴等。采用拉卸法时需注意拉卸器各接触点应紧密接触，防止打滑和拉伤零件表面。

5.2.2.3 温差法

对于过盈较大的配合件，拆卸前需要在轴的包容零件上加热。加热时可分情况采用浇热油或用喷灯等方法。齿轮的加热可用煤或木材（尽量少用焦炭）。在加热过程中，为使包容件受热均匀，中间需将零件翻转几次。并注意不要使轴也同时受热而随之膨胀（一般可将轴的两端部包以湿布，并不断浇凉水）。通常包容零件的加热温度不应超过 700℃，否则会使零件过分氧化、退火，如不再进行热处理，可能会降低零件的强度和寿命。

加热温度一般可按下式计算：

$$t = K\delta_1/d\alpha \tag{5.1}$$

式中　t——拆卸零件中包容件（孔件）需加热的温度，一般加热温度控制在 240℃ 以内，不会影响零件质量；

d——拆卸零件处轴的直径，mm；

α——被加热零件材料的热膨胀系数，1/℃，可查表 5.3；

δ_1——过盈尺寸，如具体数值不清楚，对于过盈配合件可取轴径的 0.08% ~ 0.14%；对于过渡配合件可取轴径（$\phi80 \sim 300$mm）的 0.02% ~ 0.05%（轴径小取大值，轴径大取小值）；

K——温度影响系数，加热后运到拆卸地点过程中的温度降低；拆卸时的温度降低以及其他影响温度的因素，一般 $K = 2 \sim 6$，过盈小取大值，过盈大取小值。

表 5.3　齿材料的热膨胀系数

材　料	热膨胀系数 α					
	20 ~ 100℃	20 ~ 200℃	20 ~ 300℃	20 ~ 400℃	20 ~ 600℃	20 ~ 700℃
碳钢	$10.6\times10^{-6} \sim$ 12.2×10^{-6}	$11.3\times10^{-6} \sim$ 13.0×10^{-6}	$12.1\times10^{-6} \sim$ 13.5×10^{-6}	$12.9\times10^{-6} \sim$ 13.9×10^{-6}	$13.0\times10^{-6} \sim$ 14.3×10^{-6}	$14.7\times10^{-6} \sim$ 15.0×10^{-6}
铬钢	11.2×10^{-6}	11.8×10^{-6}	12.4×10^{-6}	13.0×10^{-6}	13.6×10^{-6}	
40CrSi	11.7×10^{-6}					
铸铁	$8.7\times10^{-6} \sim$ 11.1×10^{-6}	$8.5\times10^{-6} \sim$ 11.6×10^{-6}	$11.0\times10^{-6} \sim$ 12.2×10^{-6}	$11.5\times10^{-6} \sim$ 12.7×10^{-6}	$12.9\times10^{-6} \sim$ 13.2×10^{-6}	
黄铜	17.8×10^{-6}					
锡黄铜	17.6×10^{-6}					

零件加热时，必须经常不断地进行检查，当达到加热温度后，应立刻停止加热，准备压出或打出。由加热地点到拆卸地点之间的运输时间不允许过长，否则轴因温度升高而膨胀，对拆卸不利。

在没有仪器的条件下，可依靠经验观察被加热件表面的颜色或用简易方法测试。经验表明，当零件上的机油开始冒烟，温度约为140℃左右；或用低熔点有色金属条（直径 1 ~ 2mm）直接接触被加热零件的表面来判断温度的高低。常用低熔点有色金属的熔化温度见表 5.4。

表 5.4　常用低熔点有色金属的熔化温度

金属名称	熔化温度/℃
锡	231.9
铅	327.4
锌	419.4
铝	660

当然，如果具备大压力的拆卸设备，上述方法是没有必要的。

5.2.3　轴拆卸后的检查和修复

5.2.3.1　磨损的检查和修复

轴的磨损主要表现为轴颈的表面擦伤、磨损、圆度和圆柱度的变化以及轴颈尺寸的减小等，常用一般的测量工具（游标卡尺、千分尺、千分表等）进行检查。

A　圆度检查

如图 5.10 所示，将轴支承在两个同轴顶尖之间，缓慢转动一周，千分表读数的最大值 d_{max} 和最小值 d_{min} 的差值即为该测量截面的圆度误差 Δ。

如图 5.11 所示，将轴支撑在 V 形块上，或将鞍式 V 形座放在轴上，缓慢转动一周，千分表的读数表示了轴颈直径上的偏差，因此千分表读数的最大差值的一半，即为该测量截面的圆度误差。

如图 5.12 所示，用游标卡尺或千分尺测量同一截面上不同几处直径上的偏差，若最大差值为 0.04mm，则该测量截面的圆度误差为 0.02mm。

B 圆柱度检查

圆柱度的检查可参照圆度检查的方法进行，不同之处在于要进行整个长度方向上的检查（一般相隔 50~120mm）。对于轴

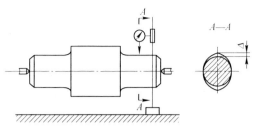

图 5.10 利用顶尖和千分表
测量圆度误差

颈至少应在其长度方向上的端部、中部和根部 3 个截面处进行检查，如图 5.13 所示。

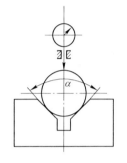

图 5.11 利用 V 形块和
千分表测量圆度误差

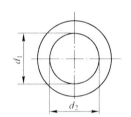

图 5.12 利用游标卡尺
或千分尺测量圆度误差
d_1—轴颈上该截面磨损后的最大直径；
d_2—轴颈上该截面磨损后的最小直径

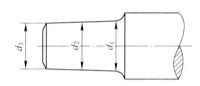

图 5.13 轴颈圆柱度的检查
d_1—根部直径；d_2—中部直径；
d_3—端部直径

一般矿山机械设备中，轴颈的圆度和圆柱度除应满足其相应设计技术文件规定外，还应符合表 5.5 的规定。

表 5.5 轴颈的圆度和圆柱度 （mm）

轴颈直径		>80~120	>120~180	>180~250	>250~315	>315~400	>400~500
圆度和圆柱度	新装轴	0.015	0.018	0.020	0.023	0.025	0.027
	磨损极限	0.100	0.120	0.150	0.200	0.220	0.250

C 轴颈磨损的修复

当轴颈上有不大的磨痕或擦伤时，可用细锉和细砂布打磨消除。对于轴径小于 250mm 的轴，当圆柱度误差小于 0.1mm 时，可用手加工方法适当修复。对有明显磨损痕迹或重要的轴件，应在机床上进行轴颈的修磨。对于磨损量大的轴，首先可采用堆焊、涂镀、电镀、电喷涂等方法恢复尺寸，再进行机加工或热处理恢复其尺寸和配合精度；其次，也可在保证足够强度和刚度的条件下，车（磨）小轴颈，然后用温差法装入过盈配合的轴套（镶套），最后恢复轴颈原有的尺寸和配合精度。但要注意，镶套的修复方法必须是在最大磨损或切削量不超过原轴颈的 5% 的条件下使用，否则就不能保证轴颈的强度。

5.2.3.2 轴的直线度检查和矫直

轴的弯曲一般是由于制造时存在应力或使用过程中受到过大的工作负荷和冲击载荷造成的。弯曲表现为直线度误差的增大。

轴的直线度可在车床或专用的滚动轴承托架上，利用千分表进行测量。如图 5.14 所示，当轴缓慢转动时，在轴的全长上测量 3 处，即靠近轴的两端和中间位置。3 处测量中千分表读数的最大差值之半即为该轴产生的直线度误差，也就是轴的挠度。测量时应注意千分表触头应选择在无损伤的轴面上或对轴面进行打磨处

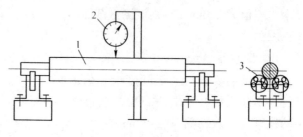

图 5.14 轴的直线度检查

1—轴；2—千分表；3—滚动轴承

理，以免影响测量精度或与圆度相混淆。测量后，在所确定的产生最大挠度的截面上最凸点处沿圆周方向和轴线方向做好标记，以便为变形的矫直提供依据。

矿山设备中一般允许轴的直线度为：绞车主轴的直线度为 $L/3000 \sim L/4000$（L 为轴的全长）；通风机主轴、空气压缩机主轴的直线度不超过 $L/5000$；水泵主轴的直线度不应超过大口环与叶轮入口间径向间隙规定值的 1/3。对于次要设备，其允许直线度可达 $L/2000$。

对设备的轴，尤其是细长轴，无论在拆卸、装配或保管过程中，都应该注意防止其发生弯曲变形。对已弯曲的轴进行矫直是一项较精细的工作，方法有冷矫直和热矫直两种。

A 冷矫直法

冷矫直法：一般用于弯曲量较小的轴。对直径较细的轴，应在车床上进行矫直（见图 5.15）。将轴的一端用卡盘夹紧，另一端用顶尖顶住，使轴的弯曲处向下，两侧各用一个带钩的拉杆钩住，拉杆另一端固定于床身下，再用一个千斤顶顶住床身和轴的最大弯曲处，向弯曲的反方向加力。注意不要将床身损坏。

直径较粗的轴，不能在车床上矫直，可用螺杆压缩器来矫直。压力器的钩子勾住轴的最大弯曲处的两端，弯曲处向上（见图 5.16），然后转动螺杆，给轴的弯曲处加力矫直。

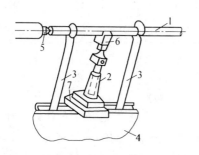

图 5.15 用千斤顶矫直

1—轴；2—千斤顶；3—钩拉杆；4—车床身；
5—顶尖；6—垫块；7—千斤顶底座

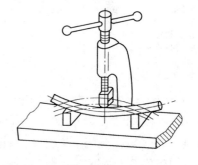

图 5.16 用压力机矫直

根据经验，以上两种冷矫直方法，在最后矫正时应往原弯曲的反方向多矫正一些，一般在 0.5~1.0mm 左右，以弥补压力消除后的弹性回收。而且，矫直后应用手锤轻度敲打矫直范围的圆周，以消除变形的应力。

如果操作有经验，冷矫直法的精度可达每米长度为 0.05~0.15mm。

B 热矫直法

热矫直法的原理是在轴弯曲的最高点加热，加热区的金属受热膨胀，开始时会使轴更加弯曲，但受热区金属在膨胀的同时受到两侧金属的压应力，限制其膨胀。当温度升高、塑性增强、压应力达到屈服极限时，加热区的金属就会产生塑性变形，使材料的体积相应缩小。在轴冷却至常温的过程中，原来热膨胀的量又收缩回来，由于随温度降低塑性减弱，原产生塑性变形缩小了的体积不能恢复原来的大小，就会拉两侧的金属材料填补，对两侧产生拉应力，将原来弯曲的轴"绷直"。热矫直的操作步骤如图 5.17 所示。

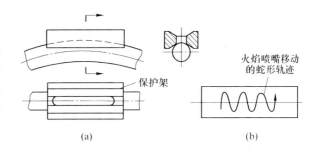

图 5.17 热矫直法
(a) 条形轨迹加热；(b) 蛇形轨迹加热

(1) 用顶尖或 V 形铁将轴架起，旋转轴，用百分表找出弯曲的最高点和最低点，做好标记。

(2) 按轴径和加热区的大小，选择合适的氧气—乙炔火焰喷嘴。

(3) 确定加热区，选择加热轨迹。均匀弯曲的轴，采用条形轨迹加热，加热区面积不宜过大；弯曲严重的轴，采用蛇形轨迹加热，加热区面积较大；对于细长轴可采用圆点形多点加热方式，为控制加热区面积，保护其他不加热部位，可使用保护架。另外，加热温度应控制在 250℃ 以内或新增的弯曲量达到原弯曲量的 1~5 倍（可用百分表在适当部位检测）即可。若弯曲量较大，要沿轴向分成几段，数次矫直，不可一次加热时间过长、过热，以免烧坏轴的表面。

(4) 矫直后的冷却。热矫直后应进行退火，使轴缓慢旋转，加热至 350℃ 左右，保温一小时以上，而且用石棉物包住加热处，轴旋转冷却至 70℃ 左右再空气冷却。

上述轴类零件的冷矫直和热矫直方法都属于塑性变形修理法。这种方法的缺点是在冷矫直时有冷作硬化和内应力现象发生。轴的变形量越大，这种现象也就越严重。在热矫直时，则会因局部加热使金属的组织和机械性能发生局部变化。这对经热处理过的影响更大，故热矫直后，应尽量恢复原有的热处理条件。

5.2.3.3 轴的裂纹处理

对于重要的主轴，当裂纹深度超过直径的 5% 或扭转变形角超过 3° 时，应当更换。对于不受冲击载荷、次要的轴，裂纹深度可达直径的 15%，扭转变形角可达 10° 左右。

零件上的裂纹可用磁粉探伤法或超声波探伤法检查。无条件时，也可采用现场常用的经验方法检查零件的表面裂纹，即在怀疑有裂纹的部位先涂煤油并擦干，再立即用彩色粉笔涂抹，如表面有微小的裂纹，则会出现明显的彩色浸线，这就是常用的渗透法。

较浅的裂纹可用焊修手段处理。焊接时应考虑焊条的选择和焊接工艺的制定，如选用专用焊条或采用开坡口、焊前预热等焊接规范，可以明显提高焊接效果，焊接后进行必要的热处理以消除焊接应力。

5.2.4　轴的装配

开始装配前，应对轴的包容件孔的配合尺寸进行校对，确认无误后方可进行装配。

5.2.4.1　装配注意事项

（1）应在配合表面涂一层清洁机油，以减少配合表面的摩擦阻力。

（2）过渡配合的装配件，在装配时应注意不要歪斜，当确认装正时方可施加压力，防止压入时因位置歪斜刮伤轴或孔。

5.2.4.2　装配后的检查

对已装配好的轴部件，应均匀地支承在轴承上，用手转动应感到轻快，并且各装配件轴间的平行度、垂直度、同心度均要符合要求。

A　轴间平行度的检查

根据具体情况，可选择弯针挂线法和轴间距测量法。

a　弯针挂线法

如图 5.18 所示，将钢丝线的一端固定在合适的位置，调整钢丝线 1 与弯针 4 之间的间隙 a，使其与弯针绕轴中心线转动 180° 后形成的间隙 a' 相等，则轴中心线 2 与挂线垂直。然后固定挂线的另一端，再将弯针装在轴 3 上，测量轴 3 与挂线之间的间隙 b 和 b'，如果 $b=b'$，则轴 3 也垂直于挂线，说明轴 3 与轴 2 平行。b 与 b' 相差越小，两轴的平行性越好。此法测量误差较大，多数在要求不高的情况下使用。

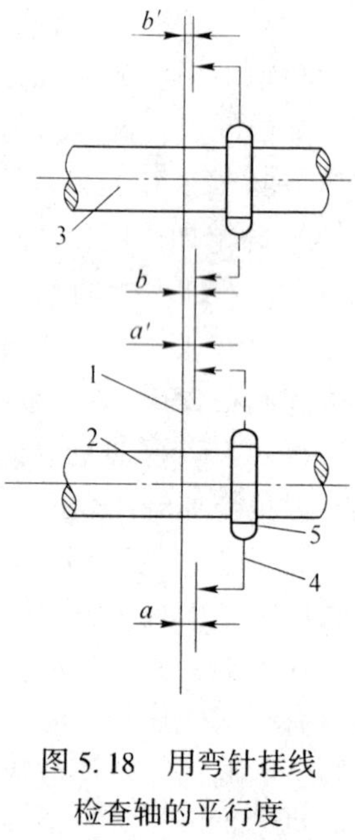

b　轴间距测量法

如图 5.19 所示，用内径千分尺或游标卡尺测量两相邻轴间距离时，一般要测两处，并使测量点相距应尽量远些。用内径千分尺测量时，先将其一端顶在一根轴的圆柱面中心，另一端应贴紧在另一根轴面上，上下左右作微小摆动，以便测出两轴间的最小距离。如果在两处测得的距离相等，则说明两轴平行。差值越小，平行性越好。与弯针挂线法相比，这种方法的测量精度高，但只能测量轴间距较小的情况。

图 5.18　用弯针挂线
检查轴的平行度
1—钢丝线；2，3—轴；
4—弯针；5—卡子

B　轴间垂直度的检查

轴间垂直度可用直角尺或弯针进行检查。如图 5.20 所示，a 与 b 的差值越小，两轴间的垂直性越好。

C　轴的同轴度检查

如图 5.21 所示，测量架固定在基准轴端，旋转另一根轴，每隔 90° 用塞尺测量一次间隙 a，如果测得的间隙 a 不变，则说明两轴是同轴的。

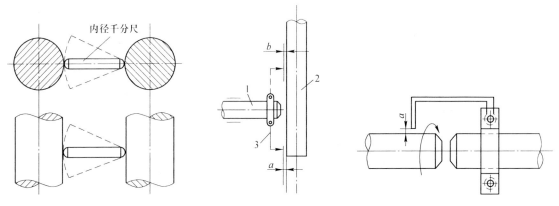

图 5.19　用内径千分尺　　图 5.20　用弯针挂线检查轴的垂直度　　图 5.21　检查轴的同轴度
　　　　检查轴的平行度　　　1、2—轴和样轴；3—弯针；a、b—测量值

5.3　过盈配合连接的装配

　　过盈配合连接是依靠包容件与被包容件之间的过盈量产生的配合力，在相对移动或相对转动时产生的摩擦力或摩擦力矩来传递轴向力或扭矩的。过盈配合在机器中应用很广，如气缸套与气缸的配合，连杆衬套与连杆座孔的配合，车轮轮箍与轮芯的配合、轴与轴承、皮带轮与轴、大型齿轮的轮缘与轮芯的配合、青铜齿轮轮缘与钢轮芯的配合、减速器的轴与蜗轮的配合等。

5.3.1　对过盈配合连接的要求和计算

　　过盈配合连接的主要失效形式是连接件之间发生相对的转动或移动。为保证连接零件装配后能够可靠地工作，对过盈配合连接应满足：（1）装配后最小的实际过盈量应保证两个零件具有一定紧密度。在传递轴向力、较大的扭矩或动载荷时配合表面之间不会发生松动。（2）装配后最大的实际过盈量所引起的应力不致使装配零件损坏。

5.3.1.1　实际过盈量的计算

　　在压力装配时，零件的测量过盈量和连接中实际承受的有效过盈量是不一致的。由于零件表面粗糙度的存在，在过盈配合过程中表面受压会产生塑性变形，使零件表面压平，因此有效过盈（正常工作时的过盈）总是小于测量过盈（即压入前的过盈）。两者相差值等于因粗糙表面在装配后被压缩而引起的变形值。这说明在其他条件相同情况下，零件加工表面越粗糙，则在压入后，其连接强度就越低。所以一般压入配合零件的粗糙度 Ra 应不大于 0.8。

　　如图 5.22 所示，进行过盈配合的轴与孔其表面的齿

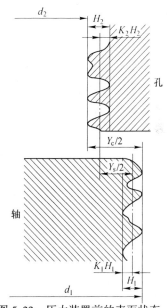

图 5.22　压力装置前的表面状态
d_1、d_2—轴、孔直径；
H_1、H_2—轴、孔表面粗糙度最大高度；
K_1、K_2—系数；Y_c—理论过盈量；
Y_s—实际过盈量

状曲线，表示零件表面经加工后刀痕引起的粗糙度。在装配前测量零件的尺寸时，是以表面突起的峰顶为基准，因此理论过盈量 Y_c 为：

$$Y_c = d_1 - d_2 \tag{5.2}$$

式中 d_1——轴的测量直径，mm；

       d_2——孔的测量直径，mm。

以 H_1 和 H_2 表示轴和孔配合表面粗糙度的最大高度。经压入装配后，粗糙度压平后的平均高度，考虑用一个系数 K 值表示，分别等于 H_1K_1 和 H_2K_2，则实际过盈量 Y_s 可由下式计算：

$$\begin{aligned} Y_s &= Y_c - 2(H_1 - H_1K_1) - 2(H_2 - H_2K_2) \\ &= Y_c - 2[H_1(1 - K_1) + H_2(1 - K_2)] \end{aligned} \tag{5.3}$$

通常取 $K = K_1 = K_2 = 0.5$，则有：

$$Y_s = Y_c - (H_1 + H_2) \tag{5.4}$$

对于各种加工方法的表面粗糙度的最大高度 H 值见表 5.6。

表 5.6　各种加工方法的表面粗糙度的最大高度 H_{max} 值   （μm）

加工种类		粗糙度最大高度 H_{max}		加工种类		粗糙度最大高度 H_{max}	
轴	孔	轴 H_1	孔 H_2	轴	孔	轴 H_1	孔 H_2
半精车	半精镗	30	25	磨削	磨削	10	10
半精车	镗和铰	30	10	精车	精镗	5	3
磨削	镗和铰	10	10	磨削	细磨	0.5	0.5

5.3.1.2　压入装配时轴向力 $P_压$ 的计算

压入装配时轴向力 $P_压$，根据压入零件外表面积 F 的大小、摩擦系数 f 和单位压应力 $P_应$ 的大小而定（见图 5.23）。

$$P_压 \geqslant P_应 f F \tag{5.5}$$

对于圆柱形配合则有：

$$P_压 \geqslant P_应 f \pi d L \tag{5.6}$$

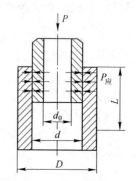

图 5.23　压配合件组合图

L—孔的配合长度；D—包容件的外径；

d—配合件的公称尺寸；

d_0—被包容件的内径

式中 $P_压$——压入装配时轴向力，N；

       d—— 配合件的公称尺寸，mm；

       L——孔的配合长度，mm；

       f——压入装配时的摩擦系数，按表 5.7 选取；

       $P_应$——单位压应力，MPa。

$P_应$ 可按厚壁圆管公式计算：

$$P_应 = Y_{cmax} 10^{-3}/d(C_1/E_1 + C_2/E_2) \tag{5.7}$$

其中 $C_1 = (d^2 + d_0^2)/(d^2 - d_0^2) - \mu_1$

               $C_2 = (D^2 + d^2)/(D^2 - d^2) - \mu_2$

式中 E_1，E_2——被包容件和包容件材料的弹性模量，MPa，见表 5.8；

       Y_{cmax}——最大测量过盈量为轴径公差上限值与孔径公差下限值的差值，μm；

       D——包容件的外径，mm；

d_0——被包容件的外内径，mm；

μ_1，μ_2——被包容件和包容件材料的波桑比，钢 $\mu=0.3$；青铜 $\mu=0.36$；铸铁 $\mu=0.25$；

C_1，C_2——可按表5.9选取。

表5.7 压入装配时的摩擦系数 f

零件材料		润滑材料	摩擦系数 f	
被包容件	包容件		轴向和圆周移动	压入
钢 30~50	钢 30~50	机油	0.08~0.12	0.06~0.22
	铸铁 HT250	油脂	0.09~0.17	0.06~0.14
	黄铜	油脂	0.04~0.10	0.05~0.10
	镁铝合金	油脂	0.08~0.09	0.02~0.08
	塑料	油脂	0.03	0.054

表5.8 材料的弹性模量和线膨胀系数

材料	E/MPa	α	
		加热	冷却
钢和钢铁件	200000~210000	11×10^{-6}	-8.5×10^{-6}
铸铁（$\sigma_b<200$MPa）	75000~105000	10×10^{-6}	-8×10^{-6}
可锻铸铁	90000~150000	10×10^{-6}	-8×10^{-6}
铜	125000	16×10^{-6}	-14×10^{-6}
锡青铜	85000	17×10^{-6}	-15×10^{-6}
黄铜	80000	18×10^{-6}	-16×10^{-6}
铝合金	65000~75000	23×10^{-6}	-18×10^{-6}
镁合金	36000~47000	26×10^{-6}	-21×10^{-6}
塑料	4000~16000	$46\times10^{-6}\sim70\times10^{-6}$	—

表5.9 C_1、C_2 值与 d_0/d 或 d/D 的关系

d_0/d 或 d/D	0.0	0.1	0.2	0.3	0.4	0.5	0.6	0.7	0.8	0.9
C_1	0.70	0.72	0.78	0.89	1.08	1.37	1.83	2.63	4.25	9.23
C_2		1.32	1.38	1.49	1.68	1.97	2.43	3.22	4.85	9.83

5.3.1.3 过盈配合件工作时所能承受的轴向力 P 和扭矩 M 的计算

过盈配合装配件的最小实际过盈量 Y_{smin} 必须保证在工作中承受轴向力 $P_荷$ 时不会产生沿轴向的滑动；承受传递扭矩 $M_荷$ 时不产生沿圆周的转动。因此：

$$P = P_应 fF \geqslant P_荷 \tag{5.8}$$

$$M = P_应 FfR \geqslant M_荷 \tag{5.9}$$

式中 R——圆柱半径。

对于圆柱形配合有：

$$P = P_{应}f A \pi dL \geqslant P_{荷} \tag{5.10}$$

$$M = P_{应}f R \pi d^2 L/2 \geqslant M_{荷} \tag{5.11}$$

过盈配合连接如能满足上述要求，则在工作中既可保证连接强度。其压应力 $P_{应}$ 为：

$$P_{应} = Y_{smin} \times 10^{-3}/d(C_1/E_1 + C_2/E_2) \tag{5.12}$$

式中 Y_{smin}——最小实际过盈量。

5.3.1.4 过盈配合连接件的最大实际过盈量

过盈配合连接件的最大实际过盈量，应保证应力不超过零件材料强度的允许值。

A 包容件

如为塑性材料，其允许应力是根据第三强度理论计算：

$$P_1 = \sigma_1(D^2 - d^2)/2D^2 \geqslant P_{应} \tag{5.13}$$

如为脆性材料，其允许应力是根据第一强度理论计算：

$$P_1 = [\sigma]_1(D^2 - d^2)/(D^2 + d^2) \geqslant P_{应} \tag{5.14}$$

B 被包容件

$$P_1 = [\sigma]_2(d^2 - d_0^2)/2d^2 \geqslant P_{应} \tag{5.15}$$

式中 $[\sigma]_1$，$[\sigma]_2$——包容件和被包容件材料的允许应力，MPa；塑性材料取其屈服强

度 σ_s，对于脆性材料取 $[\sigma] = \sigma_b/n$；

σ_b——材料的强度极限；

n——安全系数，一般取 $2\sim3$；

$P_{应}$——实际压应力，按 Y_{smax} 计算。

对承受很大轴向力或扭矩的零部件，一般静配合不能保证连接的可靠性，应采用附加装置，如固定螺栓、键等，以防零件移动。

5.3.2 过盈配合连接件的装配方法

合理选择装配方法是保证过盈配合件顺利装配的基础。过盈配合连接的装配常用的各种方法及使用的主要设备、工具、工艺特点和适用范围见表 5.10。

表 5.10 过盈配合连接装配方法

	装配方法	主要设备和工具	工艺特点	适用范围
压入法	冲击压入	手锤或重物	简便，但不易导向，易损伤机件	配合表面要求较低，长度较短，采用过渡配合的连接件，多用于单件生产
	工具压入	螺旋式、杠杆式、气动式压入工具	导向性比冲击压入好，生产效率高	过渡配合和轻型配合、不宜用压力机压入的小尺寸连接件，多用于小批量生产
	压力机压入	齿条式、螺旋式、杠杆式、气动式和液压式压力机	压力范围 $10\sim10^3$ kN，配合夹具可提高导向性	中型和大型件、采用轻型和中型过盈配合的连接件，易于实现压合过程自动化，成批生产中广泛采用，也用于单件生产

续表5.10

装配方法		主要设备和工具	工艺特点	适用范围
热胀法	固体燃料加热	炭炉或临时架设的装置	设备简单，不受地点条件限制，成本低，但加热不够均匀，容易弄脏配合面	结构比较简单、要求较低的机件
	燃气加热	喷灯，氧-乙炔、丙烷加热器	加热温度小于350℃，热量集中，加热温度容易控制，操作简便	局部受热和热胀尺寸要求严格控制的中型和大型连接件
	介质加热	热油槽、沸水槽、蒸汽加热槽	热油槽加热温度90～320℃，沸水槽80～100℃，蒸汽加热槽可达120℃，热胀均匀	过盈量较小的连接件；对忌油连接件，如氧压缩机上的连接件，需用沸水槽或蒸汽加热槽加热
	电阻加热和辐射加热	电阻炉、红外线辐射加热箱	加热温度可达400℃以上，热胀均匀，表面洁净，加热温度易于自动控制	小型和中型连接件，成批生产中广泛应用
	感应加热	感应加热器	加热温度可达400℃以上，加热时间短，温度调节与控制方便，加热均匀，生产率高	过盈量较大的中型和大型结构形状复杂的连接件
冷缩法	干冰冷缩	干冰冷缩装置（或以酒精、丙酮、汽油为介质）	可冷至-78℃，操作简便	包容件尺寸大、形状复杂，不便加热和过盈量较小的情况
	液氮冷缩	移动式或固定式液氮槽	可冷至-195℃，冷缩时间短，生产率高	同干冰冷缩，适用于过盈量较大的连接件
液压套合法		高压泵，扩压器或高压油枪、高压密封件、接头等	油压常达1.5～2MPa，操作工艺要求严格，套合后拆卸方便	过盈量较大的大、中型连接件，特别适用于套合定位要求严格的部件

装配方法的选择主要根据配合特性和配合过盈量的大小决定。一般可参考表5.11确定装配方法，也可根据配合件需要的压入力和现场的条件等具体情况进行选择。煤矿机械修理中，常用锤击法、温差法、压入法及其组合方法等进行装配。

表 5.11 配合特性及装配方法

配合特性	H7/u6	H7/s6	H7/r6	H7/s6	H7/n6	H7/n7	H7/m6	H7/k6	H7/k6	H7/js6
	H7/r5	H7/h5	H8/r7	H8/s7	N7/h6	N8/h7	H7/m7	H8/k7	H7/js7	Js7/h6
	H7/h6	H7/h5	S7/h6	R7/h6			M7/h6	K7/h6	Js7/h7	K8/h7
							M8/h7		Js6/h5	
装配方法	温差法		压力机压入或温差法		压力机压入		手锤打入		手锤轻轻打入	

装配时还应注意：

（1）配合表面应保证良好的精度和光洁度。

（2）在压入前，要十分注意配合件的清洁，零件经加热或冷却后，配合面要擦拭干净。

（3）在压入时，配合面必须用润滑油擦拭，以免装配时擦伤表面。

（4）压入过程应保持连续，速度不宜太快，压入速度通常为 2~4mm/s（不宜超过 10mm/s），并需准确控制压入行程。

（5）压入时必须保证轴与孔的轴线一致，不允许倾斜，要经常用直角尺检查，最好采用专用的导向工具。

（6）对于细长的薄壁件，要特别注意检查其过盈量和形状偏差，装配时最好垂直压入，以防变形。

5.4　滑动轴承的修理与装配

滑动轴承广泛地应用在负荷较大和有冲击负载的机械上，如绞车传动轴、大型水泵轴、电机车轮轴、空压机活塞销及十字头销轴等处。滑动轴承按结构形式可分为整体式（轴套）和对开式（轴瓦）两类。按轴承材料可分为双金属（瓦胎材料为低碳钢、铸铁、铸钢；瓦衬材料为轴承合金、铝合金、铜合金）、灰铸铁以及非金属材料（石墨含油材料、尼龙等）。按润滑方式可分为稀油润滑、干油润滑和强制循环润滑。

滑动轴承的失效形式有轴颈和轴瓦接合面的刮伤、磨粒磨损、咬伤和疲劳磨损、轴承衬剥离、润滑剂对轴承材料的腐蚀以及各种侵蚀（气蚀、流体侵蚀、电侵蚀、微动磨损）等。

现对应用较普遍的对开式双金属滑动轴承的润滑原理、装配调整和修理问题分述如下。

5.4.1　润滑原理

轴颈在轴承中旋转时，如果没有润滑油，就会因为金属之间的直接摩擦造成轴和轴承的迅速磨损，使轴承急剧发热而导致轴承合金熔化与轴颈胶接，发生严重事故。同时也会引起摩擦阻力增加而增大电动机负荷。因此，轴颈在轴承中旋转时，应随时注意其润滑状况。

轴承的良好润滑状况，就是要保证轴颈与轴承之间建立起液体摩擦，其过程可分为以下三个阶段。

（1）静止阶段：如图 5.24（a）所示，此时轴颈和轴承在 A 点接触，因轴颈还未旋转，故不发生摩擦。

（2）起动阶段：如图 5.24（b）所示，此时轴颈开始旋转，并沿轴承内壁向上移，在 B 处产生界限摩擦。

（3）稳定阶段：如图 5.24（c）所示，此时由于有一定流速的润滑油的充足供应，加上轴颈具有足够高的转速，使黏附在轴颈表面上的润滑油被旋转的轴不断地带入轴承内壁与轴颈外圆之间的楔形间隙里，润滑油从楔形间隙的大口流入，从小口排出。润滑油在楔形间隙中的流动阻力随着间隙的逐渐减小而不断增大，使油流能产生一定的压力，将轮颈向旋转方向（向左）推动，以便形成能承受压力的油楔，当油楔的总压力大于负荷 P 时，就能将轴颈抬（或浮）起来，使这里的摩擦变成了完全的液体摩擦。此时，在轴颈与轴承间形成一层油膜，油膜厚度为 h。

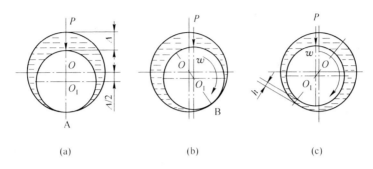

图 5.24　油膜的形成

（a）静止阶段；（b）起动阶段；（c）稳定阶段

Δ—顶间隙；ω—轴转动角速度；h—油膜厚度

在稳定阶段时，润滑油在楔形间隙沿径向剖面中的压力分布情况如图 5.25（a）所示。润滑油在入口处的油压 $P_1 = 0$，随着油楔的逐渐延伸，油压力逐渐增大至最大值 $P_{最大}$。这个最大油压并不是产生在油模最狭窄处，而是在稍前一些的地方。这是因为润滑油在通过油楔最狭窄之处后，间隙便逐渐扩大，所以油压无法建立起来，相反它会很快地降低，在油楔最狭窄处稍后的地方的油压 $P_2 = 0$。润滑油在楔形间隙沿轴向剖面的压力分布情况如图 5.25（b）所示。油压呈抛物线分布，中间最大，两端为零。

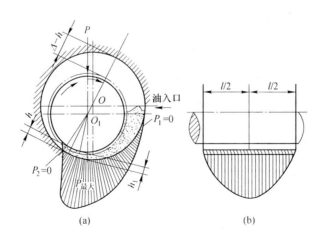

图 5.25　楔形间隙内油的压力分布状况

（a）径向剖面图；（b）轴向剖面图

P—负荷；P_1—入口处油压；P_2—狭窄处油压；h—油膜厚度；h_1—轴与轴承最小铅垂间隙

合理确定滑动轴承的最初配合间隙和允许最大磨损间隙，对机器维修是一件很重要的事情。

在稳定阶段，影响油膜厚度的因素，可用下式表示：

$$h = \mu n d^2 / 18.36 p \Delta C \qquad (5.16)$$

式中　h——油膜厚度，mm；

　　　μ——润滑油的绝对黏度，Pa·S；

　　　n——轴颈的转速，r/min；

　　　d——轴颈的直径，mm；

　　　p——轴承摩擦表面上的压强，Pa；

　　　Δ——轴颈与轴承开始工作最适宜的配合间隙，mm；

　　　C——考虑轴承长度影响的修正系数，$C = (d + L)/L$；

　　　L——轴承的长度，mm。

从上式可知，当润滑油的黏度、轴颈的转速和直径增加时，油膜厚度增大；当轴承的压强、配合间隙和修正系数增加时，油膜厚度减小。但在诸多因素中，影响油膜厚度的主要因素是配合间隙，其次是润滑油的黏度。

根据实验结果：在轴颈和轴承磨损最小时，其配合间隙 Δ 与油膜最小厚度 $h_{最小}$ 的关系是：

$$h_{最小} = \Delta p / 4 \qquad (5.17)$$

整理简化后可得：

$$\Delta = 0.467 d (\mu n / p C)^{1/2} \qquad (5.18)$$

上式确定了在液体摩擦条件下，轴颈和滑动轴承最适合的配合间隙和润滑油黏度的关系，即间隙大小是随黏度的增加而增大。

根据式（5.18）可以计算出最初配合间隙。而在生产实践中，对一般滑动轴承，常取经验数值 $\Delta = (0.0008 \sim 0.0014) d$；对于重要滑动轴承，取 $\Delta = (0.0001 \sim 0.0006) d$，$d$ 为轴颈的直径（$100 \sim 150$mm）。

从式（5.16）中可知，由于轴承在运行过程中不断磨损，使间隙不断增大、引起润滑油膜厚度不断减小，最后发生轴颈和轴承两个表面直接接触，破坏了液体摩擦条件。因此，间隙增大而使油膜厚度减小，这个不利因素受到轴颈和轴承表面粗糙度的限制，即：

$$h_{最小} = \delta_1 + \delta_2 = \delta \qquad (5.19)$$

式中　$h_{最小}$——允许最小油膜厚度，mm；

　　　δ_1——跑合磨损阶段后，轴颈表面粗糙度，mm；

　　　δ_2——跑合磨损阶段后，轴承表面粗糙度，mm；

　　　δ——δ_1 和 δ_2 的总和，一般 $\delta = 0.005 \sim 0015$mm。

当轴承配合间隙增大到允许最大磨损间隙时，轴承正常工作的条件被破坏，是以允许最小油膜厚度等于轴颈和轴承表面粗糙度的总和为极限的情况。即：

$$\delta = \mu n d^2 / 18.36 p \Delta_{最大} C \qquad (5.20)$$

从而得 Δ 的极限上限公式：

$$\Delta_{最大} = \Delta^2 / 4 \delta \qquad (5.21)$$

这样，当 δ 值已知时，就可利用上式计算出允许最大磨损间隙，一般情况下，$\Delta_{最大} = (2 \sim 5) \Delta$。对于高速轻载的轴承，可取大值，低速重载的轴承，应取小值。

对于转速低于 300r/min 和摆动角度小时，楔形间隙的液体压力很小，不可能将轴颈在轴承内微微抬起，因此在此情况下，只好使配合在边界摩擦条件下工作。

5.4.2　轴瓦合金的重新浇注

由于轴承在工作中逐渐磨损，当楔形间隙被破坏，液体摩擦将不能实现，因此必须对其实行修理或更换。当轴瓦损伤严重时也必须修理和更换，以对开式双金属滑动轴承为例，滑动轴承的修理步骤为：轴瓦合金的重新浇注—轴瓦的机加工—轴瓦（或轴套）的刮研—轴瓦油槽和油槽的开凿—轴瓦的装配—轴承座与轴承盖的装配。

对开式双金属滑动轴承主要由轴承座、轴瓦（双层金属）、轴承盖组成。轴瓦由瓦胎和瓦衬组成，瓦胎一般为铸铁、铸钢或青铜铸件，瓦衬即轴瓦合金。现场一般将瓦胎直接称为轴瓦。轴承的修理多数情况下是针对轴瓦及其合金层的，轴承座和轴承盖多以装配时的调整为主。

轴瓦合金是通过铸造工艺浇注在瓦胎孔表面的。修理时，轴瓦合金的重新浇注工艺过程如下。

5.4.2.1　熔脱旧的轴瓦合金

将旧的瓦胎放在沸水中煮20min清除油垢，再用喷灯在瓦胎背面均匀加热、熔脱旧的轴瓦合金。加热时应注意温度不可太高，以200~250℃为宜，当合金开始熔化时，将轴瓦放在木板上轻轻敲打瓦背使合金脱离瓦胎，不允许瓦胎损伤变形。一般熔脱的合金金属仍可收集复用。

5.4.2.2　清理和清洗瓦胎

用钢丝刷清除轴瓦上的污垢、锈蚀、残留的合金碎渣等，尤其是瓦胎的沟槽和燕尾槽内更应仔细清除。同时检查瓦胎是否有裂纹、损伤和变形。经检查合格后，将清理过的瓦胎放进10%~15%的盐酸或硫酸溶液中进行5~10min酸洗，然后用80~100℃热水清洗，除去剩余的酸。再将经酸洗的瓦胎放入温度为70~90℃，浓度为10%的碱（苛性钠或苛性钾）溶液中，进行10min的碱洗脱脂，最后用100℃的热水清洗剩余的碱。

5.4.2.3　镀锡

镀锡就是在轴瓦的内表面上镀一层很薄的锡衣，以确保轴瓦合金能良好地附着在瓦胎上，并防止其表面氧化而影响浇注质量。镀锡应在浇注巴氏合金前进行，一般从镀锡完毕到开始浇注的时间为30s左右。镀锡的方法是用毛刷将清洗好的瓦胎涂上氯化锌溶液，然后将瓦胎加热到镀锡的温度（260~300℃），再涂一次氯化锌溶液，用钳子夹住锡块，迅速涂瓦胎表面，便形成一层薄薄的锡衣。对未镀上锡的边角和沟槽应再涂氯化锌溶液，用电烙铁粘焊锡条补上。

瓦胎镀好锡的表面，应呈明亮而有均匀光泽的银白色，如出现褐黄色则说明锡衣已受氧化，不能浇注轴瓦合金，必须清除氧化层重新镀锡。

5.4.2.4　浇注准备

A　芯棒的选择

芯棒材料为金属和木质，最好采用金属芯棒，有利于保证浇注质量。芯棒直径大小的确定应考虑加工余量和合金冷缩量的要求。芯棒一般加工成锥形，便于浇注后从孔中取出，其锥度的大小可参照铸造件拔模斜度来确定。芯棒尺寸选择可参考表5.12。

表 5.12　芯棒尺寸　　　　　　　　　　（mm）

轴承孔径	50~100	100~150	150~250
芯棒直径小于轴承孔径尺寸	5~8	8~13	13~18
芯棒长度大于轴承长度尺寸	30~50	50~70	70~100

B　瓦胎的固定

浇注轴瓦前，将两半个轴瓦对正，并在两半瓦的接合面之间加临时垫片，用特制的卡箍紧固在一起。垫片厚度应等于轴瓦正常工作时所加调整垫片的总厚度减去 2 倍瓦口的修平量；宽度等于瓦胎厚度加上应浇注合金的最大加工余量的厚度之和；长度等于瓦胎的轴向长度（见图 5.26）。

C　芯棒的组装

将组合后的瓦胎垂直放在平整的木板上用简易方法固定，再放入芯棒，且使芯棒与瓦胎孔同心，并将芯棒固定在木板上，确保不偏心。如用钢制芯棒，表面应涂上石墨和汽油的混合物；如用木制芯棒，表面应包一层薄纸，以利于浇注后取出芯棒。

D　缝隙的处理

将瓦胎所有的对接口缝、瓦胎与底部木板接合处的口缝等所有可能泄漏的地方用型砂堵严实，以防浇注时漏出合金熔液，而导致浇注工作失败。瓦胎上方还应放置一高度为 10~15mm 的钢环作为浇冒口，以弥补轴承合金浇注冷却后轴向尺寸的收缩。

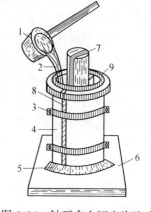

图 5.26　轴瓦合金固定浇注法
1—勺子；2—合金熔液；
3—卡箍；4—瓦胎；
5—黏土；6—木板；7—芯棒；
8—钢垫片；9—钢口环

5.4.2.5　熔化轴瓦合金

先将干净的钢制深底小口锅预先加热至 400℃，然后将轴瓦合金锭碎成 1~2kg 的小块放入锅内熔化，熔化的合金量应估算好，应大于一次浇注该轴瓦的用量，绝不能少，也不宜太多造成浪费。浇注轻负荷的轴瓦时，可在合金中加入质量分数为 25%的同一成分的合金切屑或原先熔下的旧合金。

熔化合金时应防止合金氧化和合金出、偏析。为延长浇注时间应定时加入少量粉末状氯化铵以利于脱氧，氯化铵加入总量为熔化合金质量的 0.5%~1%。同时还应掌握好温度，温度不能过高或过低。温度过高，会增加合金的烧损量，浇注后的合金晶粒组织变粗，机械性能降低；温度过低，合金浇注后易产生气孔，冷却后组织不密实，与瓦胎的结合也不牢固。浇注温度：锡基轴瓦合金 ZChSnSb11-6 为 440℃；铅基轴瓦合金 PbSn1616-18 为 480℃。轴瓦合金的牌号不同，浇注温度也不同，准确的温度可查有关资料。

熔化合金过程中的温度最好用高温温度计测量。根据现场经验，可通过合金和覆盖在合金上的木炭颜色来判断。木炭下部稍微发红，其温度约为 400℃；木炭下部烧成红色而合金表面是樱红色，在黑暗中能发亮，其温度为 450~475℃；当温度为 490~500℃或更高时，木炭即燃烧。也可以用白纸侵入的方法判断，一般是把白纸插入熔化的合金中并即刻拿出，如果白纸即刻发黑或明显发黑，表示温度过高，不适合浇注；如果白纸不燃烧，变成褐色，则表示温度适当。

5.4.2.6 轴瓦合金的浇注

轴瓦合金的浇注有固定浇注和离心浇注两种方法。离心浇注法需用浇注机，现场一般为单件维修，因此常采用固定浇注法。固定浇注时，将镀好锡的瓦胎预热至 200~250℃，用装满合金液体的勺子尽量靠近浇注口，连续、均匀地倒入瓦胎内。浇注时应注意：

（1）浇注速度不宜过快，以防止产生气泡。临近结束时，应将速度减慢并确保浇注好浇冒口。

（2）浇注的合金熔液中不能有浮在液面上的熔渣和碎木炭混入，以防影响轴瓦合金的浇注质量。

（3）绝不允许出现一次浇注不满而进行第二次补浇的现象。

（4）轴瓦的冷却须从下而上，并希望上部的合金能在液体状态中保持 5~10min。这样可使瓦胎的下部熔液凝固后，上部的熔液能下流填充，避免产生气泡和质地疏松的现象。因此在浇注完后，可用喷灯加热瓦胎上部以减缓上部的冷却速度。冷却时，应先冷却瓦胎的外壁，以利于轴瓦合金向瓦胎内壁收缩，而与瓦胎结合密实。

（5）在轴瓦未完全冷却之前，决不允许移动芯棒或整个轴瓦。

5.4.2.7 轴瓦合金浇注后的质量检查

浇注冷却后，轴瓦合金表面应呈无光泽的银白色，若出现较重的黄色则是浇注温度过高，此时应重新浇注。

对浇注后的轴瓦用手锤轻轻敲打瓦胎外部时，若发出清脆的声音则表明合金层与瓦胎贴合牢固；若发出浊哑的杂音时，则表明合金层与瓦胎之间有空隙存在，轴瓦不能使用，必须重新返工。

浇注的合金表面不应有深气孔和缺陷，如加工时发现有少数小气孔（3 个以下散置气孔，最大直径小于 2mm，相互间距大于 15mm），允许将气孔用补焊的方法修好使用；如发现有较大气孔（直径在 5mm 以上），且较深或严重缺陷，不能使用，应重新浇注。

5.4.3 轴瓦的加工

轴承重新浇注好后，需要对轴瓦进行机械加工，以保证轴承的配合要求。

5.4.3.1 轴瓦瓦口的加工

用刨床将上下瓦的接合面（瓦口）修平，使其合拢时接合紧密。瓦口加工的粗糙度要求如图 5.27 所示。

5.4.3.2 上下瓦接合面处调整垫片的确定

在滑动轴承上下瓦口接合面处设置垫片是用来调整滑动轴承间隙的。在实际工作中，当轴承因磨损而使顶间隙增大到接近或超过极限间隙时，可以将原瓦口调整垫片取出换成薄垫片，使顶间隙减小到正常工作间隙的范围内，延长轴承的使用寿命。

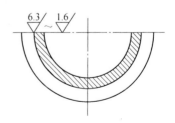

图 5.27 瓦口粗糙度要求

工作时正规调整垫片厚度可根据轴颈直径而定，见表 5.13。片数应有利于调整，一般由 3 片组成，最多不超过 4 片，并应达到匹配的片数，片数太多会造成轴承的振动。在加工轴瓦时还需要在上下瓦之间预先设置一块临时垫片，然后将上下瓦紧固后进行加工。临时垫的厚度与工作时正规调整垫片的厚度、顶间隙和侧间隙之间的相互关系等因素有关。

表 5.13　正规调整垫片厚度　　　　　　　　　　　　（mm）

轴颈直径	50~150	150~200	200~250	250~300	>300
垫片总厚度	1.10	1.60	1.90	2.20	2.50
瓦衬允许磨损厚度	0.80	1.30	1.60	1.90	2.20
瓦衬厚度	6.00	9.00	11.00	13.00	15.00

5.4.3.3　轴瓦刮削余量的确定

加工轴瓦时，加工尺寸应留有刮研轴瓦时的刮削余量，即应在要求的孔径中减去刮削余量值。刮削余量值见表 5.14。

表 5.14　孔的刮削余量　　　　　　　　　　　　（mm）

内孔直径	刮　削　余　量		
	内孔长度<100	内孔长度 100~200	内孔长度 200~300
0~80	0.05	0.08	0.12
80~180	0.10	0.15	0.25
180~360	0.15	0.25	0.35

5.4.3.4　轴承内孔尺寸的确定

轴承内孔的加工尺寸，根据轴颈与轴瓦顶间隙和侧间隙相互关系的不同，可分为下列 3 种情况。

A　侧间隙等于顶间隙的一半（$b = \Delta/2$）

如图 5.28 所示，先确定顶间隙 Δ 值，在上下瓦之间设置一对厚度等于 Δ 的临时垫片，将上下瓦合紧牢固（用专用卡子）后进行镗或车孔，轴承内孔加工直径：

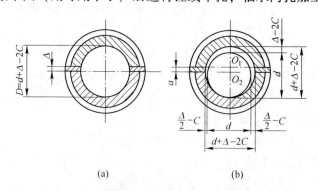

图 5.28　侧间隙是顶间隙一半时的内孔尺寸图

（a）加工后临时垫未撤出；（b）撤出临时垫，加入正规调整垫片

a—正规调整垫片的厚度；Δ—顶间隙；d—轴颈公称尺寸；

C—刮削余量；D—内孔直径

$$D = d + \Delta - 2C \qquad (5.22)$$

式中　D——内孔直径，mm；

　　　d——轴颈公称尺寸，mm；

　　　C——孔的刮削余量，mm；

　　　Δ——顶间隙，mm。

镗孔后经刮削去掉 C 值，用厚度 Δ 值的正规调整垫片 a 替换临时垫片，即得到 $b=\Delta/2$ 的配合。

B　侧间隙等于顶间隙（$b=\Delta$）

如图 5.29 所示，先确定顶间隙 Δ 和调整垫片 a 厚度值，若 a 不大于 Δ，则在上下瓦接合处放置一对厚度为 $\Delta+a$ 的临时垫片，紧固上下瓦后镗孔，轴承内孔加工直径 D 为：

$$D = d + 2\Delta - 2C \qquad (5.23)$$

镗孔后，取出临时垫，放入厚度为 a 值的正规调整垫，经刮削后，即可得到 $b=\Delta$ 的配合。

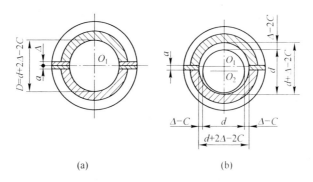

图 5.29　侧间隙与顶间隙相等时的内孔尺寸图

(a) 加工后临时垫片未取出；(b) 撤出临时垫片，加入调整垫片

若调整垫片厚度 a 大于顶间隙 Δ，则应在加工前在上瓦接合面刨削掉超过量，然后再放置厚度为 $\Delta+a$ 的临时垫片，进行镗孔。

C　侧间隙是顶间隙的二倍（$b=2\Delta$）

如图 5.30 所示，先确定顶间隙 Δ 值，然后在上下瓦接合面设置一对厚度为 $3\Delta+a$ 值的临时垫片，紧固上下瓦后镗孔，轴承内孔加工直径 D 为：

$$D = d + 4\Delta - 2C \qquad (5.24)$$

孔镗后取出临时垫片，经刮削后放入厚度为 a 值的正规调整垫片，即可得到 $b=2\Delta$ 的配合。

调整垫片一般都制成一套，例如一套调整垫片总厚度为 1.1mm，可分做 3 块：0.8mm 的 1 块；0.2mm 的 1 块；0.1mm 的 1 块，这有利于

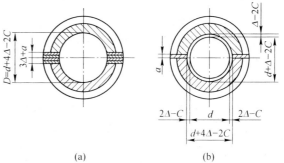

图 5.30　侧间隙是顶间隙二倍时的内孔尺寸图

(a) 加工后临时垫片未取出；(b) 撤出临时垫片，加入调整垫片

轴瓦磨损后调整匹配。但使用中的调整垫片重叠数量不应超过 4 块。

调整垫片应穿在瓦口的稳钉上，防止在运行中因振动向轴心移动，盖住润滑间隙，破坏润滑。

5.4.3.5　轴瓦的倒角

轴承在使用中，轴颈的圆根不应与轴瓦的倒角相接触，即两者的倒角半径不应相等，如图 5.31 所示，应使 $R_1 < R_2$。

轴颈的圆根与轴瓦的倒角由于半径的不同而形成的间隙，既可避免摩擦而引起的热膨胀，还可储存润滑油，改善润滑条件。圆角半径 R_1 和 R_2 可参照表 5.15 选取。

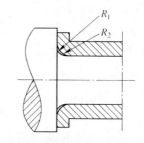

图 5.31　轴颈圆根和轴瓦倒角
R_1—轴颈圆角半径；R_2—轴瓦圆角半径

表 5.15　轴颈与轴瓦的圆角半径　　　　　　　　（mm）

轴颈直径		30	35~70	75~100	110~160	180~200	220
圆角半径	轴颈 R_1	1.5	2	3	4	5	6
	轴瓦 R_2	2	2.5	4	5	6	8

5.4.4　轴瓦（或轴套）刮研

刮研是利用刮刀以手工操作方式，边刮削加工，边研点测量，使工件达到工艺上规定的尺寸、几何形状、表面粗糙度和密合性等要求的精密加工工艺。轴瓦与轴套刮研时常使用三棱刮刀，以轴为基准研点，进行圆周刮削，使轴颈与轴瓦接触点细密、均匀，又能保证轴承具有一定的间隙和接触角，还能纠正轴承孔内的圆度或轴承的同轴度误差，使轴运转平稳，不易发热。刮研分为粗刮、细刮、精刮等步骤。

轴瓦经机械加工后，轴与轴颈的接触点面积较大、数量少、分布不规则。粗刮主要针对加工后的表面或磨损拉毛严重的表面，目的是调整表面接触点分布状况。粗刮时下刀量大，刮削量较大，容易刮出较深的凹坑，应当避免过量刮削。粗刮到整个接触面都有接触，并且接触点分布比较均匀时，即可进行细刮。

细刮是在粗刮的基础上进一步增加接触点和纠正配合误差的过程。细刮时下刀量较小，刮削的金属层较薄，目的是把较大的接触点刮小或刮去，并研磨出更多的新接触点。

精刮的目的在于进一步提高工件表面质量，对尺寸的影响极其微小。

轴瓦刮研后应保证轴承的间隙、接触角和接触点同时符合要求。

5.4.4.1　接触角

接触角是指轴瓦与轴颈接触面所对应的圆心角，如图 5.32 中 α 所示。

接触角 α 不可太大，也不可太小。太大时会影响油膜的形成，使轴瓦较难得到稳定液体摩擦的润滑条件，加速轴瓦的磨损；接触角太小会使轴瓦的压应力增大，导致轴承合金的变形破损或油膜破坏而加剧磨损，使轴瓦损坏。

根据实验研究结果，滑动轴承承受压力的接触角的极限范围是 120°（见图 5.32 (b)），当磨损达到此极限角度时，液体摩擦条件即被破坏，也就是说要发生干摩擦，轴承就会急剧磨损。因此在不影响轴承受压强度的条件下，轴承的接触角应尽可能小，接触角越小，也就是说越不会较快地磨损到120°，轴承的使用寿命也就越长。

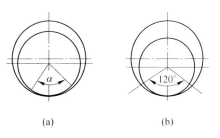

图 5.32　轴瓦的接触角
（a）轴颈与轴瓦的接触角；（b）最大允许接触角

一般接触角应控制在60°~90°范围内。当载荷大、转速低时，取较大的角度；当载荷小、转速高时，取较小的角度。根据实践经验，转速在3000r/min以上时，接触角可以小于60°，甚至可达到35°；低速重载时，接触角可大于90°，有时甚至达到120°。接触角应均匀分布在负荷作用中心线的两侧。

矿山机械轴颈与下轴瓦的接触角根据有关标准，通常为：轴颈直径不大于300mm时，接触角为70°~120°；轴颈直径大于300mm时，接触角为60°~90°。

5.4.4.2　接触点

接触点是指轴颈与轴瓦接触面上的实际接触情况。由于机械加工和刮削精度的条件，轴承与轴颈的表面事实上不可能整个都接触，而是局部接触。为使接触均匀，即轴瓦在接触角范围内承载均匀，只有通过刮研工作，轴瓦的接触面积上才能保持细密均匀的接触斑点。较高的斑点为承载点，斑点之间的凹槽是刮研时留下的，用于轴承工作时贮存润滑油，以促进油膜的形成及改善接触斑点的润滑状况。轴瓦经刮研后接触斑点越多，且细而均匀分布，就表示刮研的质量越好，使用寿命也就越长。如图5.33（a）所示的刮研质量较好，图5.33（b）所示的刮研质量较差，应再进行刮研。

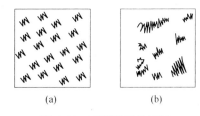

图 5.33　刮研轴瓦的好坏
（a）较好；（b）不好

矿山机械规定，每25mm×25mm内接触点为中负荷、连续运转不能少于12点；低速运转不应少于6点。沿轴向接触范围应满足检修质量的标准要求，不得小于轴瓦长的80%；当轴径不大于300mm时，安装质量标准应不小于轴瓦长度的3/4。

5.4.4.3　刮研过程

轴瓦刮研工作还应与轴的位置安装（调整水平、平行和标高）结合进行，故轴瓦的刮研一般都安排在轴承座安装完毕后进行，以防重复刮削。

刮研前应对轴颈和轴瓦清洗、除锈，轴颈表面如有碰伤缺陷，应修光滑。刮研前还应仔细检查轴颈与轴瓦的接触情况。

准备好刮研的材料，如三角刮刀、300号油石、显示剂（溶于机油的红丹粉）、棉纱破布等。

上述准备工作完成后，在轴颈表面淡淡涂上一层均匀的显示剂，将轴稳在瓦上，慢慢地转动轴，正反两个方向各转动2~3转后，将轴取开，即可看见瓦上有着色点（接触点），根据着色点对两个瓦进行全面判断后，刮去一部分或全部接触点。根据对两个瓦的判断，有时刮一个瓦，有时刮两个瓦。

清除瓦上的刮屑，在轴颈上再涂显示剂，将轴再放到轴瓦上，转动轴，再将轴取出，对两个瓦的着色点再进行判断（比上次接触较好，说明对上次的判断正确），再刮去较重的接触点，再按上述操作程序继续下去，直到符合技术要求为止。

在使用刮刀时，要注意不得使三角刮刀的刀尖把轴瓦划上一道一道的沟痕。

对接触点要求很细密的瓦，如要求每 25mm×25 mm 面积内有 20 点以上时，刮研瓦的最后阶段可以不涂显示剂（涂了显示剂之后，瓦上的着色点就太大，不便于细刮研），可将轴颈擦干净，直接放在瓦上转动，然后将轴取出后，可以看到轴瓦上的发亮点，亮点就是轴颈与轴瓦的接触部分，刮削时要刮亮点的地方，一直到符合标准为止。

在刮研过程中，前几次刮削的金属层可厚些，也就是手重些，以便迅速达到最好的接触，当接触面达 50% 时，就必须小心地去刮削，刮削量不宜太大，只对着色点较大的部分可以稍微刮一点，未着色的地方或着色点很小的地方不可刮削。

刮研时还应注意，不仅要使接触点符合技术要求，而且还要使侧间隙达到允许值，同时接触角要在 60°~90°范围之内。一般的工作方法是应该先刮削接触点，与此同时，也照顾接触角，最后再刮侧间隙，但必须注意，接触部分与非接触部分不应该有明显的界线，应该是较光滑的过渡，用手指擦抹轴瓦表面时，感觉应该是平滑的，如图 5.34 所示。

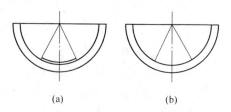

图 5.34　刮研轴瓦的接触情况对比
（a）不正确接触；（b）正确接触

上下瓦之间有调整垫片的轴瓦，应该上下瓦同时研刮，在刮研前，将垫片拆除，把上瓦和轴承盖安上，拧紧轴承盖螺栓，然后旋转轴，转几转之后就松开螺栓，打开轴承盖，取出轴瓦，按照前述刮研方法刮研，直至符合技术要求。刮研好后再用垫片调整轴承的顶间隙。

如果上下瓦之间没有调整垫片，则刮上瓦是较容易的，可以直接将瓦取出，放在轴颈上检查刮研情况。上瓦的侧间隙、接触角及接触点的要求应该和下瓦一样。上下瓦之间无调整垫片的轴承，刮上瓦时必须注意轴承的顶间隙，先刮出上瓦顶间隙，使顶间隙大致差不多时再刮接触角和接触点。

刮研铜轴瓦时，侧间隙应该刮得大些，可以是顶间隙的两倍，至少应该与顶间隙相等。如图 5.35 所示，因铜的膨胀系数较大，铜轴瓦在轴承座内受热之后膨胀的情况为：a、b 两处被轴承座顶住，则 c、d 两处就向圆心方向收缩。如果侧间隙太小，c、d 两处就可能将轴咬住，产生剧烈摩擦，因此发生高温或把轴瓦烧坏等不良现象。

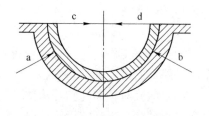

图 5.35　铜轴热膨胀的情况

刮研轴瓦时，一定要使用刮刀，切不可用锉或砂布抹擦，尤其是轴承合金（乌金）瓦，若用砂布打磨轴瓦时，很容易使砂布上的硬质磨料的颗粒嵌入轴承合金里，这样对轴瓦质量有着严重的影响。

轴套孔一般由磨床磨出或用铰刀铰出来的，刮研方法与刮研轴瓦的方法差不多，只是一般轴套不检查侧向间隙，因此轴套的间隙是指顶间隙。

5.4.5 油槽的种类和开凿

滑动轴承要保证在润滑条件下工作，必须有足够的润滑油供应到摩擦副之间，一般通过在轴瓦上开凿合理的油槽和油孔来输送润滑油。

油槽的种类一般有：轴向直线形油槽、斜向十字形油槽、径向王字形油槽，如图5.36所示。通常以直线形油槽为宜，为了改进润滑效果，有时在不承受载荷的上瓦上开凿十字形或王字形的油槽。油槽的尺寸可参考机械设计手册的有关内容。

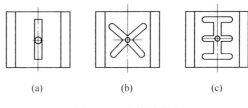

图 5.36 油槽的形状
（a）轴向直线形；（b）斜向十字形；（c）径向王字形

油槽的开凿原则如下：

（1）润滑油应保证从无负荷部位进入。即轴瓦的受力部分不能开油槽，否则会破坏油层的完整性，降低油层的承载能力。图5.37所示为在轴瓦不同位置开凿油槽后油膜的承载能力比较示意图。对于轴颈圆周速度小于0.5m/s的低速轴承，因常用润滑脂润滑，所以在轴瓦的承载部位开凿油槽是允许的，并且是必要的。

（2）轴瓦内的油槽绝不能直通到轴瓦之外，否则润滑油就会流失而降低润滑效果。

（3）在上下瓦的接合处必须开油槽，用于储油（见图5.38）。如果供油发生断续现象时，油槽能暂时供给润滑油，同时轴颈与轴衬相互摩擦所产生的金属屑也可积存在这里，以减少对轴衬的损伤。大型轴套的旁侧必须开凿油槽。

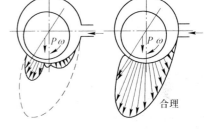

图 5.37 油槽位置对油层承载能力的影响
P—径向载荷；ω—轴的角速度

（4）尽可能避免开凿轴向油槽，以防轴颈与轴衬发生金属摩擦。

（5）较长的轴套供油较难，可开螺旋油槽（见图5.39），但螺旋的方向应保证与油流方向相一致，确保当轴旋转时将油带入轴套内。

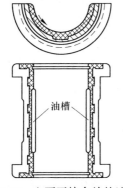

图 5.38 上下瓦接合处的油槽

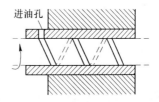

图 5.39 螺旋油槽

（6）负荷方向随转向而变化时，应在轴颈上钻孔（见图5.40），通过轴颈引入润滑油。或在轴瓦端部开环形油槽，将油引入轴颈的纵向油槽里。

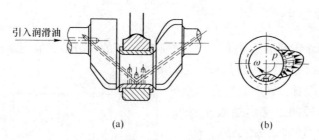

图 5.40　负荷方向变化时润滑油的引入

(a) 润滑油从轴颈引入；(b) 润滑油从环形油槽引入

(7) 在垂直轴承中，油槽的位置应开在轴套的上端并呈环形。

(8) 轴承的进油孔，一般应开在轴颈旋转的前方（见图 5.41），以利于向楔形间隙内带油。

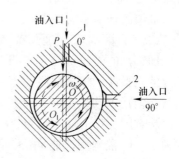

图 5.41　进油孔位置选择

1—轴颈正反向旋转时油孔位置；
2—轴颈顺时针旋转时油孔位置；
P—径向载荷；ω—轴的角速度；
O—轴瓦中心；O_1—轴中心

5.4.6　滑动轴承的装配与调整

滑动轴承一般用两点或多点支承的轴。滑动轴承装配质量的好坏，直接影响机器的运行状态和轴承的使用寿命。滑动轴承的装配主要包括清洗、检查、轴承座和轴承盖的装配及间隙调整。

要保证滑动轴承的正常工作，一是轴承座安装调整要合理；二是轴瓦与轴承座装配关系要合理。先决条件就是轴承座的安装调整要完全符合技术要求，尤其是多点支承的轴，要保证各轴承座之间的同心度和水平度。其次是保证轴瓦与轴承座之间的合理装配关系。

5.4.6.1　轴承座的装配与调整

轴瓦与轴承座的装配调整是一项技术要求较高的工作，对于多点支承的轴，各轴承座之间是否同心和保持水平，可以通过拉线法、高精度水准仪测量法及对研法来检查并进行调整。

A　拉线法

将轴瓦（未进行刮研或经过粗刮）拆分为上、下瓦，先用划线法分别划出上、下瓦的中心线（下瓦孔表面上一条母线 AB，如图 5.42 所示）。再将上、下瓦对应装在各自的轴承座孔内，如图 5.43 所示。接下来完成如下操作：

(1) 在轴承座的一端临时固定一条直径为 0.25~0.5mm 的钢丝线，另一端用重锤拉紧，并用水平尺将其调整为水平，保持钢丝线位于轴承座上方一定高度。

(2) 从钢丝线上吊下线坠，使线坠顶尖对准下瓦的中心线 AB 移动线坠，调整钢丝线挂重锤的一端，使线坠在钢丝线上移动时始终保持顶尖不偏离中心线 AB，然后固定钢丝线的位置。在以后的操作中，钢丝线的位置不得再变动。

(3) 沿钢丝线移动线坠，检查线坠顶尖是否通过各轴瓦的中心线，然后用卡钳、卡尺测量钢丝线到轴瓦表面中心线的距离 R，检查各轴瓦中心线是否位于同一高度。如果中心线不位于同一直线上或不在同一高度，应首先通过轴瓦刮研调整，必要时水平移动轴承座的位置或上下调整轴承座的中心高。

拉线法测量的精度可达到 0.007~0.15mm（两点间距 2m 以上）。

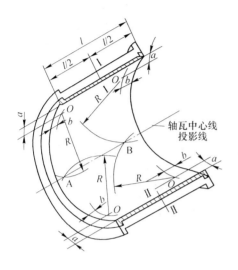

图 5.42 找轴瓦中心线

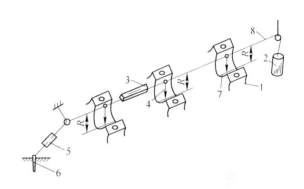

图 5.43 找轴承座中心线
1—轴承座；2—拉线重锤；3—水平尺；4—线坠；
5—紧线器；6—地锚；7—轴瓦中心线；8—钢丝线

B 高精度水准仪测量法

将轴瓦装在轴承座内，利用高精度水准仪、高度尺或钢板尺等进行测量，如图 5.44 所示。高度尺或钢板尺作为标尺使用，关键是要找准高度基准点。

高精度水准仪测量法测量精度高，各轴瓦在高度方向的精度可达 0.001~0.01mm，但只适用于检查中心线高度，不能判定中心线在水平面内的偏离。

C 对研法

对研法一般是在拉线法或高精度水准仪校准之后进行的轴瓦接触状况的检查方法。检查时将显示剂均匀地涂抹在轴瓦上（也可以涂抹在轴颈上），将轴颈放于轴瓦上旋转，然后观察其表面的接触情况，刮研轴瓦调整到所需要求。轴承座的安装接触情况如图 5.45 所示。

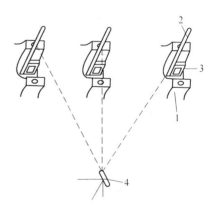

图 5.44 高精度水准仪测量法
1—轴承座；2—钢板尺；
3—方水平尺；4—水准仪

经上述调整合适后，拧紧螺栓，装设稳钉（定位销）。机座上有限位块的，还要在轴承座与限位块之间加上楔铁，如图5.46所示。

5.4.6.2 轴承盖与轴承座的装配

在轴承盖与轴承座装配之前，将选择好的垫片穿在瓦口的稳钉上（以防止在运行中垫片因振动可能向轴心移动，盖住润滑间隙，破坏润滑），然后将轴承盖盖在轴承座上。轴承盖常用的定位方式有销钉定位、止口定位或榫槽定位，如图5.47所示。

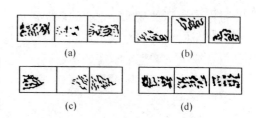

图5.45 轴瓦装置接触情况
（a）中间低；（b）轴瓦不在一条直线上；
（c）轴承座不水平；（d）正确的接触

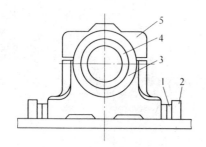

图5.46 用限位块固定轴承座
1—楔块；2—带限位块的机座；
3—轴承座；4—轴瓦；5—轴承盖

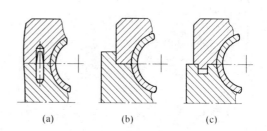

图5.47 轴承盖定位方式
（a）销钉定位；（b）止口定位；（c）榫槽定位

轴承座及轴承盖上的螺栓必须紧固。在拧紧各螺栓时，应注意对称拧紧，不应依次拧紧。用力应大小均匀、逐渐增大，以保证轴承座与机座、轴承座与轴承盖之间接合严实，受力均匀。螺栓紧固后，还应加防松螺母。

5.4.6.3 轴瓦与轴承座的装配与要求

轴瓦与轴承座之间，一般采用有不大过盈的配合（过盈量0.01~0.05mm）或间隙配合。为保证运转中不致使轴瓦在轴承座内转动或发生颤动，往往在轴瓦与轴承座之间安装定位销或键来固定。为防止轴瓦在轮承座内产生轴向移动，一般轴瓦的瓦胎均有翻边或止口，并且与轴承座相配合处配合必须十分严密，不得有轴向间隙，固定形式如图5.48所示。

上、下瓦合并后，接触面不许有漏缝，以防润滑油泄漏，或使其位置不正确。大多数轴瓦都需在上、下瓦接合面上装配稳钉（定位销），使轴瓦不致错位，也可防止瓦口垫片被轴带入轴承内，如图5.49所示。

5.4.6.4 轴套与轴承座的装配

轴套和轴承体之间常采用具有过盈的压入配合，并用螺钉或销钉加以固定，如图5.50所示。

轴套在压装时，最容易将轴套压变形，这一点应该引起足够的重视。为此，压装前应仔细检查配合尺寸和配合面的情况，不得有擦伤、毛刺或锈垢等缺陷，否则应用刮刀或油石打磨光。轴套先装入的一端，其外圆必须倒角，轴承体孔的边线也应作倒角。

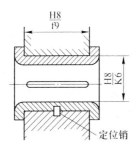

图 5.48 轴瓦与轴承座配合方式

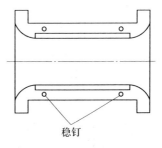

图 5.49 轴瓦的定位销

装配时，如必要可加入图 5.51 所示的导向芯轴 3，导向芯轴 3 与轴套 2 及轴承体 4 的孔眼均为间隙配合，装配时也应在轴套的端部垫上软金属块 1。

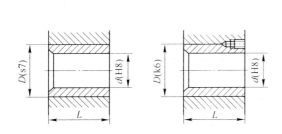

图 5.50 轴套与轴承体的定位

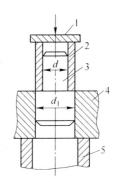

图 5.51 轴套的装配
1—垫块；2—轴套；3—导向芯轴；
4—轴承体；5—垫圈

在压装薄而长的轴套时，为不致于将轴套压变形，须采用加热轴承体或冷却轴套的特殊办法。

轴套装入轴承体后，须测量轴套内孔的圆度和圆柱度，如发现其内径因压装而产生缩小，必须进行加工（如要求尺寸 0.1~0.5mm 可上车床切削；小于 0.05mm 可用刮削），最后还须对接触面进行刮研，以达到要求的技术质量标准。

5.4.7 轴瓦的修理

新浇注经加工的轴承合金表面如有不严重的局部缺陷（即 3 个以下散在气孔，气孔最大尺寸小于 2mm，相互间距不小于 15mm；仅在角端处有轻微裂纹，或剥落面积小于 1mm^2，且不多于 3 处）时，可不必重新浇注，而采用堆补轴承合金的办法进行修理。

轴承运转一定时间后，因磨损其径向间隙增大，当范围不大或出现小裂纹、局部熔坑和掉块时，也可采用上述方法修补，以恢复间隙尺寸。

补焊前仔细地用汽油、热碱溶液清洗需补焊地方的油垢，还应在缺陷上修出宽 5~10mm、深 2~3mm 的焊道，使其露出合金的金属光泽，如是为了恢复正常的间隙尺寸，应在上部的轴承合金上铲出不太深的花纹。

堆补用的轴承合金制成直径为 5~7mm 的焊条，其成分应与基体合金相同。如补焊的面积很小，可用焊锡（锡 70%，铅 30%）。焊前补焊处先进行预热至 100℃，然后进行焊补。

如果焊补的面积较大，应用气焊修补。在焊补过程中，为了限制火焰在轴瓦的轴承合金层上的烘烤范围，应使用装有 1 号或 2 号焊嘴的焊枪，氧气压力控制在 1~2 个大气压。放置轴瓦时，应使要堆焊的地方处于下部位置，并使其呈水平状态。为增加补焊的粘合强度，焊条和轴承基体均应涂上膏状氯化锌。

堆焊时，将焊枪的火焰引向轴承基体合金上，同时把焊条也送进火焰中，使基体合金与焊条同时熔化，灌满被修补的部位。逐渐地沿着要修复的地方移动焊枪与合金焊条，在轴瓦的基体上即可堆补出一层新的轴承合金。堆焊层的厚度至少在 2mm 以上。

在堆焊过程中应特别注意：无论是基体轴承合金或堆焊上的轴承合金，都不能加热过度，以防轴承合金氧化。堆焊工作结束后，焊补的表面应加工到公称尺寸并留有 0.5mm 的刮削余量，再用刮刀与轴颈修配。

青铜轴瓦或轴套的磨损及缺陷，可以用电焊修理，填平磨损和缺陷部分，最后进行加工和刮削。

5.5 滚动轴承拆卸与装配

滚动轴承是比较精密的传动零件，因而滚动轴承对装配、间隙调整及其工作条件的要求比较高。装配不合理、间隙超限或者工作条件劣化（如超载运行、润滑油不足、环境温度过高等）都会造成滚动轴承的失效和机器故障。

滚动轴承的破坏形式主要是滚动体、内圈和外圈滚道上的点蚀。另外，还有由于润滑不足造成的烧伤；滚动体和滚道由于磨损造成的间隙增大；装配不当造成的轴承卡死、内、外圈裂纹和保持架变形等，个别情况下出现锈蚀现象。

5.5.1 滚动轴承的种类与配合的选择

滚动轴承按结构类型可分为：深沟球轴承、调心球轴承、圆柱滚子轴承、调心滚子轴承、滚针轴承等，属于间隙不可调轴承；还有角接触球轴承、圆锥滚子轴承、推力球轴承等，内外圈可以分离，属于间隙可调轴承，如图 5.52 所示。

滚动轴承按所能承受载荷方向不同可分为：向心轴承，只承受径向载荷；向心推力轴承，既能承受径向载荷，又能承受轴向载荷；推力轴承，只承受轴向载荷。

滚动轴承是按互换性原则生产出的标准件，轴承内圈与轴颈的配合按基孔制，而外圈与轴承箱体孔的配合则按基轴制。

轴承和轴颈的配合与机械制造工业中所采用的公差配合不同，轴承的内径公差是负方向而不是正方向的。因此，在相同的配合条件下，轴承内径和轴颈的配合比一般机械零件的配合要紧。轴承外径的公差虽为负方向，但其公差数值与一般公差配合制度也不相同。

由于滚动轴承配合的特殊要求和结构特点，滚动轴承的配合一般按轴承所承受的负荷类型、大小和方向、轴承的类型等来选择。

机器运转时，根据作用在轴承上的负荷相对于套圈的旋转情况，可将套圈所承受的负

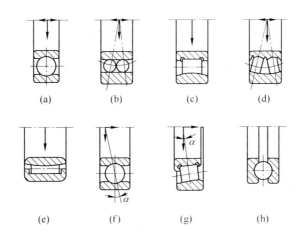

图 5.52 滚动轴承的主要类型

（a）深沟球轴承；（b）调心球轴承；（c）圆柱滚子轴承；（d）调心滚子轴承；

（e）滚针轴承；（f）角接触球轴承；（g）圆锥滚子轴承；（h）推力球轴承

荷分为局部负荷、循环负荷和摆动负荷 3 种，如图 5.53 所示。

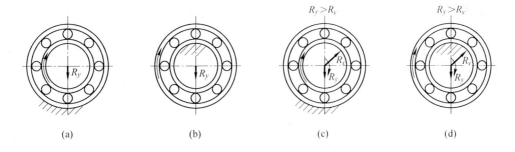

图 5.53 滚动轴承承受的负荷类型

（a）内圈循环负荷，外圈局部负荷；（b）内圈局部负荷，外圈循环负荷；

（c）内圈循环负荷，外圈摆动负荷；（d）内圈摆动负荷，外圈循环负荷

　　局部负荷的特点是作用于轴承上的合成径向负荷固定不变地作用在套圈的局部滚道上；循环负荷的特点是作用于轴承上的合成径向负荷顺次作用在套圈的整个圆周滚道上；摆动负荷的特点是作用于轴承上的合成径向负荷连续摆动地作用在套圈的局部滚道上。

　　承受循环负荷的套圈与轴（或孔）的配合应当紧一些，一般选用过盈配合，配合公差为 n6（N6）、m6（M6）、k5（K5）、k6（K6），以保证整个滚道上的每个接触点都能依次地通过受力区域，使受循环负荷的套圈磨损均匀。

　　承受局部负荷的套圈与孔（或轴）的配合应当松一些，一般为间隙配合或过渡配合，配合公差为 J7（j7）、H7（h7）、G6（g6），以防止受力点固定停留在套圈的某一个位置，使滚道受力不均匀，磨损太快。配合较松可使套圈在滚动体摩擦力的带动下产生一微小的周向位移，消除套圈滚动的局部磨损，改变滚道受力区域位置，从而延长了承受局部负荷的套圈的寿命。

承受摆动负荷的套圈与孔（或轴）的配合一般与承受循环负荷的套圈相同或稍松，应避免间隙配合或内外圈同时使用较大的过盈配合。

5.5.2 滚动轴承的拆卸、清洗和检查

5.5.2.1 轴承的拆卸

滚动轴承常用锤击法、压卸法、拉拔法拆卸。拆卸时拆卸力应均匀作用在配合较紧的套圈上，即应作用在承受循环载荷的套圈上；当轴承套圈承受摆动载荷时，作用力应同时作用在内外圈上，以防止损坏轴承。

当遇到与轴颈锈死或配合较紧的情况时，可预先用煤油浸渍配合处，然后采用加热与锤击、压卸相结合的方法拆卸。即先用拆卸器拉紧轴承，再用120℃的热机油浇轴承内圈，使其内圈受热膨胀（浇油时应注意防止轴颈受热），最后加力或用锤子、黄铜棒敲击轴承座圈，振动配合处，将轴承拆下。

多数情况下，无论滚动轴承是否有故障，机器修理过程中的拆卸都涉及滚动轴承的拆卸，因此拆卸滚动轴承必须以不损坏轴承及其配合精度为原则，拆卸过程中拆卸力不得直接或间接地作用在滚动体上。

5.5.2.2 清洗和检查

拆卸下的轴承一般用煤油或化学清洗剂清洗。清洗时要将套圈、滚道内、滚动体和保持架上的污物全部除掉，清洗干净后擦干，准备检查。

检查时，如果发现轴承旋转声响太大或有卡紧现象，间隙磨损超过规定值，滚动体和内外圈有裂纹，滚道有严重的锈蚀或点蚀斑点、变色疲劳脱皮，保持架变形等现象，轴承就不能继续使用。

滚动轴承间隙的检查要根据不同的结构进行。间隙可调类滚动轴承拆卸后不需要检查，而在拆卸前或装配时进行检查；间隙不可调类滚动轴承在拆卸前和清洗后，可用塞尺法或经验检查法进行径向间隙的检查，具体标准见表5.16。径向间隙的磨损极限值，不得超过表中的规定。用厚薄规测量自动调整类滚动轴承时，如对应两侧所量得的值不相等，应取平均值。

表 5.16 滚动轴承径向间隙及磨损极限间隙

轴承内径/mm	径向间隙/mm		
	球轴承（新）	滚子轴承（新）	磨损极限间隙
20~30	0.01~0.02	0.03~0.05	0.10
35~50	0.01~0.02	0.05~0.07	0.15
55~80	0.01~0.02	0.06~0.08	0.20
85~120	0.02~0.03	0.08~0.10	0.25
130~150	0.02~0.04	0.10~0.12	0.30

5.5.2.3 轴承的装配

滚动轴承的装配过程应根据不同类型的轴承和配合性质而定。

A　圆柱孔轴承的装配

当轴承的配合过盈量不大，而内圈与轴配合紧、外圈与箱体孔配合较松时，可用锤击法或压入法先将轴承压装到轴上，然后将轴连同轴承一起装入箱体孔内；而外圈与箱体孔配合紧、内圈与轴配合较松时，可用锤击法或压入法先将轴承压装到箱体孔内，然后将轴装入轴承；对于可分离型轴承，其内外圈应分别装配。如图 5.54 所示。

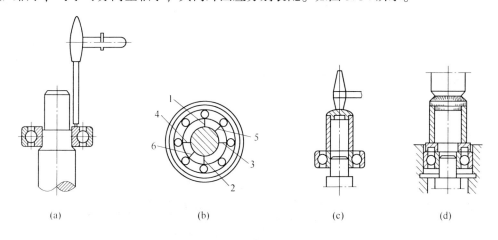

图 5.54　圆柱孔轴承的装配方法

（a）用击杆和手锤装配；（b）锤击的次序；（c）套筒装配（锤击）；（d）套筒装配（压入）

当轴承的配合过盈量较大时，常采用加热法，将轴承或套圈放入油箱中均匀加热至 80~120℃，然后从油中取出装到轴上。对于内径在 100mm 以上的可分离型滚子轴承，还可采用电磁感应加热的方法，将内圈加热至 100℃时取出，进行装配。

B　圆锥孔轴承的安装

圆锥孔的轴承可直接装在有锥度的轴颈上，或装在直轴带紧定套和退卸套的锥面上。这类轴承一般要求有较紧密的配合，这种配合不是由轴颈公差来决定，而是由轴承压进配合面上的距离而定。轴承压进有锥度的轴颈，由于内圈膨胀使轴承径向游隙减小，其减少量等于装配前后径向游隙之差。因此轴承在装配前需测量径向游隙，装配过程也要经常用塞尺测量，直到所需的游隙减少量为止。当径向游隙不能用塞尺测量时，可测量轴承在锥度轴颈上的移动距离，来推算径向游隙减小量。对于实心轴，若是 1∶12 标准锥度，轴向压入距离约为径向游隙减小量的 15 倍。分离型轴承可直接用外径千分尺来测量内圈的膨胀量。通过紧定套或退卸套装配的圆锥孔轴承，一般采用锁紧螺母装配，如图 5.55 所示。

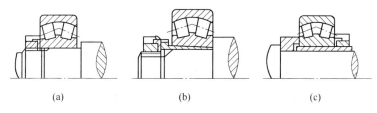

图 5.55　圆锥孔轴承装配

（a）锁紧螺母装配；（b）退卸套装配；（c）紧定套装配

C　角接触轴承装配

角接触轴承采用圆柱孔轴承的装配方法。角接触轴承要注意"正装"和"反装"的配置方式。圆锥滚子轴承内外圈应分别安装，然后进行间隙调整。

D　推力轴承装配

推力轴承装配应首先保证松环和紧环的位置正确。紧环端面应与旋转零件的端面相接触，保证紧环与旋转中心重合；松环端面应与固定零件的端面相接触，松环的径向位置是靠紧环通过滚动体确定的，只有这样才能保证松环、紧环和滚动体运转时轴线一致。轴承外圈应与座孔保留间隙 c，如图 5.56 所示。

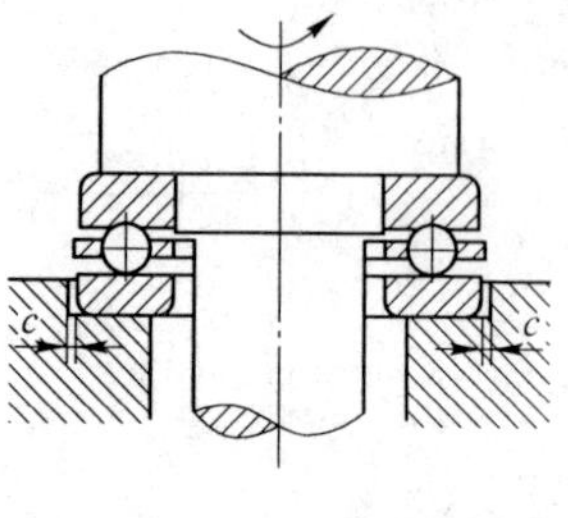

图 5.56　推力轴承装配

5.5.2.4　轴承的固定

为了防止滚动轴承在轴上和箱体孔内发生不必要的轴向移动，轴承内圈或外圈应作轴向固定。轴向固定包括轴向定位和轴向紧固。

轴向定位是保证轴承在轴上占有正确的位置，轴向紧固是保证轴承不发生轴向移动。当轴向力很小或无轴向力，且配合较紧时，可不采取任何紧固方法。

轴承内外圈的轴向定位，一般靠轴和箱体孔的挡肩或弹性挡圈，紧固方式如图 5.57 所示。用轴承压盖时不能压得太紧，以防轴承间隙减小，运转时发热。

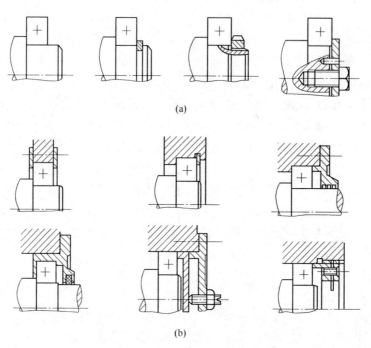

(a)

(b)

图 5.57　轴承内外圈轴向固定方式

(a) 轴承内圈的轴向固定方式；(b) 轴承外圈的轴向固定方式

5.5.3 滚动轴承的间隙与调整

5.5.3.1 滚动轴承的间隙类型

滚动轴承的间隙分为径向间隙和轴向间隙。径向间隙是指轴承一个套圈固定不变，另一个套圈在垂直于轴承轴线方向的最大移动量；轴向间隙是指在轴线方向的移动量，如图5.58所示。一般轴承的径向间隙越大，则轴向间隙也越大。装配时轴承应保证必要的间隙，以弥补制造和装配偏差及受热膨胀量，同时保证润滑以及轴承的均匀和灵活运动。

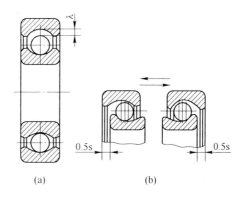

图5.58 滚动轴承间隙

(a) 径向间隙；(b) 轴向间隙

根据滚动轴承在装配前后和运转时所处的状态不同，轴承的径向间隙又分为原始间隙、配合间隙和工作间隙。

（1）原始间隙是指轴承在未装配前的间隙，由制造厂家按国家标准保证。

（2）配合间隙是指轴承装配到轴上和轴承孔内后所具有的间隙。由于受配合过盈量的影响，装配后内圈涨大、外圈压缩，故过盈量越大，受其影响越大。因此，配合间隙永远小于原始间隙。

（3）工作间隙是指轴承在工作状态下的间隙。它受内外圈配合和温度升高的影响使配合间隙减小，又因工作负荷的作用，使滚动体与套圈产生弹性变形而增大。除此之外，轴承的磨损也使得轴承的工作间隙增大。

一般情况下，工作间隙大于配合间隙。

5.5.3.2 不可调滚动轴承的间隙

向心球轴承、调心球轴承、圆柱滚子轴承、调心滚子轴承的游隙，在制造时已按标准规定调好，安装时一般不再调（但是圆锥孔的轴承安装时利用在锥度轴颈上的移动量，改变其内圈的配合松紧度，能达到微量调整径向游隙）。装配后，要检查由于配合造成的间隙变动是否符合装配要求，供机器试运转和以后检修作参考。一般可用千分表、塞尺等进行检查。

不可调整滚动轴承原有的间隙很小，当机器工作时产生热量使温度升高，轴就要有一定的伸长量，这个伸长量又不能从原有的轴向间隙得到解决，因此应该使轴的一个轴承作成游动的，并留有因温度升高而伸长的游动量 s，其值可按下式计算：

$$s = L\alpha\Delta t + 0.15 \tag{5.25}$$

式中　L——两轴承间的距离，mm；

　　α——轴材料的线膨胀系数；

　　Δt——轴的工作温度与环境温度之差，℃。

在一般情况下（高温除外），轴向间隙 s 值为 0.20~0.5mm。

5.5.3.3 可调滚动轴承的间隙

游隙可调的轴承有：单列向心推力球轴承、单列向心推力圆锥滚子轴承、单向推力球轴承、双向推力球轴承、单向推力圆柱滚子轴承和单向推力圆锥滚子轴承等数种。这些滚动轴承的游隙一般都在安装时调整调整轴承座圈之间的相互位置而达到要求的。

单列向心推力圆锥滚子轴承是一种典型的间隙可调整的滚动轴承。以圆锥滚子轴承（7000 型）为例（见图 5.59），轴承的径向间隙 λ 主要是由外圈的相对移动所得到的轴向间隙 s 来确定的。在实际测量中，只能用塞尺测量出外圈的内表面和滚子之间的垂直距离 g（间隙集中在单面时测量）。轴向间隙、径向间隙和垂直距离之间的关系如下：

$$g = 2s\sin\beta \qquad\qquad (5.26)$$
$$\lambda = 2s\tan\beta \qquad\qquad (5.27)$$

式中　　g——外圈内表面和滚子表面间的垂直距离（沿压力线的间隙）；

λ——径向间隙；

s——轴向间隙；

β——轴承外圈滚道母线与轴承中心线间的夹角，标准系列，$\beta = 10° \sim 16°$。

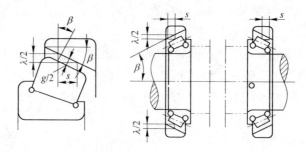

图 5.59　单列向心推力圆锥滚子轴承的间隙

各种间隙可调整的滚动轴承，轴向间隙可参考表 5.17 选取。当要求较高精度时取较小值，工作温度较大时取较大值。此外，还要考虑轴的热胀量，其计算方法可采用式（5.25）。

表 5.17　间隙可调整的滚动轴承的轴向间隙　　　　　　　　　　　　　　（mm）

轴承内径	轴承宽度系列	轴 向 间 隙		
		轴向推力球轴承	向心推力圆柱滚子轴承	双向推力球轴承
>30	轻系列	0.2～0.06	0.03～0.10	0.03～0.08
	轻系列和中宽系列	—	0.04～0.11	—
	中系列和重系列	0.03～0.09	0.04～0.11	0.06～0.11
30～50	轻系列	0.03～0.09	0.04～0.11	0.04～0.10
	轻系列和中宽系列	—	0.04～0.11	—
	中系列和重系列	0.04～0.10	0.04～0.11	0.06～0.12
50～80	轻系列	0.04～0.10	0.05～0.13	0.05～0.12
	轻系列和中宽系列	—	0.06～0.15	—
	中系列和重系列	0.05～0.12	0.06～0.15	0.07～0.14

续表5.17

轴承内径	轴承宽度系列	轴 向 间 隙		
		轴向推力球轴承	向心推力圆柱滚子轴承	双向推力球轴承
80~120	轻系列	0.05~0.12	0.06~0.15	0.06~0.15
	轻系列和中宽系列	—	0.07~0.18	—
	中系列和重系列	0.06~0.15	0.07~0.18	0.10~0.18

间隙可调整的轴承常用的调整方法有：箱体与轴承盖间加调整垫片调整、螺纹调整（轴上的螺母、箱体孔上的螺纹、调整螺钉）、调整环调整等。

A 箱体与轴承端盖间加调整垫片调整

通过改变垫片的厚度 δ 来调整滚动轴承的间隙 s，如图 5.60（a）所示。另外，此部位一般还装有密封垫圈，当遇到垫片厚度 $\delta=0$，而 $s>0$ 的情况时，应切削端盖上加垫片的端面，切削量大于密封垫圈厚度与此时 s 值的总和。

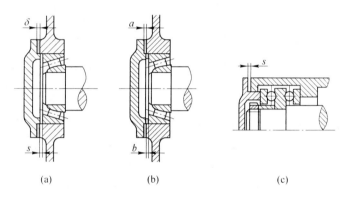

图 5.60 用箱体与轴承盖间加调整垫片调整
（a）工作状态；（b）压铅法；（c）箱体上加衬垫调整轴承的间隙

间隙的测量常用压铅丝法，也可采用千分表法和塞尺法。用压铅丝法测量时，将铅丝分成 3~4 段，用润滑脂均匀地涂抹在轴承盖和轴承外圈之间及轴承盖凸缘与机座之间（见图 5.60（b）），拧紧轴承盖螺栓直到轴转动感到发紧（此时轴承间已没有间隙）为止，然后拆下轴承盖，用千分尺或游标卡尺测量被压扁的铅丝厚度 a 与 b。分别算出 a 与 b 的平均值，再计算应加垫片的厚度。此时，应加垫片的厚度为：

$$\delta = a - b + s \tag{5.28}$$

当轴承盖与轴承座外圈间的距离太大时，可增加一个垫环来解决（图 5.60（c））。不可调整的向心轴承，考虑受热膨胀应留有轴向间隙时，也可用此方法来测量和调整。

B 螺纹调整

用旋转轴上的螺母调整时（见图 5.61），先旋转螺母将轴承内圈压紧，直到转动轴感到发紧时，再根据技术文件中要求的轴向间隙，计算出调整螺母应逆时针旋转的角度 α。将调整螺母逆时针旋转 α 角，然后用锁紧螺母锁紧，以防在轴旋转时松动。α 角按下式计算：

$$\alpha = s/t \times 360° \tag{5.29}$$

式中 s——轴承要求的间隙；

         t——调整螺母的螺距。

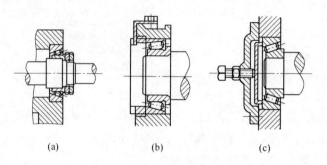

(a)   (b)   (c)

图 5.61   用螺纹调整轴承间隙

（a）用旋转轴上的螺母调整；（b）借助箱体上的螺纹调整间隙的方法；（c）用调整螺钉调整间隙的方法

C   调整环调整

用调整环调整时，必须将轴承从轴上取下，在平台或专用胎具上进行测量，然后改变内调整环和外调整环的宽度，获得要求的间隙。此方法的优点是在装配前进行调整，装配比较便利。同时利用精密仪器进行测量，可以得到较高的精确度。

5.5.4   滚动轴承装配的预紧

滚动轴承装配的预紧，是指在装配时使轴承的滚动体与套圈间紧密接触，保持一定的初始压力和弹性变形，以减小在工作负荷下轴承的实际变形量，改善轴承的支承刚度，提高旋转精度。此时轴承产生预变形，为零间隙或负间隙，但轴承预紧量应适当，过小将达不到预紧的目的，过大又会使轴承中的接触应力和摩擦阻力增大，从而导致轴承寿命的降低。

轴承的预紧方式有定位预紧、定压预紧和径向预紧。

5.5.4.1   定位预紧

装配时将一对轴承的外圈或内圈磨去一定厚度或在其间加装垫片，以使轴承在一定的轴向负荷作用下产生预变形，达到预紧，如图 5.62 所示。

5.5.4.2   定压预紧

装配时利用作用在套圈上的弹簧力，使轴承受一定的轴向负荷产生预变形，达到预紧，如图 5.63 所示。

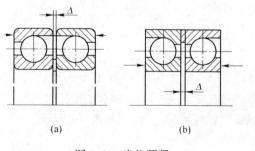

(a)   (b)

图 5.62   定位预紧

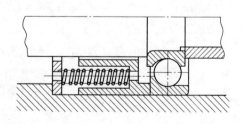

图 5.63   定压预紧

5.5.4.3 径向预紧

装配时利用轴承和轴颈的过盈配合，使轴承内圈膨胀（如锥孔轴承），消除径向间隙，减小预变形，达到预紧。

5.6 齿轮传动装置的修理与装配

齿轮传动的特点是效率高、结构紧凑、工作可靠、寿命长及传动比稳定。常用的齿轮传动装置有圆柱齿轮、圆锥齿轮和蜗杆蜗轮3种。

齿轮传动正确装配的基本要求是：将齿轮正确地装配在轴上；精确保证齿轮的位置；使齿间具有合适的间隙；保证齿的表面接触良好。

常见的轮齿失效形式有轮齿折断和齿面损坏。齿面损坏又可分为齿面疲劳点蚀、磨粒磨损、胶合和塑性变形等。

5.6.1 齿轮的修理

当齿轮磨损和损坏达到一定程度时，不能继续使用，应当更换。如矿山机械中的齿轮出现下述情况之一者必须更换：

（1）点蚀区宽度为齿高的100%，或点蚀区宽度达到齿高的30%、长度达到齿长的40%，或点蚀区宽度达到齿高的70%、长度达到齿长的10%。

（2）齿面发生严重黏着，胶合区达到齿高的1/3、齿长的1/2。

（3）硬齿面齿轮，齿面磨损达到硬化层深度的40%（绞车为70%）。

（4）软齿面齿轮，齿面磨损到原齿厚的5%（绞车为10%）。

（5）开式齿轮传动中，齿面磨损达到原齿厚的10%（绞车为15%）。

在重要或关键设备的修理中，相啮合的齿轮应成对更换。对于载荷方向不变的齿轮（如刮板输送机减速器等），当原工作齿面出现损伤时，只要齿轮端面的安装尺寸对称，可视损伤的情况采取翻转齿轮、调换其工作齿面的方法延长齿轮的使用期。

5.6.1.1 齿轮轮齿的修理

轮齿的修复方法有堆焊加工法、镶齿法和变位切削法。

A 堆焊加工法

在损坏或磨损严重的部位堆焊上一层金属，再进行齿形加工处理。此方法一般适用于尺寸较小的齿轮修理，常用手工堆焊。

堆焊前，必须了解齿轮的材质，选择合适的焊条，尽量选择低碳焊条，严格注意焊后增碳问题，并预先做好堆焊时检查齿形用的样板，准备好引弧、落弧用的紫铜板和防止飞溅烧伤用的包布、挡板等。

堆焊时，应尽量采用小电流、分段焊、对称焊等操作方法施焊。图5.64所示为大模数（$m = 10$以上）齿轮断齿的堆焊，先在断齿残根的适当位置装上螺钉桩（目的是尽量减少焊接量），焊牢后再在其上面堆

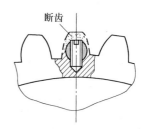

图5.64 大模数齿轮断齿的堆焊修复

焊出齿形，然后用齿形样板检查，锉修出齿廓或进行机械切削，并进行必要的热处理。

　　B　镶齿法

　　大模数齿轮断齿后，可采用镶齿法修复，但只适合于折断一个齿或不连续折断几个齿的齿轮，如果两个或两个以上齿连续折断，便不能使用。如图5.65所示，在断齿的根部用铣床或刨床加工出尺寸合适的燕尾槽（若无机加工能力，也可用錾子剔出，用燕尾样板检查），再加工一件具有渐开线齿形（留有一定的锉修余量）并带燕尾的镶块，将两件紧密扣合后焊接在一起，用锉刀和油石修整镶块两侧的渐开线齿形，并用渐开线凸样板检查齿两侧的齿槽宽度，直到两宽度相等。装配后在新镶的齿面两侧涂色，与啮合齿轮对研，如果接触面太小，则对镶齿做进一步的修整，使其达到要求。

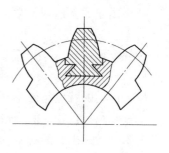

图5.65　燕尾式镶齿法

　　C　变位切削法

　　对已磨损的大齿轮重新进行变位切削加工处理，并重新配制相应的小齿轮来恢复传动性能。

　　随着工业技术的不断发展，齿轮加工逐渐向着标准件生产方向发展，齿轮的修理尤其是轮齿折断的修理显得有些不经济，因此一般情况下，轮齿折断时多以更换为主。

　　5.6.1.2　齿轮轮缘、轮毂的修理

　　对破裂的齿轮，用于较小负荷时或者没有焊接条件时，可直接用固定夹板连接的方法处理，如图5.66所示；当负荷较大时，应采用焊接修理。对不易拆卸的齿轮，可直接就地进行焊接，但应力较大；有条件时，应先进行整体或局部预热再进行焊接，焊后进行热处理以消除内应力。

　　轮毂上的裂纹，可采用焊接方法修理或车削掉裂纹，用热装法配制一直径、宽度和厚度相适应的钢轮毂。

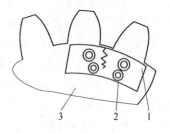

图5.66　用夹板修理破裂的轮缘
1—夹板；2—螺钉；3—齿轮

5.6.2　圆柱齿轮的装配与调整

　　5.6.2.1　装配前的检查

　　(1) 齿轮的主要技术参数是否与要求相符，如齿形、模数、齿宽、压力角等。

　　(2) 检查齿轮轴孔的表面状况，如配合尺寸大小、键槽宽度和深度尺寸、表面粗糙度，检查齿轮各部分加工有无缺陷和伤痕等。

　　(3) 高速齿轮应先做好平衡试验，保证齿轮旋转平稳。

　　5.6.2.2　齿轮与轴的装配

　　齿轮传动设计中，齿轮与轴的连接有空转、滑移和固定3种形式。

　　在轴上空转或滑移的齿轮与轴为间隙配合，装配后的精度主要取决于零件本身的加工精度，确保装配后齿轮在轴上不得有晃动现象。在轴上固定的齿轮与轴的配合多为过渡配合，带有一定的过盈量。装配时，如过盈量不大，可用锤击法装入；过盈量较大时，应用压力机压装或用热装法装入。

如图 5.67 所示，齿轮装在轴上可能出现的缺陷有齿轮偏心（见图 5.67（a））、歪斜（见图 5.67（b））和端面未贴紧轴肩（（见图 5.67（c）））。

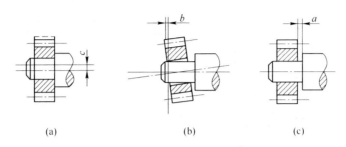

图 5.67　齿轮在轴上的装配缺陷
（a）偏心；（b）歪斜；（c）端面未贴紧轴肩

精度高的齿轮传动机构，在压装后需要检验其径向和端面跳动误差，如图 5.68 所示。将一圆柱形量规放在齿间，两个千分表分别置于齿轮的径向和端面位置，一面转动齿轮一面进行测量。

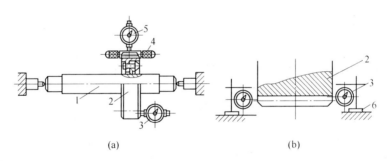

图 5.68　齿轮径向和端面跳动测量
（a）小型齿轮测量；（b）大型齿轮测量
1—轴；2—齿轮；3、5—千分表；4—量规；6—固定支架

齿轮的径向跳动允许偏差值见表 5.18，端面跳动允许偏差值见表 5.19。

表 5.18　齿轮径向跳动允许偏差（8、9 级精度）　　　　　　　　（mm）

齿轮直径	允许偏差	齿轮直径	允许偏差
100~200	0.08~0.12	1000~1500	0.28~0.34
200~350	0.12~0.16	1500~2000	0.34~0.42
350~500	0.16~0.20	2000~3500	0.42~0.52
500~750	0.20~0.24	3500~5000	0.52~0.65
750~1000	0.24~0.28		

表5.19 齿轮端面跳动允许偏差 （mm）

齿轮宽度	齿轮直径	允许偏差	齿轮宽度	齿轮直径	允许偏差
50~100	100~200	0.05~0.09	150~250	1000~1500	0.20~0.30
50~100	200~400	0.08~0.16	150~250	1500~2000	0.30~0.40
50~100	400~600	0.15~0.24	150~250	2000~2500	0.40~0.50
100~150	500~700	0.15~0.21	250~450	2000~3000	0.30~0.45
100~150	700~1000	0.20~0.30	250~450	3000~4000	0.45~0.60
100~150	1000~1300	0.28~0.38	250~450	4000~5000	0.60~0.75

5.6.2.3 齿轮轴组件与箱体的装配

将装配好的齿轮轴组件装入箱体，其装配方式应根据它们在箱体中的结构特点确定。一对相互啮合的圆柱齿轮装配后，其轴线应互相平行，且保持适当的中心距。因此，在齿轮轴未装入箱体之前，可用特制的游标卡尺测量出箱体孔的中心距，如图5.69所示。渐开线圆柱齿轮中心距的极限偏差见表5.20。外啮合齿轮的中心距取正值，内啮合齿轮的中心距取负值。

5.6.2.4 齿轮啮合质量的检查

A 啃住和阻滞现象的检查

滑移齿轮应没有啃住和阻滞现象，变换机构应保证准确的定位，啮合齿轮的轴向错位不应超过下列数值：齿轮轮缘宽为 $b \leqslant 30mm$ 和 $b > 30mm$，允许错位量对应为 $0.05b$ 和 $0.03b$。

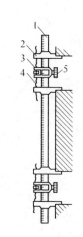

图5.69 两孔中心距测量
1—主尺；2—游标；3—调节旋钮；
4—丝杆；5—固定螺钉

若变换机构不能保证齿轮变速的准确位置（即啮合齿轮的轴向错位超差），则必须重新改变手柄所对应的定位基准，使变速盘数字、定位基准、齿轮的轴向滑移错位量三者统一。

表5.20 渐开线圆柱齿轮中心距极限偏差

精度等级	5~6	7~8	9~10
齿轮副中心距/mm	中心距极限偏差±fa/μm		
>80~120	17.5	27.0	43.5
>120~180	20.0	31.5	50.0
>180~250	23.0	36.0	57.0
>250~315	26.0	40.5	65.0
>315~400	28.5	44.5	70.0
>400~500	31.5	48.5	77.5
>500~630	35.0	55.0	87.0

续表5.20

精度等级	5~6	7~8	9~10
齿轮副中心距/mm	中心距极限偏差±fa/μm		
>630~800	40.0	62.0	100.0
>800~1000	45.0	70.0	115.0
>1000~1250	52.0	82.0	130.0
>1250~1600	62.0	97.0	155.0
>1600~2000	75.0	115.0	185.0
>2000~2500	87.0	140.0	220.0
>2500~3150	105.0	165.0	270.0

B 齿轮啮合间隙的检查

齿轮在正常啮合传动时，齿间必须保持一定的齿顶间隙和齿侧间隙。其主要作用是存储润滑油，减少磨损，补偿轮齿在负荷作用下的弹性变形和热膨胀变形，防止齿轮间发生干涉。

当齿顶间隙和齿侧间隙过小时，运转将产生很大的相互挤压应力，发出"嗡嗡"的碾轧响声。同时，润滑油被排挤，引起齿间缺油，齿面磨损加剧，附加负荷相应增大，严重时会损坏轴承和使轴弯曲，并可引起轮齿的折断。当齿侧间隙过大时，则会产生齿间冲击，加快齿面磨损，引起振动和噪声，并可能发生断齿事故。

齿侧间隙 C_n 可按模数 m 来简便地确定：

7级精度齿轮 $C_n = (0.05 \sim 0.08)m$ （m 为齿轮模数）

8级和9级精度齿轮 $C_n = (0.06 \sim 0.10)m$

粗齿 $C_n = 0.16m$

装配后圆柱齿轮的最小齿侧间隙见表5.21。

用于矿山机械中的齿轮，当最大齿侧间隙达到下列数值后，应立即更换：

7级精度齿轮 $C_{nmax} = (0.15 \sim 0.25)m$ （m 为齿轮模数）

8级和9级精度齿轮 $C_{nmax} = (0.25 \sim 0.40)m$

特殊情况下慢速传动齿轮 $C_{nmax} = (0.25 \sim 0.40)m$

齿顶间隙 C_0 的确定：

压力角 $\alpha = 20°$ 的标准齿 $C_0 = 0.25m$

短齿 $C_0 = 0.30m$

表 5.21 齿轮副最小间隙（C_{nmin}）

齿轮的装配条件	闭 式	开 式
齿轮副的中心距/mm	C_{nmin}/μm	
125~180	160	250
180~250	185	290
250~315	210	320
315~400	230	360

续表5.21

齿轮的装配条件	闭　式	开　式
齿轮副的中心距/mm	C_{nmin}/μm	
400~500	250	400
500~630	280	440
630~800	320	500
800~1000	360	550
1000~1250	420	660
1250~1600	500	780
1600~2000	600	920
2000~2500	700	1100
2500~4000	950	1500

齿轮啮合间隙的检查可用塞尺法、千分表法和压铅丝法。

a　塞尺法

用塞尺可以直接测出轮齿的齿顶间隙和齿侧间隙。

b　千分表法

如图 5.70 所示，将一个齿轮固定，在另一个齿轮上安装拨杆，由于齿侧间隙的存在，装有拨杆的齿轮便可摆动一定的角度，从而推动千分表的测头，得到表针摆动的读数差 Δc，根据分度圆半径 R，圆心到测点的距离 L，便可计算出齿侧间隙：

$$C_n = \Delta c R / L$$

不精确测量时可将千分表的测头顶在齿面上，摆动齿轮直接测量。

c　压铅丝法

压铅丝法是生产实践中常用的一种方法，如图 5.71 所示。先将铅丝紧贴轮齿外轮廓铺设，并使铅丝与齿轮端面平行且大致跨 3~5 个齿，然后转动齿轮使齿轮啮合滚压铅丝。之后用游标卡尺或千分尺测量压扁后的铅丝厚度，最厚部分的厚度值为齿顶间隙 C_0，相邻较薄部分厚度值之和为齿侧间隙 C_n：

$$C_n = C'_n + C''_n$$

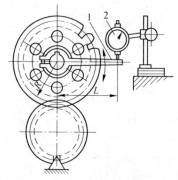

图 5.70　千分表测量齿侧间隙

1—拨杆；2—千分表；L—拨杆测试距离

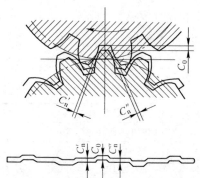

图 5.71　压铅丝法测量顶间隙和侧间隙

C_0—顶间隙；C'_n，C''_n—侧间隙

对于大型的宽齿轮，必须在齿长的两端放置两条以上的铅丝，才能正确地检查出齿轮宽度方向上不同位置的啮合间隙，同时还能检查出齿轮轴的平行度和倾斜程度。平行度通过两端齿顶间隙的差值反映出来；倾斜度则反映在两端齿侧间隙的差值上。

5.6.2.5 齿轮啮合接触精度的检查

齿轮啮合接触精度包含接触面积的大小和接触位置，它是表明齿轮制造和装配质量的一个重要标志。一组传动齿轮在运行过程中，要求啮合齿面沿齿厚和齿高方向都有足够长度的接触，承受负荷均匀分布，发生的磨损沿其工作面高度和宽度一致。否则，必然会加大载荷的集中和齿的过早磨损。

齿轮啮合的接触面积可用涂色法进行检查。将显示剂涂在小齿轮上，用小齿轮慢慢驱动大齿轮，使大齿轮转动 3~4 圈后，色迹（斑点）便显示在大齿轮的工作齿面上，据此可判定齿轮装配的正确与否。

接触斑点的面积应符合表 5.22 所规定的数值。

表 5.22　齿轮副接触斑点　　　　　　　　　　　　　　（%）

齿轮类型	接触斑点	精 度 等 级			
		6	7	8	9
渐开线	按齿高不小于	50（40）	45（35）	40（30）	30
圆柱齿轮	按齿长不小于	70	60	50	40
圆弧齿轮	按齿高不小于	55	50	45	40
（跑合后）	按齿长不小于	90	85	80	75

接触斑点分布位置应自节圆对称分布，如图 5.72 所示。渐开线圆柱齿轮接触斑点及调整方法见表 5.23。

表 5.23　渐开线圆柱齿轮接触斑点及调整方法

接触斑点	原因分析	调整方法
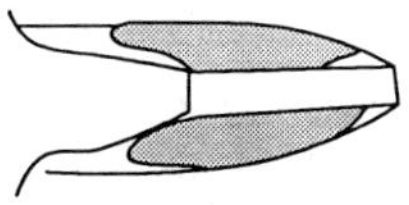 正常接触	—	—
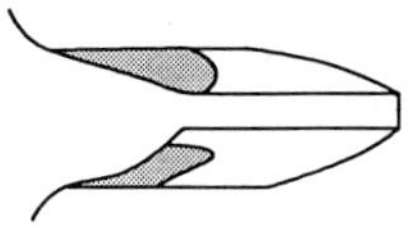 同向偏接触	两齿轮轴线不平行	可在中心距允差范围内，刮削轴瓦或调整轴承座
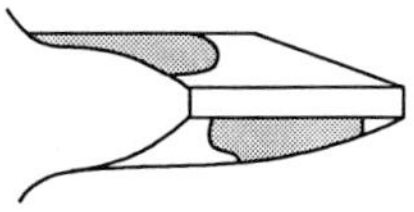 异向偏接触	两齿轮轴线歪斜	
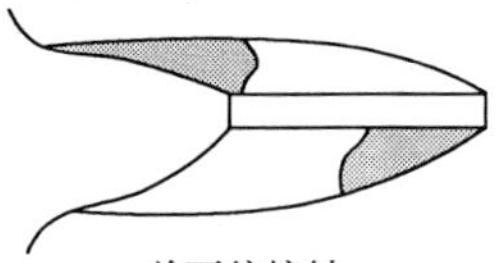 单面偏接触	两齿轮轴线不平行同时歪斜	

接触斑点	原因分析	调整方法
游离接触，在整个齿圈上接触区由一边逐渐移至另一边	齿轮端面与回转中心线不垂直	检查并校正齿轮端面与回转中心线的不垂直误差
不规则接触（有时齿面一个点接触，有时在端面边线上接触）	齿面有毛刺或有碰伤隆起	去毛刺、修整
接触较好，但不太规则	齿圈径向跳动误差太大	检验并减小齿圈的径向跳动误差

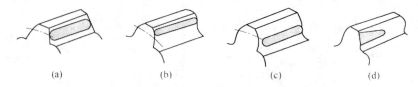

（a）　　　　　　　（b）　　　　　　（c）　　　　　　（d）

图 5.72　圆柱齿轮接触斑点分布

（a）正确；（b）中心距太大；（c）中心距太小；（d）中心线歪斜

5.6.3　圆锥齿轮的装配与调整

圆锥齿轮传动装置的装配方法和步骤基本上与圆柱齿轮相同，但质量要求不同。装配圆锥齿轮时，必须使两齿轮轴的轴心线夹角正确，且两轴轴心线位于同一平面内。因此，在装配时，必须检查轴承孔中心线的夹角和偏移量，检查啮合间隙和接触精度。

5.6.3.1　轴心线夹角的检查

如图 5.73 所示，用塞尺即可测得检验叉子与检验心轴 A 和 B 处的间隙。如果间隙为零或相等，则表明两轴线垂直；否则，两轴线的夹角有偏差，其极限偏差值见表 5.24。

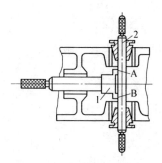

图 5.73　中心线夹角检查

1—检验叉子；2—检验芯轴；

A，B—1 与 2 之间的接触点

表 5.24　圆锥齿轮轴中心线夹角的极限偏差

节圆锥母线长度/mm	~50	50~80	80~120	120~200	200~320	320~500	500~800	800~1250
轴线夹角极限偏差/μm	+45	+58	+70	+80	+95	+110	+130	+160

5.6.3.2 中心线偏移量的检查

如图 5.74 所示，两根检验心轴槽口平面间的间隙 a，即为两轴中心线的偏移量，可用塞尺测出。其值应符合表 5.25 中的规定。

表 5.25　圆锥齿轮轴中心线的允许偏移量

节圆锥母线长/mm	~200	200~320	320~500	500~800	800~1250
允许偏移量/μm	25	30	40	50	60

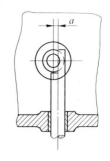

图 5.74　中心线偏移量的检查

5.6.3.3 啮合间隙的检查

圆锥齿轮啮合间隙的检查方法与圆柱齿轮相同，可用塞尺、千分表和压铅丝等方法来检查，现场常用压铅丝法。齿顶间隙 $C_0 = 0.2m$（m 为大端模数），齿侧间隙 C_n 的标准值见表 5.26。

表 5.26　圆锥齿轮的标准保证侧隙

锥距/mm		~50	50~80	80~120	120~200	200~320	320~500	500~800	800~1250
C_n 标准值 /μm	闭式	85	100	130	170	210	260	340	420
	开式	170	210	260	340	420	530	670	850

齿侧间隙的大小可利用加减垫片的方法产生轴向移动来进行调整，如图 5.75 所示。

5.6.3.4 啮合接触精度的检查

圆锥齿轮的啮合情况可用涂色法进行检查，如图 5.76 所示，根据齿面着色情况，判断出以下几种误差，并可有针对性地进行调整：

（1）痕迹显示在被动齿轮的小端（见图 5.76（a）），应按箭头方向调整，使主动齿轮退，被动齿轮进。

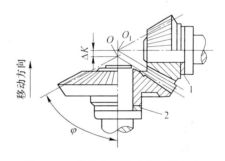

图 5.75　圆锥齿轮间隙的调整方法
1，2—调整垫片

（2）痕迹显示在被动齿轮的大端（见图 5.76（b）），应按箭头方向调整，使主动齿轮进，被动齿轮退。

（3）痕迹为一窄长条并接近齿顶（见图 5.76（c）），说明间隙太大，要同时调整两个齿轮使其靠近。

（4）痕迹仍为一窄长条并接近齿根（见图 5.76（d）），说明间隙太小，要同时调整两个齿轮使其远离。

（5）如果痕迹达到了齿面长度的 2/3，且两轴线在同一平面内，痕迹显示如图 5.76（e）所示，则说明齿轮啮合情况良好。

经过这样调整的圆锥齿轮副，运转时磨损均匀，且噪声小。

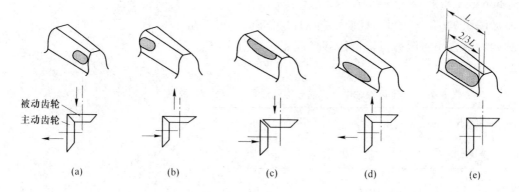

图 5.76　圆锥齿轮副涂色辨别及调整方向

5.6.4　蜗轮蜗杆副的装配与调整

一般机械中，经常采用下面两级精度蜗杆蜗轮传动装置：

7 级精度：蜗轮圆周速度为 3~7.5m/s 的中等精度的机械动力传动；

8 级精度：蜗轮圆周速度<3m/s 的不重要传动装置。

5.6.4.1　蜗杆蜗轮副的装配要求

（1）蜗杆和蜗轮的轴心线具有一定的中心距精度和不歪斜精度；

（2）蜗杆螺旋侧面与蜗轮齿侧面之间应有一定的间隙和接触精度；

（3）传动轻便灵活。

5.6.4.2　蜗轮与蜗杆轴线中心距及轴线是否歪斜的检查

蜗轮与蜗杆轴线中心距可以用检验棒和样板检查。如图 5.77 所示，将检验棒 1 插入蜗轮轴的轴承座孔，在检验棒 1 上套着样板 2，然后在蜗杆的座孔中插入检验棒 3，并用块规或塞尺检验样板上测量平面与检验棒 3 之间的距离 a，根据尺寸 a、b 和检验棒直径 d 即可算出实际中心距 $A = b + a + d/2$。

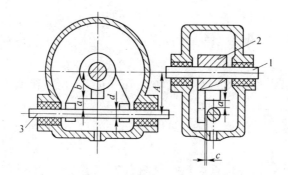

图 5.77　蜗轮传动装置的检验

1，3—检验棒；2—样板

轴线是否歪斜，可用块规或塞尺检验样板下部测量平面与检验棒 3 之间的距离 c，从左右两边的距离数值是否一致，可以判断出蜗轮与蜗杆轴心线是否歪斜。

图 5.78 所示为检查蜗轮蜗杆轴心线歪斜的另一种方法,将心轴 1 和 2 放入箱体的轴承孔内,心轴 2 上用摆杆 3 固定一个千分表 4,摆动摆杆,测取心轴 1 上左右相距 L 两点 m、n 处的读数。如果两轴轴心线没有歪斜,则 m、n 两点处读数应相等;否则不等。m、n 两点处读数的差值 Δ,即为轴线间在 L 长度范围内的垂直度误差,其歪斜度值为 $\delta = \Delta/L$。

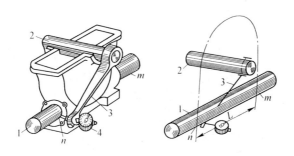

图 5.78 蜗轮蜗杆轴心线歪斜的检查
1,2—心轴;3—摆杆;4—千分表

蜗轮与蜗杆传动装置的中心距允许误差和轴心线倾斜的极限值与蜗轮的精度等级、中心距及模数有关,见表 5.27。

表 5.27 轴线中心距和倾斜允许误差

模数 m	项目	精度等级										
		6			7			8			9		
	轴中心线间的距离/mm	25~75	75~150	150~300	25~75	75~150	150~300	25~75	75~150	150~300	25~75	75~150	150~300
$m \leqslant 6$	中心距的允许误差/μm	±20	±30	±35	±35	±50	±60	±60	±90	±100	±120	±180	±220
1~2.25	在蜗轮宽度上轴心线歪斜的极限值/μm	8			12			18			—		
2.25~4		10			15			20			35		
4~6		12			20			25			45		

5.6.4.3 蜗杆与蜗轮副齿侧间隙的检查

在对蜗轮与蜗杆传动装置齿侧间隙进行检查时,用塞尺和压铅丝法较困难,通常用千分表检查蜗杆的转移角度。

如图 5.79 所示,在蜗杆轴上固定一带有角度的刻度盘 2,把千分表的测头顶在蜗轮齿面上,用手转动蜗杆,并保持千分表的指针不动,则刻度盘 2 相对于固定指针 1 的最大转角,就是蜗轮静止时蜗杆的转移角度。其允许值见表 5.28。

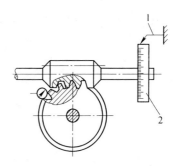

图 5.79 蜗轮与蜗杆副齿侧间隙的检查
1—固定指针;2—刻度盘

表 5.28   蜗杆的转移角度允许值

传动级别	单螺旋	双螺旋	三螺旋	四螺旋
6	5°~8°	2°30′~4°	2°~3°	1°30′~2°
7	8°~12°	4°~6°	3°~4°	2°~3°

5.6.4.4　蜗轮与蜗杆接触精度的检查

蜗轮、蜗杆装入箱体后，首先要用涂色法来检验二者接触精度，并用接触斑点的分布情况来检验蜗轮、蜗杆相互位置的正确性。检验时，将红丹粉涂抹在蜗杆的螺旋面上，转动蜗杆，即可在蜗轮轮齿上获得接触斑点，如图 5.80 所示。

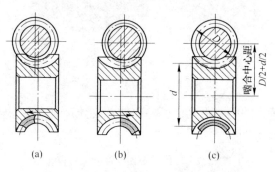

图 5.80   用涂色法检查蜗轮与蜗杆的接触精度
（a）蜗轮偏右；（b）蜗轮偏左；（c）正确

正确的接触斑点位置，应在中部稍偏于蜗杆旋转方向，如图 5.80（c）所示。对于图 5.80（a）和（b）所示的偏离较大的情况，则应调整蜗轮的轴向位置。

接触斑点的大小，在常用的 7 级精度传动中，痕迹的长度和高度应分别不小于蜗轮齿长的 2/3 和齿高的 3/4；在 8 级精度传动中，应分别不小于蜗轮齿长的 1/2 和齿高的 2/3。

复习思考题

5-1　机械零件在维修前拆卸时要遵循哪些规则？

5-2　重新装配轴类零件应考虑哪些因素？

5-3　轴类零件的失效形式有哪些，常用哪些拆卸方法？

5-4　轴类零件弯曲变形的矫直常用哪些方法，各有哪些特点？

5-5　轴重新装配后，轴间的平行度、垂直度和同心度如何检查？

5-6　如何检查轴的圆度和圆柱度？

5-7　过盈配合的连接应满足哪些要求？

5-8　滑动轴承常出现哪些缺陷？简述对开式双金属滑动轴承的修理工艺流程。

5-9　重新加工轴瓦的轴孔时应考虑哪些问题，调整垫片有何作用，放置垫片有何规定？

5-10　滑动轴承刮研目的是什么，对刮研有何要求？

5-11　滑动轴承为何要开油槽，开油槽时应考虑哪些问题，油槽有哪些形式？

5-12　轴瓦（轴套）与轴承座装配时应注意哪些问题？

5-13　滚动轴承常出现哪些缺陷，影响滚动轴承装配质量的因素是什么？

5-14 滚动轴承装配时为什么要规定其间隙，间隙过大或过小在工作中会产生什么不良后果，滚动轴承的间隙有哪几种形式，它们之间的关系如何？

5-15 滚动轴承的轴向固定有何意义，有哪些方法？什么是滚动轴承的预紧，预紧有何意义？

5-16 齿轮在装配前和装配过程中主要检查哪些项目？

5-17 齿轮传动装置装配的基本要求是什么？

5-18 齿轮传动有哪些失效形式，齿轮装在轴上可能出现的缺陷有哪些，如何进行检查确定？

5-19 齿轮轮齿常用哪些修理方法？

6 通用机械设备的安装

本章提要：设备安装是机器使用之前的最后一步和投入生产前的最后环节。设备安装正确与否，对后续的设备性能精度和使用寿命有着十分重要的影响。只有按照正确的流程进行安装，才能保证设备的正确使用。

所谓安装，就是按照一定的技术条件，把单独部件或机器按照设计要求组合起来，并正确地安放或牢固地固定在基础上，使机械设备能够完成设计规定的各项功能的施工过程。

设备安装的整个工作过程由安装准备工作、选择地基、建筑基础、设备安装、调试和试运转等工序组成。安装质量直接影响机械设备工作的性能、运转周期及使用寿命。

在安装过程中应做到以下几点：

(1) 有成熟的装配和组装技术能力，要拥有一定数量的专业技术人员；

(2) 有可靠适用的施工设备，如起重设备、运输设备和现场加工设备等；

(3) 有先进的检验、检测工具，确保设备安装过程中能合理准确地进行测量和调整；

(4) 有严格的施工组织管理措施，并做好充分的准备工作。

6.1 设备安装前的准备工作

6.1.1 技术准备

机械设备的安装工作首先要在详尽熟悉安装工作各类技术资料的基础上，编制具体的技术质量要求、设计安装工艺和编制安装程序，在提高劳动生产率和降低成本的原则下，按期完成安装施工任务。

6.1.1.1 安装前的准备工作

机械设备在安装前，要仔细审阅被安装机械设备的图纸，了解其工作性能和安装要求，主要内容包括：

(1) 确定安装方案和质量要求。大型设备（如煤矿机械设备）在安装时，一般是按组件或部件形式运送到安装现场。因此需要认真审阅图纸，了解设备零部件间的装配关系，确定安装方案和装配质量要求。

(2) 确定安装空间。根据图纸中标注的机械设备的长、宽、高等总体尺寸以及中心标高，再根据其附属设备，大致确定设备所需的安装空间。

(3) 核对信息。将设备结构图纸、安装图纸和实物进行分项逐一核对。核对内容包括：1）安装图纸的地脚螺栓孔与设备底座的安装孔是否一致；2）安装图纸中的机座预埋位置的中心距、中心标高与设备主轴的中心距、中心标高是否一致；3）土建部门提供的安装图纸是否有足够的安装空间来保证设备的组装；4）附属设备的安装位置是否符合设备的运转要求；5）安装图纸中管道、电缆沟等的接口是否与设备的接口一致。

6.1.1.2 编制施工组织方案

在全面了解和掌握图纸及安装使用说明书的基础上，编写出施工组织方案。

（1）施工程序。一般机械设备的安装顺序是：找正、清洗、装配，然后调整试运转。但必须根据实际情况和安装条件，确定具体的安装方法。例如，采用设备整体安装法时，可预先进行清洗、装配或试运转，然后安装到地基上，找正调试。施工程序不是一成不变的，要注意采用先进的安装设备和安装工艺。

（2）施工进度表和劳动组织表。各工种和工作人员数量可在进度图表上列出，也可按工序进度单独列表表示。进度图表是按照工期要求和施工程序制定的。

确定劳动组织时，一般按照施工项目分别安排施工负责人、技术负责人和安全负责人，并明确核定该项目的参加人员。要在保证安装质量的前提下，尽可能安排平行作业和交叉作业以保证工期；要注意安装用工特点，防止窝工。

对各工种人员，不但应有人员的数量要求，还必须有安装人员的技术种类和等级的要求，如焊接、设备吊装、整机调试等工种。

（3）分部、分项的工程施工方法及质量要求。对于大型机电设备的安装，往往根据设备的结构组成和安装工作项目，采取分不同部分进行施工或分不同项目进行施工的方法，即所谓的分部施工和分项施工。实施分部施工或分项施工必须满足施工空间的要求，满足施工技术装备的要求和施工人员数量、技术能力等要求。安装施工对应的质量要求，可参照制造厂家提供的安装质量标准，或执行国家、行业标准。各零部件的安装质量技术标准要量化，并且施工进度、检验、检查等工作要有记录。

（4）安装中的安全技术措施及安全规程。机械设备安装是多工种、多工序作业，防火与安全施工是十分重要的。在易燃易爆环境或有毒性气体可能泄漏环境中，设备安装搬运必须有严格的安全施工措施。在吊装施工及高空作业中，应特别注意安全用电（特别是高压）。

在施工前，应组织安装人员学习、贯彻施工组织设计中的相关内容，确保施工按照要求进行。

6.1.2 现场准备工作

6.1.2.1 设备开箱检查

设备到货后，设备管理部门要严格进行验收工作，主要内容有：

（1）设备技术文件是安装工作的重要资料，要送交档案部门归档。

（2）按装箱清单，检查设备组件、部件的数量和规格，特别要防止设备装箱错误。专用工具、特制螺栓等要严格检查，否则很可能在安装时因缺少一个特制螺栓而影响安装工期。

（3）设备的部件在运输或保管中是否有碰伤、锈蚀等现象，发现后要及时处理或与制造厂家协商处理方案。大型设备的缺陷处理需要较长时间，处理不及时会影响安装工期。

（4）设备开箱后，应对零部件、附件、附属材料和工（卡）具进行编号分类，要有专人妥善保管。设备的防护包装，应在施工工序需要时拆除，不得过早拆除或乱拆，致使设备受损。对一时不能进行安装的设备，在检查后应将箱板重新钉好，或采取其他措施，防止损失和丢失。

（5）设备的转动和滑动部件，在防锈油料未清除前，不得转动和滑动；由于检查而除去的防锈油料，在检查后应重新涂上。

（6）开箱检查记录要由设备管理部门认真填写并交档案部门保管，若在开箱检查中发现设备的规格或性能与订货要求不符，要请技术监督部门检验和出具报告，作为索赔的依据。

6.1.2.2　安装设备、工具与材料

（1）施工设备。常见的施工设备有：滑轮、起重杆、滚木、稳车、绞盘、链式起重机、起重吊车等起重及运搬机械；电气焊设备、手电钻、手提砂轮机、风动设备、铆接设备等现场加工设备；安装用临时电源（变压器、输配电装置、发电设备）等。

（2）仪器、量具。经纬仪、水准仪、方水平仪、长水平尺、千分表、水准仪、内外径千分尺、游标卡尺、深度尺、量角器、厚薄规、直角规、钢卷尺、盒尺、钢板尺、内外卡钳等，用于安装过程中进行测量和检查。

（3）工具及刃具。大小铁锤、木槌、铜棒、铅块、铲、各类扳手、管钳等钳工工具；钻孔绞孔设备及工具、攻丝工具、各种锉刀、钢号码、手钳、螺丝刀、钢丝刷、黄油枪、喷灯、刮刀、油石等刃具。

（4）消耗材料。砂布、锯条、棉纱、煤油、汽油、润滑油、润滑脂、研磨膏、显示剂、砂纸、氧气、乙炔、青壳纸、石棉板、毡垫、薄铜皮、镀锌薄板、钢丝（0.5～1mm）、铅丝（14号～8号）、保险丝、麻绳、棕绳等易耗材料；垫圈、螺栓、螺母、开口销等各类常用标准件；安装临时用电力电缆、各种规格的电线、开关等；安装临时需用钢板、钢管、方木、滚木、水泥、沙子、石子等；各种颜色的磁漆或调和漆、防锈漆、腻子粉等。

对施工用的设备、仪器、工具及刃具、消耗材料等，要根据所安装的设备和施工方法，提出名称、规格、数量的需求；编制采购或领用计划，对临时用设备（如汽车吊）在施工图表上标出使用时间。设备材料计划既要保证施工需要又要注意节约、降低安装成本。

6.1.3　常用起重设备

在机械设备的安装工作中，起重作业是保证设备运搬、安装的必要手段。起重设备的发展和广泛应用，大大缩短了设备安装时间，提高了安装工作效率，也改变着设备的安装方法和安装程序。在机械设备安装过程中常用的起重设备有：起重葫芦、梁式起重机和桅杆式起重机等。

6.1.3.1　起重葫芦

起重葫芦是一种常用的轻小型起重设备，分手动葫芦和电动葫芦两类。电动葫芦通常安装在架空工字梁上或与小型起重机配套使用。

A 手动葫芦

手动葫芦具有体积小、质量轻、使用方便和效率高等特点，广泛应用于机械设备的安装过程。根据结构和操作方法的不同，手动葫芦又分为手拉葫芦和手扳葫芦两种。其中，环链手拉葫芦、钢丝绳手扳葫芦和环链手扳葫芦的使用最为普遍。

a 环链手拉葫芦

环链手拉葫芦又称"神仙葫芦""倒链"。是一种操作简便、携带方便的手动起重设备，广泛用于小型设备和重物的短距离吊装，起吊质量一般不超过10t，最大可达20t。

在安装和维修工作中，环链手拉葫芦常与三脚架或单轨行车配合使用，组成简易起重机械，吊运平稳、操作方便，在垂直、水平、倾斜等方向均可使用。除吊装工作外，环链手拉葫芦还可用于设备的短距离搬运、设备的找平找正，也可用于收紧重型金属桅杆的缆风绳，在庞大设备搬运时用来固定设备。

图6.1所示为HS型手拉葫芦构造图。使用过程中，当顺时针拉动手拉链条时，起重链条上升，平稳提起重物；手拉链条停止拉动后，葫芦中的棘爪机构阻止棘轮的转动而使重物停在空中防止重物下落。逆时针拉动手拉链条时，重物因自重而下降。反复进行操作，能顺利提升或降下重物。

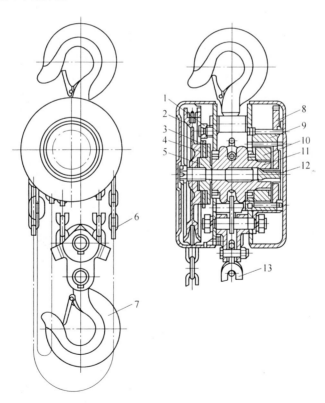

图6.1 HS型手拉葫芦

1—棘爪；2—手链轮；3—棘轮；4—摩擦片；5—制动器座；6—手拉链条；7—吊钩；8—片齿轮；
9—四齿短轴；10—花键孔齿轮；11—起重链轮；12—五齿长轴；13—起重链条

b　手动葫芦的使用注意事项

手动葫芦在使用前，应仔细检查吊钩、链条、钢丝绳、轮轴和制动器等是否良好，传动部分是否灵活，并在传动部分加油润滑；葫芦吊挂必须牢靠，起吊质量要与葫芦的起吊质量相一致。操作时，应先慢慢起升，待葫芦链条张紧后，检查各部分有无变化，吊装是否妥当，当确定各部分安全可靠后才能继续工作。在倾斜或水平方向使用时，拉链方向应与链轮方向一致，防止卡链和掉链；拉链的人数应根据葫芦起重能力的大小决定，不得超载使用，如果拉不动时，要检查葫芦是否损坏，严禁通过增加拉链人数，强行进行起吊。质量较大时，要更换大葫芦，拉链人数和葫芦吨位的关系见表6.1。

表6.1　链条葫芦的吨位和拉链人数

起重吨位/t	0.5~2	3~5	5~8	10~15
拉链人数/个	1	2	2	2

B　电动葫芦

在大型机械设备的运转车间，一般都安装有起重设备，以备安装、检修和吊运之用。

电动葫芦是比较常用的起重设备。电动葫芦一般由电动机、减速器、卷筒装置、运行机构和慢速驱动机构构成。电动葫芦结构紧凑、自重轻、效率高、操作方便，可作起重设备单独使用，配备自行小车后也可作架空单轨起重机、电动梁式起重机的起重小车。电动葫芦有钢丝绳式、环链式和板链式3种（见图6.2），其中钢丝绳式电动葫芦应用较普遍。电动葫芦多数采用地面跟随操纵或随起重机移动的司机室操纵。

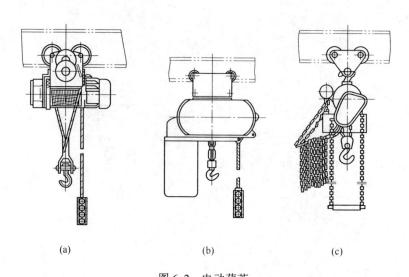

(a)　　　　　　　　(b)　　　　　　　　(c)

图6.2　电动葫芦
(a) 钢丝绳式电动葫芦；(b) 环链式电动葫芦；(c) 板链式电动葫芦

6.1.3.2　梁式起重机

大型设备的运转机房内均设有专用的起重设备，多选用的是梁式起重机。梁式起重机一般由桥架和起重小车两部分组成。桥架主梁多由型钢（工字钢）组成，起重小车常用手动葫芦、电动葫芦作为起升机构，因此梁式起重机有手动和电动两种形式。

A 手动梁式起重机

手动梁式起重机（见图 6.3）的运行机构采用手动单轨小车，用手动葫芦作起升机构。由于手拉力的限制，起吊质量一般不大于 20t，个别情况可达 30t。

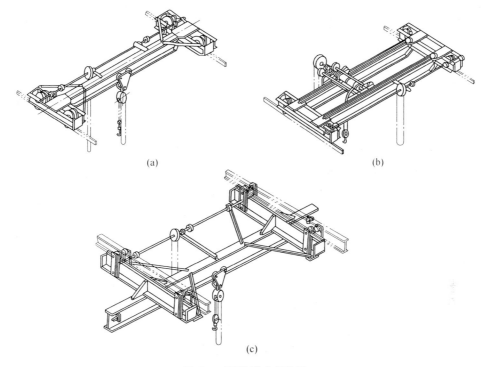

(a)　　　　　　　　　　(b)

(c)

图 6.3　手动梁式起重机

（a）手动单梁起重机；（b）手动双梁起重机；（c）手动单梁悬挂起重机

B 电动梁式起重机

电动梁式起重机有 4 种：电动单梁起重机、电动双梁起重机、电动单梁悬挂起重机和电动双梁悬挂起重机（见图 6.4），前三种用得较多。它们都由桥架、大车运行机构、电动葫芦（或电动葫芦作主要部件的电动起重小车）和电气设备组成。

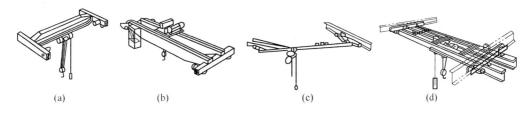

(a)　　　　　　(b)　　　　　　(c)　　　　　　(d)

图 6.4　电动梁式起重机

（a）电动单梁起重机；（b）电动双梁起重机；（c）电动单梁悬挂起重机；（d）电动双梁悬挂起重机

电动单梁悬挂起重机的小车是由电动葫芦组成的自行小车；电动双梁悬挂起重机的小车常采用集中驱动形式，也可采用通用桥式起重机的小车。

大车运行机构一般为分别驱动式，即两条轨道上的主动车轮由两套驱动装置分别驱动，电机多采用锥形转子式带制动器的交流异步电动机。地面操纵时用单速或双速电动机，司机室操纵时用绕线式电动机或单速、双速、三速电动机。

6.1.3.3　桅杆式起重机

桅杆式起重机是一种简单的起重机械，在起重作业中常用它来起吊或安装设备。在某些施工场合中，由于施工现场场地狭窄或施工现场缺乏其他起重机械，或起重的工作量不多，可考虑用桅杆式起重机。另外，由于桅杆式起重机制作简便，安装和拆除方便，起吊质量较大，使用时对安置的地点要求不高，因此在机械设备安装现场仍在使用。使用时，桅杆必须与滑车、卷扬机配合。它的缺点是灵活性较差，移动较困难，而且还要设立缆风绳。

A　独杆式桅杆起重机

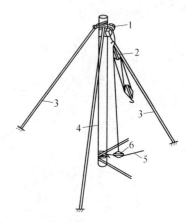

独杆式桅杆起重机是一种简单的起重设备，它由一根圆木或金属桅杆和滑车组、缆风绳等组成。起吊质量 3~5t，一般不超过 10t。起吊质量较大和起重高度较高时，宜采用无缝钢管或型钢制成的桅杆。有时为便于移动，将桅杆的底部设置在一个木支座上，如图 6.5 所示。

B　人字式桅杆起重机

人字式桅杆起重机用木杆或钢管捆绑成人字形（见图 6.6），在交叉部位捆绑两根缆风绳，并在交叉处挂上滑车（或滑车组），利用人力或卷扬机械起吊重物。它适用于无须移动的重物的升降，也可利用改变人字桅杆与地面的夹角进行小距离的移动。

图 6.5　独杆式桅杆起重机
1—横支撑木；2—滑轮组；3—缆风绳；
4—木桅杆；5—牵引绳；6—导向滑轮

C　回转桁架式起重机

回转桁架式起重机（见图 6.7）的优点是构造比较简单，占地面积小，能完成回转、升降起伏等多种动作，可把重物送到空间任意位置，作业半径较大。

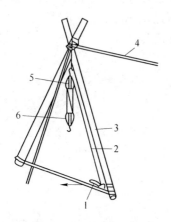

图 6.6　人字式桅杆起重机
1—导向滑轮；2—牵引绳；3—桅杆；
4—缆风绳；5—定滑轮；6—动滑轮

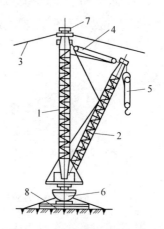

图 6.7　回转桁架式起重机
1—主桅杆；2—回转桁杆；3—缆风绳；4—回转桁杆起伏滑轮组；
5—起重滑轮组；6—转盘底座；7—顶部结构；8—底座

6.1.3.4 起重工作常识

A 放置物体时的注意事项

放置零部件或成台机构（这里总称为物体）时，应注意以下事项：

（1）大物体不许堆放或相互接触；不太大的非精加工零件在外形允许时适当分类堆放，但必须注意不致滑落、滚动和倾倒，并妥善保护加工面，特别注意保护外螺纹。

（2）经常检修的设备中需要妥善保护的较大零部件（如液压支架的立柱等），可制作结构适当的专用支承架来存放，或支承着进行检修作业。

（3）物体的加工面要用软材料（如木板、塑料等）均匀支承，较重时用方木支承。如需要从物体底面下边穿绳索时，不论底面是否加工都要用方木支承，底面周边和方木都不许悬空以保持稳定。

（4）长零件应在多处支承。如截面均匀，在两处支承时，支点距端面约 $2/9L$（L 为全长）；三处支承时，两端的支点距端面约 $1/8L$，支点间距相等；四处支承时，两端的支点距端面约 $1/10L$，支点间距相等。这样，支承时由自重而引起弯曲的挠度接近于最小。细长物体最好竖立存放或悬吊。

（5）圆截面的物体外表面两侧下方要用木楔挤住，确保其不会滚动。

B 起重和运搬工作中应注意的事项

（1）起重机具不超载。事先应估计重物的质量，必须在机具允许的载荷以下工作。

（2）准备和检查起重机具。所有起重机具都必须在工作前仔细检查，确认安全可靠后才允许工作。

（3）准备放置地点。事先确定放置地点，清理出物体放置和人员工作操作的必需空间，准备好承垫用的物品。

（4）检查运搬路线，清除通道上的障碍，保证重物和人员顺利通过。

（5）绳索固定应注意以下几点：一是绳索和它在重物上固定的部位必须擦去油脂和污垢；二是绳结必须正确而可靠，保证受载时不会滑动和脱落；三是工件加工面与钢丝绳接触时，或尖棱与绳索接触时，要垫以适当厚度的软材料（如木板、破布等）；四是必须防止物体转动或摆动，把物体重心最好转到最低点再固定绳索，捆绑物体时不许拧劲，各段绳索在物体上的固定点和长度都应适当，吊钩或抬杆必须位于物体重心的正上方，多条承载绳索夹角不宜大于60°，不受力的绳端自由部分必须绕挂在吊钩或物体上。

（6）吊装物体上如有可动部分时，必须卸下或者绑扎牢固，防止起吊时可动部件活动，使物体重心偏移，进而危及人员安全。

（7）试吊试抬。正式吊（抬）起物体前，对其各部位进行全面检查，再稍微将物体吊（抬）起，检验全部工作的正确性和可靠性，确认安全可靠后再正式吊运。

（8）禁止在受载状态下改变绳索的位置。

（9）起重搬运过程中，应防止物体造成人员伤害。主要包括四方面：一是运送时防止物体摆动，损坏其他物体，还可能形成比它的自重大得多的动载荷，使起重机过载，甚至绳索被拉断。二是物体离地面不要太高，严禁在人员下方通过。三是吊运时，护送人员只许在物体后方或一侧，其余无关人员必须回避。四是在物体没有垫好和放稳时，严禁人体的任何部位伸入物体下方。

（10）物体下放时的位置要正确，必要时在距垫木不远的高度停止来调整垫木位置。垫木受力后再停止下放，检查物体是否垫实、是否平稳，绳子松开后再全面检查一次。

6.2 设备基础

6.2.1 基础的简易计算

基础的作用是承受设备的质量，并将设备与基础本身的质量均匀地传布到土壤中，因而它具有承受、消除或减弱机器在工作时产生的振动功能。它的设计与施工直接关系到设备的安装质量和运行状态。基础包括地基和砌筑基础两种。

6.2.1.1 地基

地基分天然的和人工的两种。在建筑基础时，支承基础底面的土壤保持其天然状态，称为天然地基。当天然地基的承载能力和稳定性不够时，则必须采用人工地基。

当建筑基础时，必须使地基（或土壤）所承受的压力不超过土壤的允许承载力，以免因此产生基础的下沉和变形。表6.2所列为受静载荷作用的土壤的基本允许承载力。

表6.2　土壤的基本允许承载力

土壤类别	土 壤 名 称	承载力/kPa
Ⅰ	软质土壤（孔隙比较大的可塑性黏土、中密很湿饱和的细砂及粉砂、密实饱和的粉砂）	≤150
Ⅱ	中等坚硬土壤（黏质砂土、砂质黏土、孔隙比较小的可塑性黏土、孔隙比较大的坚硬黏土、中密的砾砂和粗砂、密实很湿饱和的细砂、密实稍湿和很湿的粉砂、中密稍湿的砂粉）	≤350
Ⅲ	坚硬土壤（坚硬黏土、孔隙比较小的坚硬黏土、密实的砾砂和粗砂、角砾和圆砾、孔隙为砂填充碎石和卵石）	≤600
Ⅳ	岩质地基	>600

如果建筑基础的地基是能够承受较大负荷的大块岩石、碎石或砂岩的土质（天然成层），只需铲平即可。如果是软土，地基松软，则松土会放出或吸收水分而收缩或膨胀，使基础变形产生裂缝，引起整个机器损坏或发生事故。对于松软的土壤，一般采取打桩方法进行加固。

6.2.1.2 砌筑基础

在强度可以满足的条件下，可采用砖基础，并且只允许建筑在地下水位以上。要采用高质量的砖，强度等级不小于MU15。水泥砂浆采取水泥和砂子的混合比（体积比）为1∶3，重要的用1∶1。在砌筑砖基础前，必须将砖用水浸泡。

混凝土可分为无钢筋混凝土和钢筋混凝土两种。混凝土的强度等级一般采取C10，对重载荷的基础，强度等级提高到C15。各类机器应采用的混凝土强度等级见表6.3。

表 6.3　各类机器采用的混凝土强度等级

机器的种类	混凝土强度等级
一般机器的基础：金属切削机床，一般电机及其他均匀的工作机器	C10
重型和不均匀转速工作机器的基础：空气压缩机、内燃机、蒸汽机、锻压机械、破碎机、球磨机、小型透平机、重型金属切削机床	C10~C15
重型、重要的和产生大的振动机器基础：大型透平机组、大功率的水泵、通风机、高精度的金属切削机床（磨床、齿轮精整机床等）	C15~C20

钢筋混凝土的标号不应小于 C15。各种标号的混凝土按一定的成分配成。在实际应用中，建筑机器基础的混凝土，一般的成分比（体积比）可不计算，而按经验配比（体积比），即水泥∶砂子∶石子为 1∶3∶6，重要的用 1∶2∶4。

浇注混凝土时，一般要求一次浇注而成。向模板内浇注混凝土时，应分层摊平和普遍捣实。浇注后，要有专人养护。在养护期间，用草袋遮盖，保持湿润，洒水期为 5~7 天。

混凝土由浇注到安装机器，一般不少于 7~14 天。为了使基础不致在机器安装后因工作产生振动而下沉，建筑完毕的基础可进行加压试验，加压的质量为机器质量的 1.5 倍，时间为 3~5 天。机器安装到基础后，一般至少应该经 15~30 天的时间才能开动机器工作。

机器的基础不允许与厂房的墙或其他基础相连，否则会将机器的振动传到墙上，同时也会引起基础发生不平衡的下沉。

6.2.1.3　机器基础尺寸的选择

合理的机器基础应满足强度、稳定性和没有大幅度振动 3 个要求。机器基础的结构通常为整块式，一般都有足够的强度，除非有特殊的要求，通常只确定基础尺寸而不进行强度校核计算。

基础尺寸的选择，应满足工作的可靠性和结构的经济性两个原则。机械基础的主要尺寸为基础的底面尺寸和基础的最小高度，其他的尺寸根据机器结构的要求确定。

机器的基础参数，可以用经验公式计算。基础重量的经验公式：

$$W_{jc} = \alpha W_{jq} \tag{6.1}$$

式中　W_{jc}——基础的重量，kN；

　　　W_{jq}——机器的重量，kN；

　　　α——系数，见表 6.4。

表 6.4　各类机器的 α 值

机器的种类	速度/m·s⁻¹	α	机器的种类		α
卧式活塞机器	活塞速度 $v=1$	2.0		透平发电机组	5.0
	活塞速度 $v=2$	2.5	电机	无制动和逆转	10.0
	活塞速度 $v=3$	3.5		有制动经常逆转且载荷不稳定	20.0
	活塞速度 $v=4$	4.5		水泵和通风机	10.0

注：立式活塞机器较卧式活塞机器减少 35%。

基础体积的经验公式为：

$$V = W_{jc}/P \tag{6.2}$$

式中 P——$1m^3$ 基础的重量，kN。

砖砌基础为 19kN，混凝土基础为 24kN。

基础的长与宽取决于设备机架的尺寸，基础要大于机架，每边多出 150~250mm。

基础高度的经验公式为：

$$H = V/AB \tag{6.3}$$

式中，A、B 分别为基础的长和宽。

确定基础的最小高度主要取决于地脚螺栓的固定要求、管路埋设的位置、土壤的冻结深度和地下水位等。一般情况下，基础的高度对设备运转的稳定性和减小振动的要求，除某些基础（如锻锤基础）外，影响并不大。基础螺栓的长度和基础的高度间互相影响要加以适当选取。较长的基础螺栓固然可以增大机器固定的可靠性，但如果过长，而使基础高度增加过大，也是不经济的。

土壤的冻结能使地基变形，只有小型和允许偏斜的基础才允许在冻结土壤上构筑基础。具有一定精度要求的机器必须安装在坚固的基础上，因此必须将地基的冻结土壤铲去。重型的机器则应将基础构筑在冻结深度以下的标高上。基础应该构筑在地下水位以上，当基础必须构筑在地下水位以下时，应该采取相应的防水措施。

6.2.1.4 基础的验收

在机械设备安装就位前，要对设备基础进行验收，以保证安装工作的顺利进行。其检查项目和验收标准如下：

（1）安装部门要检查技术文件是否齐全，包括基础施工图、基础标高测量图表、基础定位图表；大型或高精度设备及冲压设备的基础，还要提供基础预压记录、沉降观测记录及验收合格记录。

（2）所有基础表面的模板、地脚螺栓固定架及露出基础外的钢筋、铁条等必须拆除。杂物和积水要清除干净。拆除模板以及铲成必要的麻面。放垫铁的部位要用 1:2 水泥砂浆研平。

（3）基础的几何尺寸和混凝土的强度必须符合设计要求，基础各部分尺寸允许误差见表 6.5。

表 6.5 混凝土设备基础的允许误差 （mm）

序号	项 目	允差	序号	项 目	允差
1	坐标位置（纵横轴线）	±20	6	基础垂直面的铅垂度： （1）每米 （2）全高	（1）5 （2）10
2	基准点的标高	±0.5	7	预埋地脚螺栓： （1）标高（顶端） （2）中心距（在根部和顶端两处测量）	（1）+20 （2）±2
3	（1）平面外形尺寸 （2）凸台上平面外形尺寸 （3）凹穴尺寸	（1）±20 （2）-20 （3）+20	8	预留地脚螺栓孔： （1）中心位置 （2）深度 （3）孔壁铅垂度	（1）+10 （2）+20 （3）10

续表 6.5

序号	项 目	允差	序号	项 目	允差
4	不同平面的标高	−20	9	预埋活动地脚螺栓锚板： （1）标高 （2）中心位置 （3）水平度（带槽沟锚板） （4）水平度（带螺纹孔的锚板）	（1）+20 （2）±0.5 （3）5 （4）2
5	平面的水平度（包括地坪上需安装设备的部分）： （1）每米 （2）全长	（1）5 （2）10			

（4）根据设计图纸的要求，检查所有预埋件（包括预埋地脚螺栓）的数量和位置是否正确。

（5）基础表面应无蜂窝、裂纹及露筋等缺陷。用手锤敲击基础检查密实度，不得有空洞声音。

6.2.2 轨座的形式

通常机器都直接安装在基础上，但有些设备为便于修理、调试或更换，采用轨座固定在基础上的安装方式。轨座放到基础上后应该进行位置调整和找平找正，然后进行二次灌浆，牢固地固定在基础上，最后将机器安装在轨座上。

轨座的形式如图 6.8 所示。轨座可用灰铸铁和型钢制成。

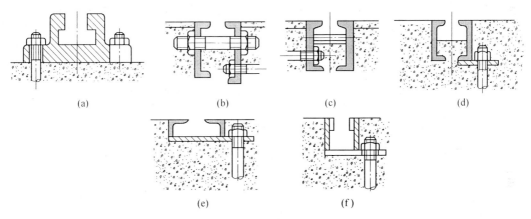

(a)　　　　　　　(b)　　　　　　　(c)　　　　　　　(d)

(e)　　　　　　　(f)

图 6.8　轨座的形式

（a）灰铸铁的轨座；（b）~（d）由槽钢制成的轨座；（e）由角钢制成的轨座；（f）由钢板制成的轨座

6.2.3 地脚螺栓

地脚螺栓的作用是将机械设备（或轨座）与基础牢固地连接起来，以免机器工作时发生位移和倾斜。地脚螺栓、螺母和垫圈通常随设备配套供应，且在设备说明书中有明确的说明。

6.2.3.1 地脚螺栓、螺母和垫圈的规格

理论上，应按照机械设备技术文件中的规定选取地脚螺栓、螺母和垫圈。若无规定，可按下列原则选择：

（1）按照设备底座（或轨座）上的地脚螺栓孔确定地脚螺栓的直径，见表 6.6。

表 6.6　地脚螺栓直径与设备底座地脚螺栓孔的关系　　　　　　　（mm）

孔径	12~13	13~17	17~22	22~27	27~33	33~40	40~48	48~55	55~65
螺栓直径	10	12	16	20	24	30	36	42	48

（2）地脚螺栓的总长度按下式确定：

$$L = I + H_1 + H_2 + H_3 + H_4 \tag{6.4}$$

式中　I——埋入的总深度（包括垫板厚度），一般取螺栓直径的 15~20 倍，不超过 1~
　　　　1.5m，最小埋入深度不小于 0.4m；

　　　H_1——装地脚螺栓部位的机座厚度，m；

　　　H_2——垫圈厚度，m；

　　　H_3——螺母厚度，m；

　　　H_4——地脚螺栓螺纹露出螺母的长度（一般为 1.5~5 个螺距），m。

（3）一般地脚螺栓的型式和尺寸按 GB 799—1988 选取。

（4）地脚螺栓一般应配一个螺母和一个平垫圈，螺母按 GB 6175—2000 选取，平垫
圈按 GB 97.4—2002。

（5）地脚螺栓上应加防松装置（如锁紧螺母或弹簧垫圈等）。

6.2.3.2　地脚螺栓的分类

（1）根据地脚螺栓的长度可分为短地脚螺栓、长地脚螺栓。短地脚螺栓用来固定轻
载和没有剧烈振动、冲击的设备，长度为 0.1~1.0m。长地脚螺栓用来固定重的、有剧烈
振动和冲击的重型机器，大多和锚板一起使用（见图 6.9），长度一般为 1.0~4.0m，锚
板用钢板或用铸铁铸造。

（2）根据地脚螺栓与基础的连接形式可分为固定地脚螺栓、活地脚螺栓和锚固式地
脚螺栓（膨胀螺栓）。

固定地脚螺栓往往与基础浇注在一起，用来固定工作时没有剧烈振动和冲击的中小型设
备。其长度一般在 0.1~1.0m 之间，属于短地脚螺栓（见图 6.10）。头部形状一般为开叉和
带钩的样式。带钩的固定地脚螺栓有时在钩孔中穿入横杆，以防扭转和增大抗拔能力。

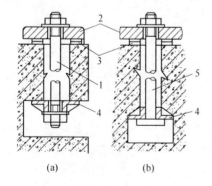

图 6.9　活地脚螺栓

（a）双头螺纹式；（b）T 形头式

1—双头螺纹地脚螺栓；2—机座；3—垫板组；

4—锚板；5—T 形头地脚螺栓

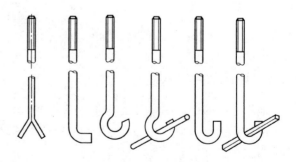

图 6.10　固定地脚螺栓

活地脚螺栓便于拆卸，不与基础浇注在一起，基础内预留地脚螺栓孔，并在孔下埋入锚板，如图6.9所示。当移动设备或更换地脚螺栓时，可以方便地取出活地脚螺栓。

活地脚螺栓一般用来固定工作时有剧烈振动和冲击的重型设备，属于长地脚螺栓。它有两种形状：一种是圆盘式，与它配套的是两头都有螺纹的螺栓，安装时必须拧紧，以免松动；另一种顶端有螺纹，下端呈T字形，或是方形底面有矩形孔，螺栓头为矩形。安装时，螺栓顶端面打上方向性记号，插入锚板后，根据记号将螺栓转动90°使矩形头正确地放入锚板槽内。其材质一般为灰铸铁。

锚固式地脚螺栓（膨胀螺栓）是一新型地脚螺栓，结构如图6.11所示。此种地脚螺栓结构较复杂，制作成本高，基础施工时不预埋地脚螺栓且无预留孔，安装时在基础上钻孔，再安装锚固式地脚螺栓。

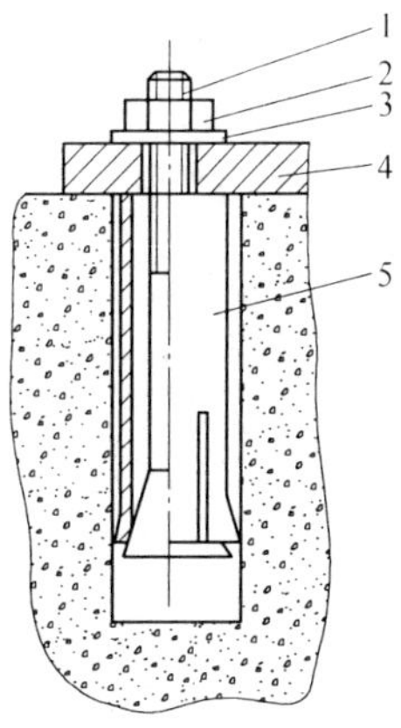

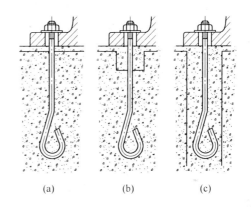

图6.11　锚固式地脚螺栓
1—螺杆；2—螺母；3—垫圈；
4—设备底座；5—带口套管

6.2.3.3　地脚螺栓的固定方式

A　普通地脚螺栓的固定方法

地脚螺栓的固定方法一般有全部埋入法、预留调整孔法和预留全部基础螺栓孔法3种，如图6.12所示。

图6.12（a）所示为浇注时一次埋入，可增加地脚螺栓的稳定性、坚固性和抗振性，但不便于调整，而且对地脚螺栓固定的坐标和标高要求高。图6.12（b）所示为在浇注基础时将地脚螺栓大部埋入，螺栓上端留有100mm×100mm（深250mm左右）方孔作为调整孔，安装时可适当调整，对坐标和标高要求较高；在设备找平找正后，可一次紧固和

图6.12　地脚螺栓的固定方法
（a）全部埋入；（b）预留调整孔；（c）预留全部基础

灌浆；图6.12（c）所示方法常为大型设备所采用。在浇注基础时，预留100mm×100mm方孔，在安装机器时才将地脚螺栓装入，然后对预留孔进行灌浆；待灌浆凝固达一定强度时，再次对机器设备进行找平找正，并紧固地脚螺栓。

B　锚板式可拆卸地脚螺栓的固定方法

锚板式可拆卸地脚螺栓的固定方法如图6.13所示。在浇注基础时，将地脚螺栓孔和锚板孔均留出。安装时，先将锚板固定住，将地脚螺栓沿锚板孔方向放入地脚螺栓孔内，待设备放到基础上后，将地脚螺栓旋转90°，上提与机器底座固定。

C　混凝土楼板上地脚螺栓的固定方法

在混凝土楼板上固定地脚螺栓的方法如图6.14所示。图6.14（a）所示为一般预埋套管法；图6.14（b）所示方法用于安装时凿孔遇到钢筋，可将地脚螺栓焊在钢筋上，然

后再灌浆；图6.14（c）所示方法用于预留孔或安装时凿孔，在楼板下加设大型垫板，然后灌浆。

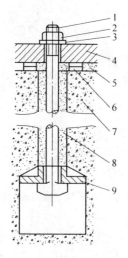

图 6.13 锚板式地脚螺栓的固定

1—地脚螺栓；2—螺母；3—垫圈；4—机座；
5—二次灌浆；6—垫板（垫铁）；7—混凝土基础；
8—填充干砂子；9—锚板

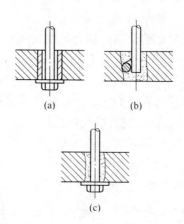

图 6.14 在混凝土楼板上固定地脚螺栓

D 锚固式地脚螺栓的固定方法

锚固式地脚螺栓在安装时，首先在已完工的基础上钻螺栓孔，孔的直径比螺杆最粗部分大，比膨胀后的直径小；然后装入地脚螺栓并锚固，最后灌入以环氧树脂为基料的胶粘剂。图6.15所示为锚固式地脚螺栓固定示意图。

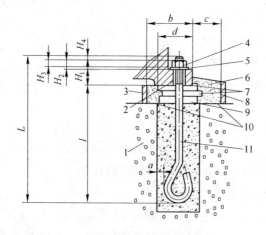

图 6.15 锚固式地脚螺栓的固定

1—地坪或基础；2—设备底座底面；3—内模板；4—螺母；5—垫圈；6—灌浆层；
7—钩头或成对斜板；8—外模板；9—平垫片；10—麻面；11—地脚螺栓

基础或构件有裂纹的部位不能用膨胀螺栓作地脚螺栓。螺栓的中心到基础或构件边缘的距离不得小于 $7d$（d 为膨胀螺栓直径），底端至基础底面的距离不得小于 $3d$，且不能小于 30mm，相邻两根螺栓中心距离不小于 10d，螺栓埋入深度一般为（4~7）d。

6.2.3.4 安装地脚螺栓的要求

（1）地脚螺栓的铅垂度允差为 0.01mm。

（2）地脚螺栓至基础地脚螺栓孔壁的距离要大于 15mm。

（3）地脚螺栓弯钩的底端不应碰到孔底。

（4）地脚螺栓在安装时螺纹部分要涂润滑油脂，杆件部分上的油脂和污垢应清除干净。

（5）固定地脚螺栓的混凝土凝固达到设计强度的 75% 后，再拧紧地脚螺栓的螺母；拧紧螺母时要注意用力均匀、次序对称，并要分几次拧紧；螺母、垫圈、设备底座间的接触均应良好；螺母紧固后，螺栓必须露出螺母 1.5~5 倍螺距。

（6）设备在安装时要均匀下落，不要碰伤地脚螺栓的螺纹部分。

6.2.4 垫板

垫板放置在机械底座与基础表面之间，其作用是：（1）利用调整垫板的高度可调节机械设备的标高和水平；（2）通过垫板把机械质量和工作载荷均匀地传给基础；（3）使机械底面与基础之间保持一定距离，以使二次灌浆能充满机械底部空间。在特殊情况下可通过垫板校正底座的变形。

垫板分平垫板（见图 6.16（a））和斜垫板（见图 6.16（b））两种。斜垫板的斜度为 1：15 ~ 1：50。垫板材料为普通钢板或铸钢板。地脚螺钉直径小于 M78 时，选用长×宽为 100mm×75mm 垫板，大于 M78 时用 150mm×100mm 垫板。垫板厚度有 0.5mm、1.0mm、2.0mm、3.0mm，直到 15mm 或更厚。重型和巨型设备安装，可采用更大面积的垫板。开口形垫板（见图 6.16（c））和开孔形垫板（见图 6.16（d））适用于金属结构。对于钩头成对斜垫板（见图 6.16（e）），当通过灌浆层固定牢固时可不用焊，其尺寸可根据实际需要确定。具体规格见表 6.7。

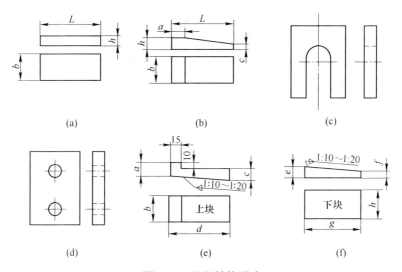

图 6.16 垫板结构形式

（a）平垫板；（b）斜垫板；（c）开口形垫板；（d）开孔形垫板；（e），（f）钩头成对斜垫板

表 6.7 垫板规格   （mm）

项次	平垫板			材料	斜垫板					材料
	代号	L	b		代号	L	b	c	a	
1	平1	90	60	低碳钢或灰铸铁	斜1	100	50	3	4	低碳钢
2	平2	110	70		斜2	120	60	4	6	
3	平3	125	85		斜3	140	70	4	8	

垫板总面积 A 必须保证垫板与混凝土基础表面的单位压力 P 小于混凝土基础表面的抗压强度 $[p]$，因此，垫板总面积 A 为：

$$A \geqslant c(F_1 + F_2)/[p] \tag{6.5}$$

式中 A——垫板总面积，cm^2。

c——安全系数，范围是 1.5~3.0，轻型机械安装取较小值；

F_1——机械设备重量，N；

F_2——基础螺钉紧固力，N；

$[p]$——混凝土抗压强度（取混凝土设计标号），MPa。

混凝土设计标号就是浇捣好了的混凝土经养护 28 天后可达到的抗压强度，通常有 10MPa、15MPa、20MPa、25MPa、30MPa、40MPa、50MPa 7 种抗压强度可供选择。重要设备的基础抗压强度应大于 30MPa。

放置垫板时应注意：

（1）垫板要布置在地脚螺栓的两侧。

（2）承受负荷较大的部分下面（如轴承座下）要布置垫板。

（3）相邻两垫板组间距一般为 500~1000mm（见图 6.17），若大于此数值时还要增加一组垫板。

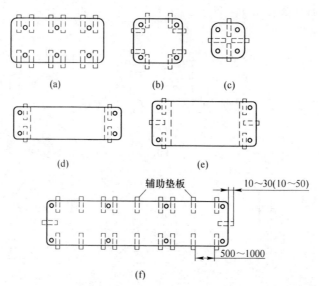

图 6.17 垫板的放置

（a）标准垫法；（b）井字垫法；（c）十字垫法；（d）单侧垫法；（e）三角垫法；（f）垫板间距

（4）一组垫板最下面一块要放平垫板，且与基础接触良好（与基础研平）。一组平垫板块数一般不超过 3 块，最多不超过 5 块。垫板厚度从下而上减薄。大型设备多用平垫板与斜垫板同时使用。同时使用时，平垫板要在下面，上面放一对斜垫板，两块斜垫板的斜面要相对。设备找平后，一对斜垫板要用点焊固定。

（5）设备找平后，垫板应露出机器底座底面的外缘，平垫板要露出 10~30mm，斜垫板应露出 20~50mm。垫板组（不包括单块斜垫板）伸入设备底座底面的长度应超过设备地脚螺栓孔（见图 6.17（f））。

（6）为便于二次浇注水泥砂浆，垫板组的总厚度要保持在 30~60mm 之间，重型设备可增大到 100~150mm。

（7）垫板在能放稳和不影响二次浇注的情况下，应尽量靠近地脚螺栓，二者间距一般为（1~2）d。

（8）每一组垫板放置整齐平稳后，应将其压紧。可用 0.5kg 手锤逐组轻击，听音检查。

6.2.5 二次灌浆

二次灌浆是在设备的底座或轴承底座找平找正、垫好垫板组、拧紧地脚螺栓螺母后进行的。二次灌浆使底座、垫板、地脚螺栓与基础牢固地固定在一起。

6.2.5.1 灌浆前的准备工作

（1）灌浆前应清除地脚螺栓孔中的垃圾，凿除被油玷污的混凝土，并用水全面刷洗干净，凹穴处不许有积水。基础需与砂浆粘住处，应凿成麻面，使灌浆层与基础紧密粘合。

（2）灌浆前要清除设备底座底面的油污、泥土等杂物，保持清洁。

（3）灌浆前安设好模板，外模板与设备底座外缘间的距离 c 不小于 60mm，其高度视具体需要而定。当设备底座底面不全部灌浆，且灌浆层需承受设备负荷时，应安装内模板。内模板至设备底座底面外缘的距离 b 要大于 100mm，并不应小于底座底面宽 d，高度均应等于底座底面至基础面或地平面的距离。

（4）灌浆用的砂子、碎石子要用水冲洗，除去泥土杂物。

6.2.5.2 二次灌浆的材料

二次灌浆混凝土的标号要比基础混凝土标号高一级。碎石子粒度为 5~10mm，一般在现场可用 425 号水泥。水泥、砂子、石子三者比例为 1：2：3，抹面用水泥、砂子的比例是 1：2。

6.2.5.3 灌浆施工注意事项

（1）在灌浆施工时要注意捣固密实，捣固时不得撞动设备、垫板和地脚螺栓等。

（2）灌浆层高度要略高于设备底座底面，要略有坡度，以防止油和水流向设备底座。

（3）灌浆 12h 后，盖上草袋，洒水保养 7~10 天。冬季可不洒水保养，但要注意防冻，室内要取暖。

（4）灌浆时应将锚板式可拆卸地脚螺栓孔妥善盖住，防止混凝土砂浆流入。

6.3　安装基准与测量

一般机械设备安装的顺序是：制作安装基础、确立安装基准、清洗装配、调整与试运转。本节仅阐述安装基准及其测量。

6.3.1　基准点的埋设

基准点作为安装基准使用，一般用圆头铆钉焊在一块钢板上（若是钢筋混凝土基础，铆钉可焊在钢筋上），用高标号灰浆浇注固定，如图 6.18 所示。混凝土无钢筋时，不能焊在其他不牢固的金属物体上，应在铆钉杆下部焊上一块 $100mm^2$ 左右的钢板，然后

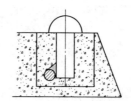
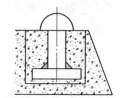

图 6.18　基准点的埋设

浇注。埋设地点要适当，既不妨碍施工，又利于找平找正。有的基准点是由测量单位装在建筑物墙壁上，找机器标高时，通过水平仪来进行。

6.3.2　中心标板的埋设

机器设备的中心线是根据中心标板的中心标点来调整和对准的。中心标板是预先埋设的金属构件（工字钢、槽钢等），其工作面不小于 $30mm×150mm$。按设计要求，测量人员通过经纬仪把点投到 4 块中心标板上，用样冲打出中心投点痕迹，如图 6.19 所示。一般在投点的周围用红铅油画一圆圈作为明显的标志。

中心标板要埋设在基础四周的中心线附近，且对称布置，如图 6.20 所示。要注意中心标板埋设一定要离开机器设备底座外轮廓边一段距离，以便于利用中心标板进行设备找正。

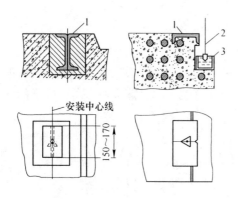

图 6.19　中心标板的埋设
1—中心标板；2—线坠；3—油盒

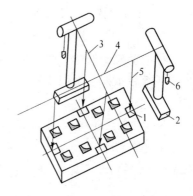

图 6.20　中心标板布置
1—中心标板；2—活动挂线架；3—纵向钢丝；
4—横向钢丝；5—线坠；6—拉紧坠

6.3.3 设备中心线的找正

根据中心标板挂设基准线，用以确定设备的位置。中心线可用直径 1mm 左右的整根细钢丝制作，一般长度不超过 40m。两交叉的纵、横中心线，长的在下方，短的在上方，其间距不小于 300mm，以免互相接触。

以 JK 系列矿用提升机为例（见图 6.21），提升机的提升中心线及主轴（滚筒轴）中心线是设备安装主要的基准线。因此，挂线架要埋设在提升机中心线及主轴中心线的相对位置上，依此来确定主轴在水平面内的前后左右位置。提升机的减速器和电动机的位置也要依据已确定的主轴的位置来调整、找正和定位。

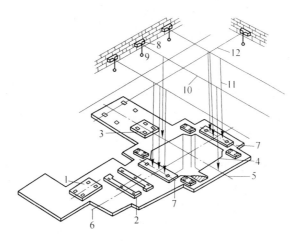

图 6.21 提升机基础及中心线架应用示意图

1—电动机基础；2—减速器基础；3—液压站基础；4—滚筒部位；5—提升机中心线；6—主轴中心线；

7—轴承中心线；8—中心线架；9—拉紧坠；10—纵向钢丝；11—线坠；12—横向钢丝

单卷筒提升机的中心线（即卷筒中心线）与轨道（或罐道）中心线重合；双卷筒提升机的中心线（两卷筒中心线）分别与两轨道（或罐道）间的中心线重合。

6.3.4 设备标高的找正

主轴的前后左右位置确定后，要通过找正标高来确定主轴中心线的高度位置。当基准点距机器设备较近时，可利用平尺、水平仪测量机器标高（见图 6.22）。用调整块（小千斤）调整平尺 3，使之处于水平状态（通过水平仪 1 判定），然后使主轴处于水平状态，用内径千分尺或外卡钳测量 h 数值，计算公式如下：

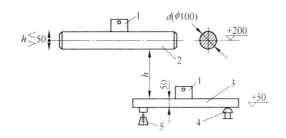

图 6.22 利用平尺、水平仪测量调整标高图

1—水平仪；2—设备主轴；3—平尺；4—基准点；5—调整块

$$h = （设计标高 - 基准点标高） - （轴径/2 + 平尺高度） \tag{6.6}$$

若不符合上述计算值，则应增减机座下的垫片数量，通过改变垫片厚度的方法调整机器设备的安装标高。

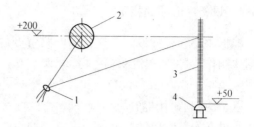

图 6.23　利用水准仪、钢板尺测量调整标高
1—水准仪；2—机器主轴；3—钢板尺；4—基准点

基准点距机器设备较远时，可利用水准仪配合钢板尺（或深度游标卡尺）进行测量，如图 6.23 所示。首先架好水准仪，调整支腿使水准仪保持水平，并使镜头十字线中点与主轴中心点对正，再在基准点 4 上垂直放置钢板尺，转变水准仪镜头，读取水准仪所对应测得的钢板尺的读数，计算中心线标高。若读数等于设计标高减基准点标高时，机器合乎要求；若读数大于设计标高减基准点标高时，则机器应下降；反之，机器应上升。

设备本身的标高测定面应选择在精密的、主要的加工面上，如减速器的剖分面、滚动轴承外套、轴承瓦口和轴颈表面。在调整设备标高的同时，要兼顾水平度。

6.3.5　设备水平度的找正

找正设备的水平度所用的水平器、水平仪和平尺都必须经过校验合格。设备水平测定面应选择在下列精确的、主要的加工面上：机件水平或垂直的接触面和滑动面、设备的主要工作面、滚动轴承外套、轴瓦接合面及轴颈表面等。

在安装施工中，框式水平仪和条式水平仪使用较多。

（1）平面水平性的检验。一般可先将平尺放在被检验平面上，再将水平仪放在平尺上进行检查。

（2）两个平面共同的水平性检查。两个平面的水平性检验，常利用平尺和水平仪（见图 6.24），或用水柱水平器（见图 6.25）进行检查。一些大型设备的水平性检验也可利用精密水准仪配合深度游标卡尺、钢板尺等进行检验。

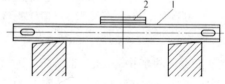

图 6.24　检查两个平面共同的水平性
1—平尺；2—水平仪

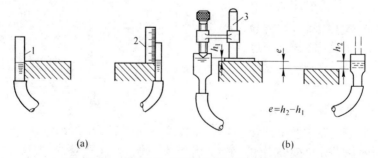

$$e=h_2-h_1$$

(a)　　　　　　　　　(b)

图 6.25　用水柱水平器检查两个平面水平性
（a）普通水柱水平器；（b）精制水柱水平器
1—普通水柱水平器；2—钢板尺；3—千分螺钉水柱水平器

6.4 联轴器的安装与调整

联轴器是用来连接机器两轴使其同步旋转的机械装置。连接后，两轴中心线必须在同一直线上，否则运转时轴及其轴上的机件会发生振动，引起轴承温度升高和磨损，甚至引起整台设备剧烈振动，不能正常工作。因此，联轴器的调整找正工作是机械设备安装过程中极为重要的工作。

6.4.1 常用联轴器的装配要求

常用联轴器包括凸缘联轴器、十字滑块联轴器、齿轮联轴器、蛇形弹簧联轴器和弹性圆柱销联轴器等。设备安装过程中，先将联轴器分别与轴零件装配好，然后通过联轴器之间的装配确定互相连接机械之间的装配关系。因此，必须保证联轴器的装配质量，否则机器的装配质量将不能得到保证。

6.4.1.1 凸缘联轴器

（1）装配凸缘联轴器（见图6.26）时，先将两个半联轴器分别装在主动轴和从动轴上，并用百分表测量每个半联轴器与轴的装配精度，其边缘处端面跳动不得超过0.04mm，径向跳动不得超过0.03mm。

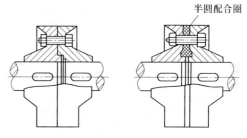

图6.26 凸缘联轴器

（2）两个半联轴器连接时，其端面间（包括半圆配合圈）应紧密接触，两轴的径向位移不应超过0.03mm。

（3）联轴器的连接螺栓若规定用光制和半光制时，则不得用加工精度较低者代用。

（4）连接螺栓的螺母下面应垫弹簧垫圈。

6.4.1.2 十字滑块联轴器

（1）装配十字滑块联轴器（见图6.27）时，其同轴度应符合表6.8的规定。

（2）对于十字滑块联轴器，当外形最大直径D小于190mm时，其端面装配间隙c应为0.5~0.8mm；当D大于190mm时，c应为1~1.5mm。

（3）为减少滑块面的磨损，可由浮动盘的油孔注入润滑油。如果浮动盘材料采用尼龙，其中要加少量石墨或二硫化钼。

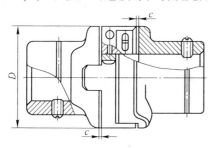

图6.27 十字滑块联轴器

表6.8 十字滑块联轴器两轴的同轴度　　　　　　（mm）

联轴器外形最大直径 D	两轴的同轴度	
	径向位移	倾　斜
≤300	≤0.1	≤0.8/1000
>300~600	≤0.2	≤1.2/1000

6.4.1.3 齿轮联轴器

（1）齿轮联轴器（见图 6.28）的同轴度和外齿轴套端面间隙要符合表 6.9 的规定。

（2）若有中间轴，应先将两端轴的位置调整合格，再装中间轴。

（3）一般要采用压入法或热装法安装联轴器，不得用锤打入。

（4）装配调整后，应在联轴器内加入足够的润滑脂。

（5）装配后，要复查定位线或定位孔是否正确。

（6）齿轮联轴器齿厚磨损不得超过原齿厚的 20%。

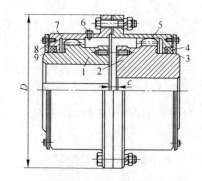

图 6.28   齿轮联轴器

1，2—轴套；3，9—密封；4，8—端盖；
5，7—内齿轮；6—塞钉

表 6-9   齿轮联轴器两端的同轴度和外齿轴套端面处的间隙   （mm）

联轴器外形最大直径 D	两轴的同轴度		端面间隙
	径向位移	倾斜	
170～185	≤0.30	≤0.5/1000	
220～250	≤0.45		≥2.5
290～430	≤0.65	≤1.0/1000	≥5.0
490～590	≤0.90		≥5.0
680～780	≤1.20	≤1.5/1000	≥7.8
900～1100	≤1.5	≤2.0/1000	≥10
1250			≥15

6.4.1.4 蛇形弹簧联轴器

（1）装配蛇形弹簧联轴器（见图 6.29）时，其同轴度和端面间隙要符合表 6.10 的规定。

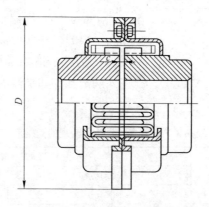

图 6.29   蛇形弹簧联轴器

表 6-10　蛇形弹簧联轴器两轴的同轴度和端面间隙　　　　（mm）

联轴器外形最大直径 D	两轴的同轴度		端面间隙
	径向位移	倾斜	
≤200	≤0.1	≤1.0/1000	≥1.0
>200~400	≤0.2		≥1.5
>400~700	≤0.3	≤1.5/1000	≥2.0
>700~1500	≤0.5	≤1.5/1000	≥2.5
>1350~2500	≤0.7	≤2.0/1000	≥3.0

（2）罩子里面应装有润滑脂，以供弹簧沿齿表面发生滑动时使用。

（3）蛇形弹簧联轴器的弹簧不得有损伤，厚度磨损不得超过原厚度的 10%。

6.4.1.5　弹性圆柱销联轴器

（1）对于弹性圆柱销联轴器（见图 6.30），两半联轴器装在轴上时，其端面跳动和径向跳动不得超过表 6.11 的规定。

（2）两半联轴器连接前，将两轴作相对转动，任何两个螺栓孔对准时，柱销均应自由穿入各孔。

（3）两轴的同轴度应符合表 6.12 的规定。

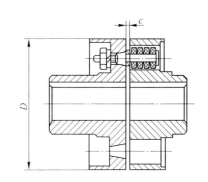

图 6.30　弹性圆柱销联轴器

表 6.11　半联轴器对轴的跳动允差　　　　（mm）

联轴器外形最大直径 D	105~170	190~260	290~350	410~500
半联轴器的径向跳动允差	0.07	0.08	0.09	0.10
半联轴器的端面跳动允差	0.16	0.18	0.20	0.25

表 6-12　弹性圆柱销联轴器两轴的同轴度　　　　（mm）

联轴器外形最大直径 D	两轴的同轴度	
	径向位移	倾斜
105~260	≤0.05	≤2.0/1000
290~500	≤0.10	

（4）两半联轴器端面间的间隙 c 应符合表 6.13 的规定，并不小于实测的轴向窜动量。

（5）弹性圈与柱销间应用过盈配合；弹性圈与半联轴器上的孔应有间隙，弹性圈内外径公差应符合表 6.14 的规定，装在同一柱销上的弹性圈外径之差不大于表 6.14 所规定的公差之半。

（6）柱销圆柱部分与联轴器上的圆柱孔采用过盈配合，并用螺母和弹簧垫圈固定，不得松动。

表 6.13　弹性圆柱销联轴器端面的间隙　　　　　　　　（mm）

轴孔直径 d	标准型			轻型		
	型号	联轴器外形最大直径 D	间隙 c	型号	联轴器外形最大直径 D	间隙 c
25~28	B_1	120	1~5	Q_1	105	1~4
30~38	B_2	140	1~5	Q_2	120	1~4
35~45	B_3	170	2~6	Q_3	145	1~4
40~55	B_4	190	2~6	Q_4	170	1~5
45~65	B_5	220	2~6	Q_5	200	1~5
50~75	B_6	260	2~8	Q_6	240	2~6
70~95	B_7	330	2~10	Q_7	290	2~6
80~120	B_8	410	2~12	Q_8	350	2~8
100~150	B_9	500	2~15	Q_9	400	2~10

表 6.14　弹性圈内外径公差　　　　　　　　（mm）

柱销圆柱部分公称尺寸	10	14	18	24	30	38	46
弹性圈内径	$10^{-0.12}$	$14^{-0.25}$	$18^{-0.25}$	$24^{-0.30}$	$30^{-0.30}$	$38^{-0.40}$	$46^{-0.40}$
柱销孔公称直径	20	28	36	46	58	72	88
弹性圈外径	$19^{-0.25}$	$27^{-0.30}$	$35^{-0.40}$	$45^{-0.40}$	$56^{-0.50}$	$70^{-0.70}$	$86^{-0.70}$

6.4.2　联轴器的定心检查

两半联轴器之间的安装状态直接反映了两轴的径向位移和倾斜位移。因此，联轴器的安装与检查，并非是联轴器自身位置的安装检查，而是通过联轴器的安装检查，对机器的位置进行调整，保证两旋转轴线的同心。

6.4.2.1　联轴器的定心偏差

联轴器的定心偏差有径向偏差和倾斜偏差两种情形（见图6.31），分别表现为在水平方向和垂直方向上存在偏差。

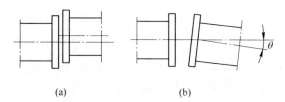

(a)　　　　　　　　　　(b)

图 6.31　径向偏差及倾斜偏差

（a）径向偏差；（b）倾斜偏差

6.4.2.2 定心检查方法

定心检查方法如图 6.32 所示。将检查工具固定在联轴器上，在联轴器上画上记号，用量具测出间隙 a 和 s 值。第一次所测之值为 a_1 和 s_1；将两轴同时旋转 90°对准记号，再进行第二次测量，得 a_2 和 s_2；顺着上次旋转方向把两轴同时旋转 90°对准记号，进行第三次测量，得 a_3 和 s_3。依此类推，测得间隙 a_4 和 s_4。4 次检查结果相等，即 $a_1 = a_2 = a_3 = a_4$，就表示定心情况良好，不存在径向偏差；$s_1 = s_2 = s_3 = s_4$，表示没有倾斜偏差，此时两轴绝对同心。

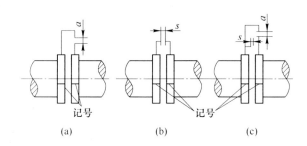

图 6.32 定心检查工具原理

（a）检查径向；（b）检查倾斜；（c）径向和倾斜同时检查

在检查中一般会发生径向偏差和倾斜偏差两种情况。

A 径向偏差

（1）图 6.33（b）所示为在垂直方向和水平方向均有径向偏差，$a_1 \neq a_3$ 及 $a_2 \neq a_4$。

（2）图 6.33（c）所示为在垂直方向没有径向偏差，在水平方向有径向偏差，$a_1 = a_3$ 及 $a_2 \neq a_4$。

（3）图 6.33（d）所示为在垂直方向有径向偏差，在水平方向没有径向偏差，$a_1 \neq a_3$ 及 $a_2 = a_4$。

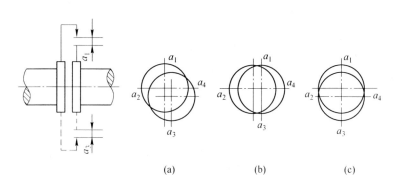

图 6.33 径向偏差

（a）垂直和水平方向均有偏差；（b）水平方向有径向偏差；（c）垂直方向有径向偏差

径向偏差可能出现两种情况：若只在水平方向 x 或垂直方向 y 有径向偏差，则垂直方向或水平方向偏差就等于径向偏差 e，即 $e = y$ 或 $e = x$；若水平方向 x 和垂直方向 y 都有偏差，则径向偏差为：$e = \sqrt{x^2 + y^2}$。

在安装调整中，e 的大小并不太重要，仅仅是理论说明中用来表示安装质量的好坏，而机器位置的调整主要针对的是 x 和 y 的值。根据 x 值可确定机器左移或右移的距离，根据 y 值可确定机器上移或下移的距离，这对大小型机器的安装来说都非常方便，可以顺利完成机器的定心任务。

B   倾斜偏差

（1）图 6.34（b）所示为在垂直方向和水平方向均有倾斜偏差，$s_1 \neq s_3$ 及 $s_2 \neq s_4$。

（2）图 6.34（c）所示为在垂直方向有倾斜偏差，在水平方向没有倾斜偏差，$s_1 \neq s_3$ 及 $s_2 = s_4$。

（3）图 6.34（d）所示为在垂直方向没有倾斜偏差，在水平方向有倾斜偏差，$s_1 = s_3$ 及 $s_2 \neq s_4$。

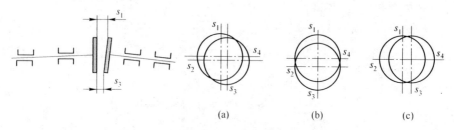

图 6.34   倾斜偏差

（a）垂直及水平方向均有倾斜偏差；（b）垂直方向有倾斜偏差；（c）水平方向有倾斜偏差

6.4.2.3   定心检查注意事项

（1）在进行定心检查之前，一定要把轴承固定住，否则轴在旋转时发生移动和轴向窜动，会导致检查的结果不正确。

（2）凡相互垂直的两个数值之和应相等，即 $a_1 + a_3 = a_2 + a_4$，$s_1 + s_3 = s_2 + s_4$，否则就表示有测量误差。由于用量具测量间隙难免有误差，一般情况下，这种误差最大不应超过 0.02mm。如果出现了较大的误差，就必须查找原因，或检查量具，或改善测量方法，再次进行复查。

（3）由于受现场条件所限，在联轴器上装上定心工具后，不能旋转一周，无法测出第 4 个数值时，可用已经测出的 3 个数值根据上述公式算出第 4 个数值。

6.4.2.4   定心检查工具

目前，常用的定心检查工具有角尺、厚薄规（或块规）、垫板、楔形塞尺、千分表等。

在使用定心检查工具时，各种工具的支架必须有足够的刚性，测量时不得有丝毫的变形；工具必须牢固地固定在联轴器上。使用厚薄规时，应使厚薄规的片数尽量减少，即多用厚塞片，并且不要塞得太紧，避免工具变形；使用千分表时，当需要敲打或推撬机器调整位置时，要将千分表触头抬起，防止千分表损坏。

6.4.3   联轴器的调整

在调整联轴器时，一般先调整轴向间隙，使两半联轴器平行，然后调整径向位移，使两半联轴器同心。现以既不平行也不同心情况为例介绍联轴器找正的计算及调整方法。如图 6.35 所示。

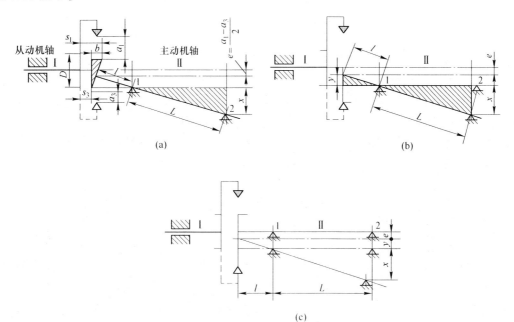

图 6.35 联轴器调整

Ⅰ—从动机轴；Ⅱ—主动机轴

（两半联轴器处于既不平行又不同心的偏移情况）

6.4.3.1 调整平行

须在主动机支点下加上垫片，垫片厚度为：

$$x = \frac{b}{D}L \tag{6-7}$$

式中　b——在 0° 与 180° 两个位置上测得的倾斜偏差的差值，mm，且 $b = s_1 - s_3$；

　　　D——联轴器直径或对称测量点的距离，mm；

　　　L——主动机纵向两支点之间距离，mm。

由于支点 2 垫高，而支点 1 下没有加垫，故轴Ⅱ将会以支点 1 为圆心发生很小的转动。虽然两半联轴器的端面平行了，但主动机轴上的半联轴器的中心却有所下降，下降的距离为：

$$y = \frac{x}{L}l = \frac{\frac{b}{D}L}{L}l = \frac{b}{D}l \tag{6.8}$$

式中　l——支点 1 到半联轴器测量平面的距离，mm。

6.4.3.2 调整同心

由于 $a_1 > a_3$，即两半联轴器不同心，其原有径向位移量为 $e = (a_1 - a_3)/2$。再加上使两半联轴器平行找正时又使联轴器中心的径向位移量增加了 y，因此，为使两半联轴器同心，必须在主动机支点 1 和 2 同时加上厚度为 $y + e$ 的垫片。

由此可见，为了使主动机轴上的半联轴器和从动机轴上的半联轴器既平行又同心，则必须在主动机的支点 1 下加上厚度为 $y+e$ 的垫片，而在支点 2 下加上厚度为 $x+y+e$ 的垫片。

6.4.3.3 调整端面间隙 c

联轴器安装调整的最后一个参数的确定就是联轴器的端面间隙。经过上述调整之后，两轴的标高确定，且两轴在水平面内同心。这时，测量两个半联轴器之间的间隙（用塞尺或钢板尺测量），按照联轴器正常工作要求的端面间隙的大小，沿轴心线方向水平移动主动机轴 Ⅱ 向从动机轴 Ⅰ 靠近或远离，使端面间隙符合要求。

一般情况下，调整端面间隙往往是在上述两个调整过程中穿插进行，即在调整两半联轴器平行或同心的过程中，同时调整端面间隙的大小。

6.5 机械设备的试运转

机械设备安装工作的最后一个工序，是设备的试运转。对修理后的设备也必须进行试运转。试运转的目的是综合检验设备的运转质量，发现和消除机器设备由于设计、制造、装配和安装等原因造成的缺陷，并进行初步磨合，使机器设备达到设计的技术性能。机器设备的试运转工作对它的顺利投产和以后的运转质量有决定性的影响，因此要非常重视试运转工作。

6.5.1 试运转的准备工作

（1）人员组织。组建试运转临时组织机构，确定总负责人和各个试运转项目的负责人以及各工种的操作人员、修理人员等。如有必要，应与设备制造厂家协商，要求厂方派员参加试运转。

（2）制定所安装设备的试运转程序及相应过程的操作规程、技术要求、安全措施等，尤其要明确指挥联络信号、人员观察位置和意外情况下的应急措施。

（3）建立必要的试运转管理制度，责任明确，管理严格，并做好试运转检查记录。

（4）清理现场，将安装用的设备、工具及剩余材料移出场外，清除垃圾等。

（5）对试运转设备的各个润滑点按规定加注润滑油（或润滑脂）。

（6）试车前，重新对各主要部位的连接、紧固状况进行全面检查。

（7）在机械部分试运转前，应先对电气部分进行试验，主要包括：电动机、变压器、电缆的耐压试验，电动机的旋转方向，电控系统的调试，信号装置、示警及监控设施的运行等。

（8）设备启动前，对设备上的运转部位应先人工盘车，确认无阻碍和振动等反常现象后方可正式启动。

6.5.2 试运转基本操作方法

设备的试运转一般有以下 4 种方法。

6.5.2.1 手动试运转

即用手动的方法或使用撬杠来转动机器或机器部件，检查安装的情况。该方法适用于较小的设备试运转。对于大型机械，整机安装后，手动的方法根本转不动，往往需要在组件和部件安装过程中要求进行手动试运转，即做到边安装、边试运转、边检查、边调整，待整机安装完毕后，直接进行点动试运转。

6.5.2.2 点动试运转

即在手动试运转结束后，接通设备电源，采用即开即停的方法检查设备各个部分的安装情况，一般启动运行几秒钟的时间，关键是检查各个部分有无卡阻现象或安装错位现象。但是点动操作要根据设备的具体工作要求来安排，有的设备对短时间频繁启动限制较严格时，不得采用点动试验的方法。

6.5.2.3 空载试运转

即安装完毕后，不加载荷，开动设备在空载状态下运行若干小时（或若干天），检查各部分工作情况或进行空载性能的测试，主要目的是使零件经过短暂的跑合达到良好的配合效果，并处理空载运行过程中发现的问题。因此，经过空载试运转后，对各润滑部位的润滑油脂应进行检查、过滤或更换。

6.5.2.4 带负荷试运转

空载试运转结束后，即可根据设备技术性能的要求，进行带负荷试运转。值得注意的是，设备的负荷应逐步增加，不得一次性增加到额定负荷，以便在运转过程中发现问题能得到及时处理。

6.5.3 试运转中的检查和注意事项

（1）首次启动时，先用随开随停的办法做数次试验，观察各部分工作状态，认为正常后，方可正式运转，并由低速逐渐增加至额定转速。注意在此过程中设备运转的噪声和振动，并分析其原因。

（2）润滑、冷却、压缩气体等系统是否有泄漏现象，如有要找出原因并及时处理。

（3）齿轮传动不得有冲击噪声和其他反常噪声。

（4）滚动轴承不得有冲击声响。

（5）要检查各轴的窜动量不得超过允许值。

（6）检查各部的连接螺栓及固定螺栓不得松动。

（7）各操纵杆件、离合器的动作应灵活可靠，在运转中不得过分发热，对有干摩擦的离合器严防油、水进入。

（8）在运转中要试验安全措施、制动系统是否准确可靠。

（9）设备在试运转时，要重点检查各部轴承的温度是否超过允许值。

（10）设备各重要部位应设专人在安全位置进行监护，发现运转中故障现象及时停车处理。

6.5.4 空气压缩机的试运转举例

根据空气压缩机的型号、规格，按照制造厂家所规定的程序进行空气压缩机的试运转，其步骤如下。

6.5.4.1 循环润滑油系统的试运转

试运转的要求是：各连接处严密，无泄漏；油冷却器、油过滤器效果良好；液压泵机组工作正常；液压泵安全阀在规定压力范围内工作；润滑油的温度和压力指示正确；油压报警装置灵敏可靠。

6.5.4.2　气缸填料注油系统的试运转

要求各系统连接处严密无泄漏；阀门工作正确灵敏；注油器工作正常，无噪声和发热现象；各注油口处滴出的油清洁无垢。

6.5.4.3　冷却供水系统通水试验

保持工作水压 4h 以上，检查气缸、冷却器各连接处无泄漏，供水系统畅通无阻，水量充足，阀门动作灵敏。

6.5.4.4　通风系统的试运转

要求运行平稳，风压、风量正常，连接处无泄漏。

6.5.4.5　电动机的试运转

通过调整使电动机的旋转方向符合空气压缩机的要求，不允许反转。电动机要做耐压试验，符合电气要求。电动机在试运转前要人工盘车，检查有无碰撞和摩擦，然后点动电动机，旋转方向正确且各部位无障碍后，方可开机运转。启动运转 5min 后，停车检查；再运转 30min，无异常，可连续试运转 1h 后停车检查。主轴承温度不超过 60℃，电动机温度不超过 70℃，电压、电流应符合铭牌的规定值。

6.5.4.6　无负荷试运转

其主要检查内容如下：

(1) 各运动部件有无异常声响。

(2) 油路是否畅通，油压、油量是否符合规定，在空载试运行时进行调整。

(3) 冷却水路是否畅通，水量是否分配合理，各出水口水温应符合要求。

(4) 开车运转 30min，若无不正常的响声、发热、振动，则可连续运转 8h，然后停车检查。填料温度不超过 60℃，十字头滑道温度不超过 60℃，主轴承温度不超过 55℃，电动机温升不超过 70℃。

(5) 空气压缩机组的振动幅度在规定范围之内。

(6) 各处不得有漏气现象。

(7) 在试运转过程中，要对运转情况全面监视，及时处理异常情况，每半小时填写一次试运转记录。

6.5.4.7　负荷试运转

负荷试运转按额定压力的 25%、50%、75% 及 100% 分四步进行。前一步合格才能进行下一步试运转，每一步试验时间不少于 1h，最后一步试验时间可根据具体情况延长。除继续检查空载试验内容外，还应试验下列各项：

(1) 各级排气温度，单缸不大于 190℃，双缸不大于 160℃；二次冷却后排气温度 40℃，冷却回水温度 40℃，滚动轴承温度 70℃。

(2) 安全阀、压力调节器、释压阀动作是否灵活、准确。

(3) 在额定压力下测试排气量及比功率分别不低于设计值的 90% 和 95%。

(4) 在基础上测试振动，其振幅不超过表 6.15 的规定。

表 6.15　基础上振幅

转速/r·min⁻¹	≤200	>200~400	>400
振幅/mm	<0.25	<0.20	<0.15

（5）上述试车合格后，应进行不少于 24h 额定压力下的连续运转，每隔半小时做一次记录，各数据应在规定范围内，并运转平稳。

空气压缩机经过上述的试运转过程，若运转平衡，技术参数符合技术文件的规定，说明安装质量合格，可移交生产。

复习思考题

6-1　设备安装前应做哪几项准备工作，主要内容是什么？

6-2　简要说明起重葫芦、梁式起重机和桅杆式起重机的适用条件及其使用注意事项。

6-3　设计基础时应满足什么要求并考虑什么原则，怎样确定设备基础尺寸？

6-4　地脚螺栓有哪些主要类型，其直径和长度是怎样确定的？

6-5　简述地脚螺栓的固定方法，安装地脚螺栓的要求是什么？

6-6　简述二次灌浆前的准备工作和施工注意事项。

6-7　设备安装时基准点与中心标板是怎样设置的，怎样调整设备的标高和找正设备的水平度？

6-8　设备拆卸、清洗与装配的基本要求是什么？

6-9　机械设备中常用的联轴器有哪几种，装配的基本要求是什么？

6-10　简述联轴器安装调整的步骤和内容。

6-11　设备安装或重新装配后为什么要进行试运转，试运转有哪些方法？

6-12　设备试运转前应做好哪些准备工作，试运转过程中的注意事项有哪些？

7 煤矿机械设备安装与维护

本章提要：煤矿生产用到的机械设备种类很多、结构各异。本章介绍采煤机、液压支架、刮板输送机、带式输送机、提升机、通风机、水泵等主要机械设备的安装、常见故障及维护方法。

7.1 采煤机的安装与维护

采煤机是煤矿机械化采煤的主要设备，其功能是落煤和装煤。在综合机械化采煤机成套设备中，采煤机与液压支架、可弯曲刮板输送机等设备配套，安装在采煤机工作面，进行采煤、装煤运输和支护几个工序的连续作业。

目前应用最广泛的是双滚筒采煤机，根据牵引方式不同可分为液压牵引和电牵引采煤机两大类。本节介绍电牵引采煤机的安装与维护。

采煤机由左、右摇臂，左、右滚筒，牵引传动箱，外牵引，泵站，高压控制箱，牵引控制箱，调高油缸，主机架，辅助部件等部件组成，如图 7.1 所示为电牵引采煤机。

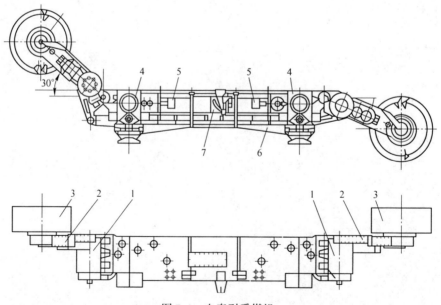

图 7.1 电牵引采煤机

1—截割电动机；2—摇臂减速箱；3—滚筒；4—行走部箱；5—调高泵站；6—大框架；7—电控箱

采煤机最主要的特点是总体结构为多电机横向布置，牵引方式为机载式交流变频无级调速的强力链轨牵引，电源电压为3300V，以计算机操作、控制并能中文显示运行状态、故障检测。

7.1.1 操作安全措施

采煤机操作时除要遵守煤矿安全规程及有关法令外，还应以如下措施作为指导。

（1）采煤机司机要经过培训，了解安全操作规程，采煤机的性能、结构和原理，并应学会操作、维修和排除故障。

（2）未经培训的人员不得进行操作，以免引起人身事故损坏设备。

（3）在采煤试生产前，应人工清理机道，确保刮板输送机链轨上没有金属物件、岩石等杂物，以防损坏设备。

（4）采煤机采煤工作之前，采煤机操作司机应按本安全措施中第（3）条提出的维护措施完成维护工作，否则不能开机运行。

（5）采煤机开机前，必须在确认采煤机和工作面输送机的工作范围内没有人员后方可启动，并且必须先启动工作面输送机，然后启动采煤机。

（6）启动电机前必须先供冷却水，停止电机后才可以断水。一般维修或停机时间不长时，可不停冷却水。

（7）操作司机交接班或对采煤机进行维修、维护以及更换截齿时，必须断开采煤机上的电源隔离开关，按下停止行走牵引按钮，将摇臂离合器手柄处于断开位置，并通过采煤机上的闭锁运输机的按钮使工作面输送机不能启动。

（8）电机正常停止运行，启动不允许使用隔离开关手柄，只能在特殊的紧急情况下或启动电机按钮不起作用时才可使用，但此后必须检修隔离开关的触点。

（9）采煤机在运行时要随时注意滚筒的位置，防止滚筒切割液压支架的前探梁和工作面输送机的铲煤板，避免损坏截齿、齿座以及滚筒。

（10）操作时要随机注意电缆、水管的状态，防止挤压、别劲和跳槽，以免挤伤、刮坏电缆及水管。

（11）操作时要经常检查机器是否有异常的噪声和发热，注意观察所有的仪表、油位、指示器是否处于正常工作状态。如有问题应及时查明原因并处理。

（12）采煤操作时，左、右摇臂及滚筒必须处于一上一下的位置，不允许左、右摇臂同时处于上部位置。

（13）采煤机割煤时，严禁任何人在煤壁侧作业，如需作业，采煤机必须停机并闭锁输送机。

（14）工作面输送机要在距采煤机滚筒后15m外进行移动。

7.1.2 井下运输注意事项

（1）运输前的准备工作：1）采煤机下井时，应尽可能分解成较完整、较大的部件，以减少运输安装的工作，防止设备损坏，并根据井下安装场地和工作面的情况，确定各部件下井的顺序，以便于井下安装。2）下井前所有齿轮腔和液压腔的油应全部放净，所有外露的孔口必须密封，外露的结合面、联轴节、拆开的管接头及凸起、易碰坏的操作手柄都必须采取保护措施。采煤机分解后自由活动的部分，如主机架上的调高油缸以及一些管路等都必须加以临时固定和保护，以防止在起吊、井下运输时损坏，并防止脏污、水等浸入设备内部。

（2）采煤机井下运输时，较大的部件和较重的部件，如主机架、摇臂等用平板车运送，能装入矿车的可用矿车运送。平板车尺寸要适合井下巷道运输条件。

（3）用平板运输时要找正重心，达到平稳，并牢靠地固定在车上，可以用直径为M24 的长螺杆紧固在平板车上，不推荐使用钢丝绳或锚链固定，因为这种固定方式在运输途中容易松动从而使物品滑落，更不允许直接用铅丝捆绑。

（4）搬运、运输过程中，应避免剧烈振动、撞击，以免损坏设备。

（5）起吊用的工具，如绳爪、吊钩、钢丝绳、连接环等要紧固可靠，经外观检查合格后才可使用。

（6）起吊装置的能力应不低于 5 倍的安全系数，推拽装置的能力应不低于 2 倍的安全系数。

（7）平板车运输时，装物的平板车上不许站人，运送人员应坐在列车后的乘人车内，应有信号与列车司机联系。

（8）平板车上坡运输时，在运输物体后不得站人。

7.1.3　电牵引采煤机调试

（1）把采煤机各部件内部的存油全部排放干净。

（2）所有的液压腔和齿轮腔注入规定的油液，注入的油量应符合规定要求。

（3）检查油路、水路系统是否破损、别劲，是否有漏油现象，喷雾灭尘系统是否有效，其喷嘴是否堵塞。

（4）检查滚筒上的截齿是否锋利、齐全、方向正确、安装牢固。

（5）检查各操作手柄、锁紧手柄、按钮动作是否灵活、可靠、位置正确。

（6）在正式割煤前还要对工作面进行一次全面检查，如工作面信号系统是否正常，工作面输送机铺设是否平直，运行是否正常，液压支架、顶板和煤尘的情况是否正常等。

7.1.4　电牵引采煤机的日常维护

正确的维护和检修是保证充分发挥设备的能力，提高可靠性，延长机器寿命的重要措施之一。

7.1.4.1　日检

（1）检查所有护板、螺栓、螺钉、螺堵和端盖是否有松动，松动时及时紧固。

（2）检查截割滚筒上的齿座是否有损坏，截齿是否有丢失和磨损并及时更换。

（3）检查喷雾灭尘系统的工作是否有效，供水接头是否漏水。

（4）检查所有外部液压软管和接头处是否有渗漏或损坏。

（5）检查所有控制手柄动作是否灵活、可靠。

（6）检查所有的外部连接件是否有损坏现象，工作是否可靠。

（7）按照各部件润滑要求给采煤机各部件进行注油润滑。

7.1.4.2　周检

除每天的维护和检查以外，还必须按以下要求进行每周的检查。

（1）检查安装泵站上的真空表的读数，如果真空表读数大于254mmHg时，就应拆下进行清洗或更换过滤器的滤芯。

（2）检查外牵引与主机架、牵引传动箱与主机架的楔块是否紧固可靠。

7.1.4.3　月检

除每日和每周的维护和检查以外，还必须按以下要求进行每月的检查。

（1）从所有的油箱中排掉全部的润滑油和液压油，按照规定注入新的润滑油和液压油。

（2）检查液压系统和润滑部位，检查电缆、电气系统。

7.1.4.4　采煤机井下因故必须拆开部件时应采取的预防措施

（1）采煤机周围应喷洒适量的水，适当减小工作面的通风，选择顶板较好、工作范围较大的地点。

（2）在拆开部件的上方架上防止顶板落渣的帐篷。

（3）彻底清理上盖及螺钉窝内的煤尘和水。

（4）用于拆装的工具以及拆开更换的零件必须清点，以防止遗落在机壳内。

（5）排除故障后，箱内油液最好全部更换。

7.1.5　电牵引采煤机主要故障

电牵引采煤机常见的故障主要可分为三大类：电气故障、机械故障以及液压故障。

7.1.5.1　电气故障

大多数矿井所使用的采煤机所需电压均处于较高水平，对于不同电压等级的电动机，可以通过采煤机变压器进行相应的降压调节，同时变压器还可以将交流电转变为直流电，从而为传感器等进行配电。基于此，采煤机主要的电气故障表现为：漏电、线路发生短路、主控器箱以及变压器箱的温度过高等。机载监控系统可对采煤机电控系统的工作状态进行及时监测。同时对产生故障问题的所在进行排查，故电气故障问题可通过监控系统获得。

7.1.5.2　机械故障

采煤机的机械传动状态主要为移动和割煤。而机械传动单元主要包括摇臂、滚筒以及牵引部等。在此类传动单元中，齿轮和轴承工作频率和强度最高，发生故障的可能性最大，主要表现为：

（1）点蚀故障。齿轮长时间工作后需要添加润滑油进行清润，但其中含有的氧化类成分容易侵蚀齿轮表层，从而影响齿轮传动，造成传动过程中升温较快，形成点蚀现象。

（2）磨损故障。当润滑油中含有不溶解的细小颗粒状物体时，则齿轮在传动过程中容易发生磨损，形成磨损故障。

（3）断齿故障。齿轮正常工作状态下所受的力是均匀分布，但在冲击载荷作用下齿轮受力不均匀，工作稳定性下降。当载荷超过齿轮的极限承受强度时，齿轮会发生破断，形成断齿故障。

（4）剥落故障。正常情况下，齿轮工作应该处于额定载荷之下，但当齿轮传动长时间受到大于额定值的载荷作用时，齿轮表层容易发生剥落，从而形成剥落故障。

7.1.5.3 液压故障

大多数电牵引采煤机液压系统的配制为双回路型，这样可同时控制左右摇臂的高度，实现工作面开采的高效。液压系统的故障主要表现为：

（1）供液管路阻塞。液压系统是通过液压油实现机械系统的调节，但当液压油不纯净且内部含有杂质，则容易循环时在出口端的过滤系统位置形成阻塞。当发生阻塞后，液压油无法正常循环，势必在过滤系统的两侧形成明显的压差，故可通过压力降来判别供液管的阻塞情况，而且液压油的正常循环受阻时，液压油在管路中的流动性降低，容易引起管路升温。

（2）油液污染。电牵引采煤机的工作环境较差，工作面中粉尘较多，采空区积水问题严重，油液在循环时容易携带积水和粉尘等污染源，从而引起油液的污染。

（3）供液管路破碎。采煤机截割煤体在破碎冒落过程中容易引起供液管路的破碎，则供液过程中便会发生漏液现象，从而使得循环过程中的液压油逐步减少，进而影响采煤机液压系统的工作稳定性。

（4）摇臂调高部分故障见表 7.1。

表 7.1　摇臂调高部分常见故障

序号	故障现象	故障存在的部位	解决办法
1	左右摇臂都没有调高	高低压溢流阀	更换溢流阀的弹簧或组合垫圈或更换整体溢流阀
		油泵	从声音上判断油泵是否有泄漏、从憋压看油泵能否上压，若油泵坏则更换
2	左摇臂没有调高	电磁手动换向阀	首先看遥控和手动调高情况，若遥控调高没有，手动调高有，则是电磁阀的问题；若手动调高没有，则需要进一步判断。左右调高系统更换，若左调高仍没有调高，则不是换向阀的问题；若左调高有，则是换向阀的问题，需更换换向阀
		液压锁	判断出电磁手动换向阀没有问题后，更换液压锁，存在堵住或密封坏，或壳体坏等
		油缸	以上问题都排除后，基本可以确定是油缸坏。判断油缸是否坏，也有多种办法，若根据油缸外观动作、压力表动作等
3	右摇臂没有调高	同 2	同 2
4	左右摇臂调高慢	存在泄漏情况	首先找是否存在泄漏的地方，若有则更换
		高低压溢流阀	压力调整是否存在问题，或溢流阀本身存在问题
		油泵	从声音上判断油泵是否有泄漏、从憋压看油泵能否上压，若油泵坏则更换
		存在堵的地方	常见的是过滤器堵，还有液压锁、换向阀堵等

7.2　液压支架的安装与维护

液压支架是以高压乳化液为动力，由液压元件（液压缸和液压阀）与金属构件组成的及以支撑和管理采煤工作面顶板的支护设备。它不仅能实现支撑、切顶，而且能使支架本身与刮板输送机互为支点，交替前移，因此也称为自移式液压支架。液压支架与双滚筒采煤机、刮板输送机配合使用，完成综合机械化采煤工作。

液压支架按其对顶板的支护方式和结构特点不同，可分为支撑式、掩护式和支撑掩护 3 种基本架型，主要由立柱、顶梁、掩护梁、四连杆、操纵阀和推移千斤顶等组成，如图 7.2 所示。

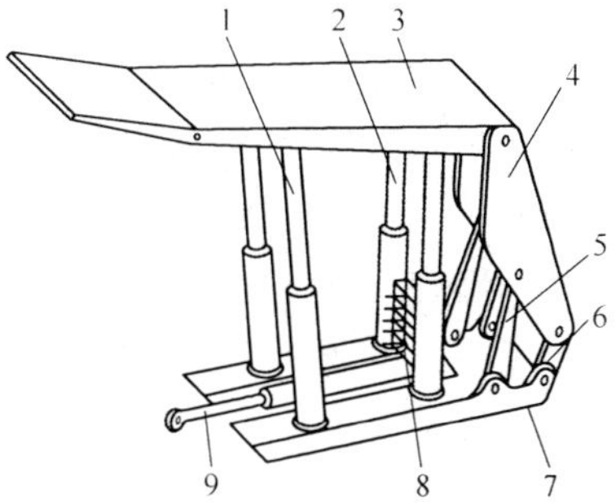

图 7.2　液压支架结构

1—前立柱；2—后立柱；3—顶梁；
4—掩护梁；5—前连杆；6—后连杆；
7—底座；8—操纵阀；9—推移装置

7.2.1　液压支架的安装

7.2.1.1　安装方法

综采工作面液压支架的安装方法主要取决于工作面顶底板的岩石性质、矿压显现规律及其倾斜角度、综采设备类型及运输环节的适用条件、采掘衔接关系和生产系统布置等。

按照运输和组装方式，液压支架的安装方法可分为整体运输整体安装、半解体运输整体安装、解体运输整体安装和解体运输解体安装 4 种。

（1）整体运输整体安装是液压架从地面整体装车下井，或者从已收尾的工作面以整体的方式倒运至待安装工作面进行安装。

（2）半解体运输整体安装是将液压支架的顶梁与底座分为两大部分，再分别装入运输容器中运输至专设组装硐室，经组装后运往工作面进行整体安装。

（3）解体运输整体安装是将液压支架解体成若干部分，并将其运输到专设组装硐室内重新组装，再把液压支架整体运往工作面进行安装。

（4）解体运输解体安装是将液压支架解体运至工作面安装地点进行现场组装。

按照液压支架的安装方向与顺序，液压支架的安装方法可分为前进式安装和后退式安装。前进式安装时，液压支架在工作面的安装顺序与运输方向一致（见图 7.3（a））。后退式安装时，液压支架在工作面的安装顺序与运输方向相反（见图 7.3（b）~（c））。

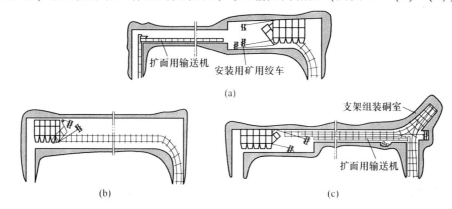

(a)

(b)　　　　　　　　　(c)

图 7.3　液压支架安装方式

（a）前进式安装方式；（b）后退式安装方式；（c）分段后退式安装方式

7.2.1.2 液压支架的安装定位

液压支架的合理定位是确保综采工作面设备安装质量的关键。若采用后退式安装方法，应以刮板输送机为基准进行液压支架的定位，即每节中部槽对应一组液压支架。而采用前进式安装方法时，则需沿工作面全长每隔一定距离设立液压支架定位线及液压支架安装基准线，即在运输巷挂好带式输送机中心线，然后根据刮板输送机与转载机的搭接位置关系，确定第一组液压支架的位置。工作面倾角越大或掉矸越多，支架定位线应加密，定位线的间距应等于液压支架控顶宽度的整倍数。

7.2.2 液压支架的维护与保养

7.2.2.1 液压支架安装质量的验收标准

（1）液压管路排列整齐、合理，无漏液，无短缺；接头使用的卡销合格。

（2）结构件及千斤顶座无开焊或裂纹，零部件、连接销齐全，活动侧护板在同一侧并能正常使用，侧护板无严重变形或丢失。

（3）立柱、活柱镀层无脱落或严重划伤，双伸缩立柱的活柱动作正确；立柱无自降、漏液现象，缸体及接头座无损坏。

（4）千斤顶密封良好，不漏液；活塞杆伸缩正常，无阻卡现象；接头或接头座无损坏。

（5）液压阀密封良好，无漏液、窜液；阀架无变形，连接可靠；操作阀手柄齐全完好。

（6）推移杆无变形，推移头无损坏，连接合格；各联结销齐全完整，无代用品。

（7）支架排列整齐，其偏差不大于±50mm，中心距偏差不大于±100mm；支架与顶板接触严密，且垂直顶底板支撑有力；支架内无浮煤、浮矸堆积，相邻支架高低相差不超过支架侧护板高度的2/3；支架喷雾灭尘装置齐全。

7.2.2.2 支架的检查内容和要求

（1）班随检。生产班维修工跟班随检，及时维修保养支架和处理一般故障。

（2）日小检。日小检的内容和具体要求如下：

1）支架液压系统有无漏液、窜液现象，若发现立柱和前梁自动下降时，应查找原因并及时处理。

2）检查所有千斤顶和立柱用的连接销，看其有无松脱，并要及时紧固。

3）检查所有软管，如有堵塞、卡扭、压埋和损坏，要及时整理更换。

4）检查立柱和千斤顶，如有弯曲变形和伤痕，要及时处理，影响伸缩时应修理或更换。

5）推移液压缸应垂直于工作面刮板输送机，其连接部分应保证完好无损，如有损坏要及时处理。

6）当支架动作缓慢时，应检查其原因，及时更换其堵塞的过滤器。

（3）周中检。对设备进行全面维护和检修，将损坏、变形较大的零部件和产生漏、堵的液压件进行更换。

（4）月大检。在周检的基础上每月对设备进行1次全面检修，统计其完好率，找出故障规律，采取预防措施。

（5）总检。总检一般在设备换岗时进行，主要是统计设备完好率，验证故障规律，总结经验教训，特别要处理好在井下不便处理的故障，使设备处于完好状态。

7.2.2.3 液压支架的保养

（1）组建维修队伍，配备与维修量相适应的设备和必须试验的设备。

（2）建立健全设备维护检修制度，并认真贯彻执行。

（3）分台建立设备技术档案，以便掌握设备质量状况，积累经验，为科学管理综采设备提供依据。

（4）液压系统的维修遵循"井下更换，井上检修"的原则。

（5）任何人不得随意调整安全阀的工作压力，不允许随意更改管路的连接方式。

（6）没有合格证书或检修后未经调压试验的安全阀，不允许使用。

（7）处理单架故障时，要关闭本架的截止阀；处理总管路故障时，要停开泵站，不允许带压作业。

（8）液压件装配时必须清洗干净，相互配合的密封面要严防碰伤。

（9）组装密封件时应注意检查密封圈唇口是否完好，密封圈与挡圈的安装方向是否正确，与密封件配合的加工件表面有无锐角和毛刺。

（10）准备足够的安装工具，凡需要专用工具拆装的部位必须使用专用工具。

（11）井下检修设备时要各工种密切配合，注意安全；检修完毕要认真操作几次，确认无误之后方可使用。

（12）检修人员必须经过培训，考试合格后才能上岗。

（13）检修完的部件要按照标准中的有关条款进行试验，未经检查合格的不允许投入使用。

7.2.3 液压支架故障处理

液压支架常见故障及分析处理方法见表7.2。

表7.2　液压支架常见故障及处理方法

部位	故障现象	可能原因	处理方法
立柱	乳化液外漏	密封件损坏或尺寸不合适	更换密封件
		沟槽有缺陷	处理缺陷
		接头焊缝有裂纹	补焊
	立柱不升或升速慢	截止阀未打开或开度不够	打开截止阀并开足
		泵压低，流量小	检查泵压、液源和管路
		立柱外漏或内窜液	更换立柱
		系统堵塞	清洗和排堵
		立柱变形	更换立柱

续表 7.2

部位	故障现象	可能原因	处理方法
立柱	立柱不降或降速慢	截止阀未打开或打开不够	打开截止阀并开足
		液控单向阀打不开	检查压力是否过低，管路有无堵塞
		操纵阀动作不灵	清理手把处堵塞的矸尘或更换操纵阀
		顶梁或其他部位有憋卡	排除障碍物并调架
		管路有泄漏、堵塞	排除漏堵或更换管路
	立柱自降	安全阀泄液或调定压力值低	更换安全阀
		液控单向阀不能闭锁	更换液控单向阀
		立柱至阀连接板段管路有泄漏	更换检修
		立柱内泄漏	其他原因排除后仍降，则更换立柱
	立柱支撑力达不到要求	泵压低	调泵压，排除管路堵塞
		操作时间短，未达到泵压即停止供液	加长操作时间，充液足够
		安全阀调压低，达不到工作阻力	更换安全阀，并按要求调定安全阀开启压力
		安全阀失灵	更换安全阀
千斤顶	不动作	截止阀未打开或管路过滤器堵塞	打开截止阀，清除堵塞的过滤器
		千斤顶变形，不能伸缩	更换千斤顶
		与千斤顶连接件憋卡	排除憋卡
	动作慢	泵压低	检修泵并进行调压
		管路堵塞	排除堵塞
		几个动作同时操作，造成短时流时不足	协调操作，尽量避免过多的动作同时操作
	出现个别联动现象	操纵阀窜液	更换操纵阀
		回液阻力影响	发生于空载情况，不影响支撑
	作用力达不到要求	泵压低	调整泵压
		操作时间过短，未达到泵站压力	延长操作时间
		闭锁液路漏液，达不到额定工作压力	更换漏液元件
		安全阀开启压力低	调定安全阀的工作压力
		阀管路漏液	检修或更换阀和管路
		单向阀、安全阀失灵，造成闭锁超阻	检修或更换单向阀和安全阀
	漏液	密封件损坏或规格不对	更换密封件
		沟槽有缺陷	处理缺陷
		焊缝有裂纹	补焊

部位	故障现象	可能原因	处理方法
操纵阀	不操作时有液体流动或有活塞杆缓动现象	钢球与阀座密封不好，内部窜液	更换
		阀座上密封件损坏	更换
		阀座密封面有污物	多动作几次，如果无效则更换
	操作时液流声大，且立柱、千斤顶动作缓慢	阀心端面不平，与阀垫密封不严，回液窜通	更换
		阀垫、中间阀套处密封损坏	更换
	阀体外渗液	接头和片阀间密封件损坏	更换
		连接片阀的螺钉、螺母松动	拧紧螺母
		端面密封不好，手把端套处渗漏	更换
	操作手把折断	重物碰击；与片阀垂直方向重压手把；材质、制造缺陷	更换操作手把
	手把不灵活，不能自锁	手把处碎矸、煤粉过多	及时清理，采取防护措施
		压块或手把工作凸台磨损	更换
		手把摆角小于 80°	摆足角度
液控单向阀和双向锁	不能闭锁液路	阀与安全阀结合面密封损坏	检修更换
		密封垫损坏	更换密封垫
		液中杂质卡住，不密封	充液几次，仍不密封则更换
		卸载顶杆卡住，没有复位	更换顶杆及复位弹簧
		与之配套的安全阀损坏	更换安全阀
	闭锁腔不能回液，立柱、千斤顶不能回缩	顶杆变形折断，顶不开钢球	更换顶杆
		控制液路阻塞，不通液	拆检控制液管，保证畅通
		顶杆处密封件损坏，向回路窜液	更换，检修
		顶杆与套（或中间阀）卡塞，使顶杆不能移动	拆检
安全阀	达不到调定工作压力就开启	未按要求调定开启压力	重新调定
		弹簧疲劳	更换弹簧
		井下调定	更换，井下严禁测定安全阀
	降到关闭压力不能及时关闭	阀芯与阀体等有憋卡现象	检修，更换
		弹簧失效	更换弹簧
		密封面黏住	检修，更换
		阀芯、弹簧座错位	检修，更换
	不到额定工作压力就开启	未按要求调定开启压力	重新调整
		弹簧疲劳	更换弹簧
		井下调动	更换，井下严禁调动

续表 7.2

部位	故障现象	可能原因	处理方法
安全阀	渗漏	O 形密封圈损坏	更换 O 形密封圈
		阀芯与 O 形圈不能复位	更换安全阀
	外载超过额定压力，安全阀不能开启	弹簧力过大，不符合性能要求	更换弹簧
		阀芯弹簧座、弹簧变形卡死	检修，更换
		杂质脏物堵塞，阀芯不能移动，过滤器封死	清洗，更换
	截止阀关不严或不能开关	调压螺钉损坏，调定压力不准	更换，重新调定
		阀座磨损	更换阀座
		其他密封件损坏	更换密封件
		进液方向和阀座、减振阀位置装反	检查，调位
		手把紧，转动不灵活	拆检
		球阀凹槽裂损，转把不能带动旋转	更换球阀
其他阀类	回液断路阀失灵，造成回液倒流	阀芯损坏，不能密封；弹簧力弱或损坏，阀芯不能复位密封；阀壳内与阀芯的密封面破坏，密封失灵；杂质、脏物卡塞不能密封	更换
	过滤器堵塞或烂网，不起作用	杂质脏物堵塞	定期清洗
		过滤网破损	更换过滤网
		密封件损坏，造成外泄漏	更换密封件
辅助元件	高压软管损坏漏液	胶管被挤、砸破；胶管过期、老化	更换
		接头扣压不牢	更换，重新扣压
		升降移架时胶管破挤坏	更换，接好管卡
		压胶管高低误用	更换，加强管理
	管接头损坏	升降移架中挤坏	更换
		装卸困难，加工尺寸或密封件不合规格	检修，更换
	U 形卡折断、丢失	U 形卡质量不合格；装卸时敲击折断；U 形卡不合规格	更换 U 形卡

7.3 刮板输送机的安装与维护

刮板输送机是采煤工作的运输设备，其作用是将采煤机截割下来的煤运出工作面。其牵引机构是绕过机头链轮和机尾链轮的无极循环的刮板链，承载机构中部溜槽。主要的部件由机头部（包括机头架、驱动装置、链轮组件等）、中间部（包括中部槽、刮板链）、机尾部（包括机尾架、驱动装置、链轮组件等）和附属装置（铲煤板、挡煤板、紧链器等）组成，如图 7.4 所示。

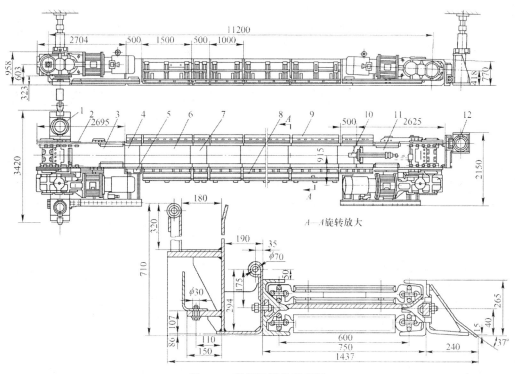

图 7.4　刮板输送机示意图

1—机头锚固装置；2—刮板链；3—机头部；4—连接溜槽；5—连接槽挡板；6—中部标准溜槽；
7—调节溜槽；8—挡煤板；9—铲煤板；10—液压紧链器；11—机尾；12—机尾锚固装置

7.3.1　安装与调试

7.3.1.1　地面安装程序

（1）将刮板输送机各零部件按总体安装顺序放置到位。

（2）组装机头架、推移梁、机头传动部；组装机尾架、推移梁、机尾传动部，并按刮板输送机地面试运转长度分别摆放到位。

（3）将机头、机尾连接槽分别与机头、机尾推移梁连接，并与机头、机尾架及传动部组装在一起，完成机头、机尾部的安装。

（4）安装中部槽和刮板链。

（5）安装挡煤板及链轨（或销轨）。

（6）安装冷却水管及喷水管。

（7）安装供电电缆、开关及电路控制系统。

（8）安装紧链装置，张紧输送机刮板链，拆除多余链段，接好端头，形成整机的封闭环形刮板链。

（9）检查各部件安装质量是否符合要求，发现问题及时处理。

7.3.1.2　井下工作面安装

A　机头安装

（1）机头位置必须符合设计安装位置要求，且机头必须摆正放平。

（2）采用单机牵引时，驱动装置应安设在采空区一侧；采用双机牵引时，驱动装置一般设在机头的两侧，或分别安设在机头与机尾的采空区一侧。凡安设在采空区一侧的，与采空区支柱应留有不小于700mm的距离，以便行人和维修检查。

（3）减速器与机头当的连接螺栓必须安装紧固。

（4）机头要稳固，必要时用支柱固定在机头顶梁或顶板上，但不可把支柱支撑在减速器头架上。

B　中部槽安装

（1）中部槽安装要平、直、稳，如果底板有煤块或矿石等，必须清理后再安装。

（2）中部槽应从机头向机尾安装。

（3）中部槽安装时，每段槽的搭接板必须向着机尾，以保证回空链顺茬移动，避免卡刮现象。

C　刮板输送机搭接要求

（1）工作面刮板输送机与运输巷刮板输送机搭接时，垂直高度应不少于300～500mm，搭接距离应不小于250mm。

（2）多台刮板输送机直线搭接时，后一台刮板输送机的机头要高于前一台机尾300mm，且前后交错不小于500mm。

D　紧链

刮板输送机安装后，当链条松弛时必须紧链，以保证链内足够的张力。新投入使用1周内的刮板输送机要及时紧链。

E　综采工作面的特殊安装要求

（1）一般应在地面将两段中部槽预先组装在一起，装车下井后到工作面进行安装，以提高工作效率。

（2）在铺设刮板输送机链条时，要防止链条"拧麻花"现象的发生。

（3）机尾一般应在采煤机跨上中部槽后再进行安装。

（4）安装挡煤板和铲煤板时，如果中部槽距煤壁较近，又有浮煤影响铲煤板的安装时，可在采煤机割一刀煤后再装铲煤板，但L形铲煤板必须在采煤机割煤有安装。

（5）中部槽一般与液压支架配合安装，可以先安中部槽后装支架，也可以边装支架边安中部槽，以保证支架的间距。如果先装支架后安中部槽，必须及时调好支架间距，以免支架与中部槽位置不协调，影响推移千斤顶的连接。

（6）采用单轨吊与设在中部槽上的滑板配合安装液压支架时，必须先将工作面刮板输送机安好，然后启动刮板输送机，利用刮板链将装有支架的滑板输送到支架安装地点。这样即可保证支架的间距，又可随时将工作面的浮煤清理出去。

F　负载运行

（1）综采工作面配套设备全部安装后，应进行4h的负载试验。运转1h后，停机检测运输量并记录。同时全面检查刮板链条结构情况，调整链条张紧程度。

（2）再次启动刮板输送机，并逐渐增加负载，检查机头部、机尾部电动机的电流表读数变化情况及两电动负载的分情况。若两电流表读数差达到或超过10%时，则需要调整负荷分配。

（3）检查刮板输送机驱动电动机及减速器是否过热，如在正常负载条件下出现过热现象，应查明原因，及时处理。

（4）检查刮板链条松紧程度。若链条与机尾部传动链轮分离处堆积松驰链环达两个以上时，则应重新张紧链条。

7.3.2 常见机械故障与维修

7.3.2.1 断链

（1）征兆：机器运转时，刮板链在机头下突然下垂或堆积；边双链刮板输送机一侧刮板突然歪斜。

（2）原因：链条在运行中突然被卡住；链条过紧；链条过松或磨损严重，或两条链长短不一；装煤过多，在超载情况下启动电动机；两条链的链环节距不一样；牵引链的连接螺栓丢失；链环变形较多；工作面底板不平；回空链带煤过多；井下腐蚀性水使链条锈蚀或产生裂隙。

（3）预防措施：机器使用一段时间后，将刮板链翻转后使用；调换水平链环和垂直链环的位置；若中部槽内压煤太多或底槽带煤过多，应及时清除；及时调整刮板链的松紧程度和更换变形的刮板、链环、连接环；使用断链保护装置。

（4）处理方法：首先停止运转，找出刮板链断裂的地方。如果上链无断链，就是底链断裂（底链经常断码在机头或机尾处附近），其处理方法可参照掉底链的处理方法，将卡紧的刮板拆掉，返回上槽处理。

7.3.2.2 掉链

（1）征兆：机器在正常运行时突然链速不均。

（2）原因：机头不正，机头第2节溜板或底座不平，链轮磨损超限或咬进杂物；边双链刮板输送机两条链的松紧程度不一致，刮板严重歪斜；刮板太稀或过度弯曲。

（3）预防措施：保持机头平直，垫平机身，使机头、机尾和中部槽形成一条直线；对无动力传动的机尾可把机尾链轮改为带沟槽的滚筒；防止链轮咬进杂物，如发现刮板链下有矸石或金属杂物，应立即清除；边双链的刮板链长短调整一致，过度弯曲的刮板要及时更换缺少的刮板要补齐。

（4）处理方法：因链轮咬进杂物而造成掉链，可以反向断续开动或用撬撬，刮板链就可上轮。如果掉链时链轮咬不着链条，即链轮能转而链条不动时，可用紧链装置松开刮板链，然后使刮板链上链。边双链刮板输送机的一条刮板链掉链（里侧）时，可在两条刮板链相对称的两内环之间支撑一硬木，然后启动刮板输送机即可。当一条刮板链在链轮外侧落道掉链时，可在机头槽帮和落道刮板链之间塞一木块，开动输送机即可将刮板链挤上链轮。

7.3.2.3 飘链

（1）征兆：电动机发出尖锐的响声或刮板刮煤太少。

（2）原因：输送机不平、不直，出现凹槽；刮板链太紧，把煤挤到中部槽一边；刮板链在煤上运行；刮板缺少或弯曲变形、刮板链下面有块煤或矸石。

（3）预防措施：经常保持刮板输送机平、直；刮板链要松紧适当；煤要装在中部槽中间；弯曲的刮板要及时更换，缺少的刮板要及时补上；在煤中夹有矸石或拉上坡时，可以加密刮板；刮板输送机的机头、机尾略低于中部槽，且呈桥形。

（4）处理方法：首先停止装煤，然后对刮板输送机的中间部分进行检查。如果刮板不平，应将中间部垫起。放煤时如果冲击力太大，偏向一侧时，可在放煤口溜槽帮上垫一块木板或铺一搪瓷溜槽，煤经过木板或搪瓷槽时减少冲力，使煤流到中部槽中间。

7.3.2.4　刮板链底链出槽

（1）征兆：电动机发出十分沉重的响声，刮板链运转逐渐缓慢，甚至停机。

（2）原因：刮板输送机本身不平直，上鼓下凹，过度弯曲；中部槽严重磨损；两根链条长短不一，造成刮板歪斜或因刮板过度弯曲使两根链条的链距缩短。

（3）预防措施：保持刮板输送机平、直；刮板链松紧要适当；刮板歪斜、两条链条长短不一的要及时调好；严重磨损的溜板，特别是调节槽要及时更换。

（4）处理方法：在生产班中发现底链出槽时，将中部槽垫平（特别调节槽），将中部槽内的煤运干净，再将输送机打倒车即可。如果中部槽严重磨损、卷帮或断裂，就必须更换。

7.3.2.5　保险销切断

（1）征兆：电动机仍然转动，而机头轴或刮板链不动。

（2）原因：压煤太多；矸石、木棒及金属杂物被回空链带进底板，卡住刮板链；保险销磨损；溜槽中板磨损卡住刮板。

（3）预防措施：启动刮板输送机前要将刮板链调节好，使其松紧适当；掏清机头、机尾煤粉。如有矸石、木棒或其他杂物，要及时清理；装煤不要太多；中部槽要拱接严密，如有坏槽要及时更换；保险销需用低碳钢制造并要经常检查，磨损超限时要及时更换，保证销与轴的间隙不大于 1mm。

（4）处理方法：当剩余长度大于 20mm 时，将原保险销往里插一下可继续使用；当剩余长度小于 20mm 时，更换新的保险销。

7.3.2.6　减速器过热、漏油或响声异常

（1）征兆：减速器发出油烟气味和"吐噜，吐噜"的响声，并且手摸时烫手，外部和下部底板有油渍。

（2）原因：齿轮磨损过度；齿轮啮合不好，修理组装不当；轴承损坏或窜轴；油量过少或过多，油质不干净；联轴器安装不正，地脚螺栓松动，超负荷运行等。

（3）预防措施：严格执行定期检修制度，经常检查齿轮和轴承的磨损情况，打开减速器箱体检查孔，用木棒卡住齿轮使其固定，再转动联轴器，如活动过大，说明固定键松动或齿轮磨损。另外要注意各螺栓是否松动，要保持油量适当，联轴器间隙要合适。

（4）处理方法：发生故障后应拧紧各处螺栓，补充润滑油，锥齿轮轴承损坏时，可以连同轴承座一起更换，新更换的锥齿轮要注意调整好间隙。

7.4　带式输送机安装与维护

带式输送机是以输送带作为牵引部件，兼作承载构件，通过张紧的输送带与传动滚筒之间产生的摩擦阻力作为牵引力的一种可连续运行的运输设备。带式输送机有很多种类型，按照使用的输送带不同，分为普通带式输送机、阻燃带式输送机和钢丝绳芯带式输送机；按照安装方式不同，分为吊挂式带式输送机和落地式带式输送机；按照功能不同，分为固定式带式输送机和伸缩式带式输送机等。此外，还可以按照带式输送机用途和使用场合的不同进行分类，则有煤矿井下用带式输送机、装配用带式输送机、清洗用带式输送机等。

落地式、吊挂式、固定式及伸缩式带式输送机在煤矿井下运输系统中得到极其广泛的应用，下面以 DTL100 型固定落地式带式输送机（见图 7.5）为例介绍其安装与修理方法。

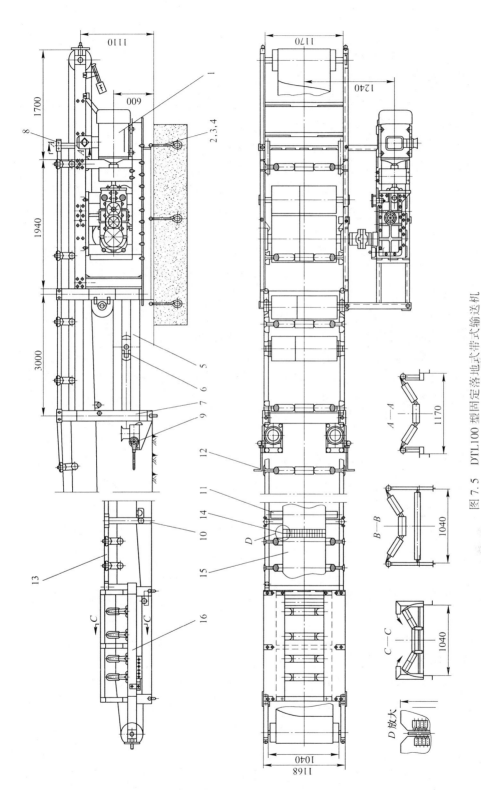

图 7.5 DTL100 型固定落地式带式输送机

1—传动装置；2—地脚螺栓；3—螺母；4—垫圈；5—导轨；6—张紧滚筒；7—张紧立柱；8—管座；9—蜗轮卷筒；10—H 架；11—平形下托辊；12—槽形上托辊；13—纵梁管；14—皮带扣；15—输送带；16—机尾

7.4.1　带式输送机的维护检修制度

7.4.1.1　带式输送机的日常维护

带式输送机在日常维护检修时，应按以下几方面进行：

（1）每日至少进行一次全线主要设备及部件外观检查，观察（采用听或触摸的方法）电动机、减速器、联轴器等是否运行正常，有无异声响及振动。

（2）检查各部紧固件是否松动，如发现有松动现象，应及时紧固。

（3）检查输送带的拉紧程度，以空载段输送带略呈弧形为宜。检查拉紧装置是否灵活有效，张紧小车是否掉道，轨道是否淤塞；重锤拉紧装置悬挂的重锤是否被煤掩埋或托起；对于淤塞、堆煤部位进行清理，使张紧小车在轨道上有效工作，输送带张紧程度调整合适。

（4）检查输送带及接头部位是否脱胶，接头处是否变形、破裂，金属卡子连接的输送带接头根部是否有横向裂纹，金属卡子是否被刮变形。若发现输送带接头异常变形及破裂，应及时检修处理。

（5）检查输送带是否有跑偏及打滑等不正常的工作状态，输送带上是否有大块物料及铁器等。若发现输送带跑偏、打滑等不正常的工作状态，应及时进行调整；对于输送带上的大块物料及铁器等杂物，应及时停机清除。

（6）检查滚筒、托辊是否有变形、损坏、缺油，轴承部位温度是否超过标准，转动是否灵活，对于严重变形或损坏的滚筒及托辊应及时更换，缺油部位应当及时注油。

（7）检查减速器、各滚筒轴承的润滑情况，是否漏油或缺油。对漏油部位应进行处理，若缺油应及时补充。

（8）检查空载段和重载段清扫器是否工作正常，保证清扫装置与输送带接触良好。当清扫带固定架下端与输送带最小距离达到 5~8mm 时，应及时更换清扫带。

（9）检查和试验输送带综合保护装置的工作情况，动作要灵敏、可靠。

（10）检查溜煤板是否牢固，卸料板位置是否正确。应把溜煤板、卸料板位置调整合适、固定牢固。

7.4.1.2　减速器的检查与维护

（1）取下减速器的油尺，观察油迹在油尺上的刻度值，油位应保持在大齿轮半径的 1/3 左右，低于该油面时应补充润滑油。

（2）煤炭标准 MT 148—1995 规定，新制造或大修后的减速器，在工作 250h 后应更换新油，以后每隔 3~6 个月彻底清洗换油。

（3）当出现下列情况时也必须换油：1）油的外来杂质含量达到 2%，而被磨损的金属颗粒含量超过 0.5% 时；2）除油包水齿轮油外，油中水含量高于 2% 时；3）油质不符合要求时。

7.4.1.3　滚筒轴承注油

滚筒轴承检修后，轴承的充油量应为轴承间隙的 2/3，轴承座油脂腔中应充满，并充以锂基润滑脂（或可代用的其他润滑脂），每周由其轴承座上的注油嘴注油一次。3 个月清洗并更换润滑脂一次。

7.4.1.4 胶面滚筒的维护保养

（1）经常清扫滚筒表面。在滚筒处除安装清扫器外，可以用工具或者用水洗、风吹等办法清除滚筒表面的附着物，使滚筒表面始终保持清洁。

（2）滚筒的胶面有破损或包胶严重脱离滚筒表面的情况下，可用刀具把破损或脱离部分割除，防止破损或脱离状况蔓延扩大。

（3）当胶面脱离滚筒表面面积较大时，应更换包胶或送厂家重新铸胶。

（4）及时紧固包胶松动的螺钉，以保证包胶的每个部位与滚筒外壳牢牢贴紧。对于磨薄露出螺钉头的包胶，应及时更换新包胶。

7.4.1.5 托辊的维护保养方法

（1）坚持巡回检查制度，按时检查，发现有异响或不转的托辊及时检查更换，将换下的托辊及时修好，以备再用。

（2）分段或整机拆检更换托辊。应根据使用经验，确定出检修周期，集中人力，分段或整机拆检更换托辊。

（3）经常清除托辊间夹杂的煤及杂物，使托辊保持转动灵活。

（4）对于缺油的托辊及时注油，以延长托辊的使用寿命。

7.4.1.6 输送带的维护保养

（1）在条件允许的情况下，尽量缩小给煤嘴与输送带的距离，减缓物料对输送带的冲击和磨损。

（2）对缓冲托辊进行重点检查，对磨损严重的缓冲托辊及时更换或修复。严禁用普通托辊代用，否则会导致输送带严重损坏。

（3）严格控制水煤、大块物料及铁器进入输送带。发现输送带上有大块物料及铁器后，要及时停机，将大块物料及铁器搬离输送带后再开机。

（4）对输送带边缘磨损、中部纵向撕裂和脱胶部位及时修补。

（5）若输送带接头严重变形、破裂，金属卡子变形、损坏，要重新接头、整形或更换金属卡子。

（6）增设必要的调心托辊，防跑偏保护，断带、打滑保护，以保证输送带正常工作，使带式输送机在事故运转中能及时自动停机，防止事故扩大，从而保护输送带。出现一般的输送带跑偏现象，调心托辊可以调正输送带运行方向。

（7）严格按操作规程操作带式输送机。

（8）有淋水的带式输送机，应采取防水措施。

7.4.2 带式输送机主要零部件的修理与装配

7.4.2.1 液力偶合器

A 液力偶合器的拆装与维修

（1）拆装液力偶合器时，应注意泵轮、外壳和辅助室外壳的位置不要错动，更换的螺栓、螺母应使其规格一致，以防破坏其平衡性能。

（2）液力偶合器拆卸前应将其表面煤粉等脏物清洗干净，拆卸时不要用榔头敲击。外壳与泵轮连接螺丝卸开后，要用螺丝顶开外壳与泵轮，不能用扁铲等工具凿剔，以免损坏设备。

（3）对于拆卸开的液力偶合器，要仔细检查泵轮和涡轮的叶片有无损坏、裂纹；各个流道孔及流道是否畅通；滚动轴承磨损情况；密封是否完好等。检修后的液力偶合器要用煤油仔细清洗，保证流道内没有任何污物，清洗后应擦干保存好，防止再落入脏物。

（4）对于检修后重新组装的液力偶合器，除应保证泵轮与涡轮的相对转动自由、灵活外，还应进行整体静、动平衡试验和密封性耐压试验。

B　液力偶合器的使用注意事项

（1）符合液力偶合器使用说明书中的规定。

（2）目前，液力偶合器工作介质均为清水或难燃液，尤其在煤矿井下使用时不得用油替代，而且注液量要符合说明书中的规定。

（3）液力偶合器必须有保护罩，保护罩若有损坏必须及时修理或更换，以免发生人身事故或损伤液力偶合器。没有防护罩时不得开动机器。

（4）带式输送机司机应经常观察液力偶合器运转情况，如发现有异常声响、摇摆和振动等不正常现象，要及时检查与排除。发现漏液要及时采取措施修理或更换。

（5）要有备用的易熔合金保险塞。一旦油温超过允许值，保险塞熔化，工作液体喷出后，应当找出油液温度高的原因，采取措施予以克服，然后按规定充液、重新换上备用的保险塞。易熔合金保险塞绝不允许用木塞、螺栓之类代替。

（6）输送机应空载启动，严禁输送机停机时继续采煤、装煤，以免造成过载启动和正、反向频繁启动而导致液力偶合器工作油液温升过快和温度过高，影响正常生产。

7.4.2.2　输送带

（1）输送带跑偏与调整。输送带跑偏是带式输送机经常发生的故障。常见的输送带跑偏现象、原因及调整方法见表7.3。

表 7.3　常见的输送带跑偏现象、原因及调整方法

跑偏的特征	可能的原因	纠正的方法
输送带从某点开始局部跑偏	（1）托辊中心不正； （2）托辊不转； （3）由于附着物使辊面凹凸不平	（1）清理及更换托辊； （2）将跑偏一边的各托辊向前移动
整条输送带向一侧跑偏	滚筒不平行，输送带向松侧跑偏（跑松不跑紧）	（1）调整滚筒； （2）若原因为螺旋拉紧装置松紧不一致，则将跑偏侧丝杠适当拧紧
	滚筒直径不均一，输送带向滚筒直径较大的一边跑偏（跑高不跑低）	若为滚筒加工问题，则对滚筒进行正确的加工调整；若为物体附着在滚筒表面上，使滚筒发生不规则的变化，则清理滚筒表面，并防止物料落入
	机架不正或左右摇摆	矫正机架或加固机架
整条输送带向一侧跑偏，最大跑偏在接头处	输送带接头不正	重新接头

续表 7.3

跑偏的特征	可能的原因	纠正的方法
无载时不跑偏，有载时才跑偏	给料不正或负荷不均	如果由于溜槽安装不正，或物料在输送带上的块度、质量不均，引起输送带左右两半偏载，则要矫正溜槽安装位置，使物料加到输送带中心，或安装活动可调整的挡板，控制物料落下的方向，在给料溜槽后面不远之处安装调心托辊
输送带破损部分跑偏	输送带边部破损，水分浸入使带芯发生缩曲，易在该部位跑偏；输送带边部破损后，由于两边摩擦阻力不同而引起跑偏	破损后应用硫化法修补
新输送带更换后跑偏	输送带太厚，成槽性差，不能适应该种托辊的槽角	对输送带加负荷，对称静置一段时间或使用一段时间即可矫正

（2）输送带磨损或撕裂。输送带的早期磨损或撕裂也是带式输送机经常发生的故障。早期磨损的主要原因是给料条件不良（如逆向给料、垂直给料或给料速度太快）、托辊不转、输送带卸料器或清扫器摩擦太大，或输送带频繁跑偏被机架撕裂等，应设法改善其工作条件并进行合理调试。

输送带的纵向撕裂，大部分情况下是由于给料处尖角物料卡在溜煤槽与输送带之间，输送物料过程中有坚硬物掉入机架中将输送带割裂，或由于机械接头的输送带产生长期跑偏等原因而造成。

（3）输送带更换。当输送带需要更换时，可在尾部滚筒后面用 3 个直径为 8mm 的铆钉将新输送带的一端铆接在旧输送带的上端，开动机头，利用旧输送带把新输送带向上牵引，当新输送带已绕行一周并通过尾部滚筒后，停机将新输送带与旧输送带分开。

7.4.2.3　传动滚筒、改向滚筒和尾滚筒

A　滚筒断轴

带式输送机各滚筒工作过程中有时会发生断轴事故，因此运输系统中重要环节的输送机一般均有备用滚筒。断轴后，一般均先换上备用滚筒，并对故障原因进行分析和判定。断轴的原因可能是加工制造缺陷、安装不合理、超负荷运行或疲劳过度等。换下来的滚筒应及时进行修复。

B　传动滚筒包胶脱落

输送机工作到一定程度，传动滚筒包胶材料或胶结层会老化变质，导致包胶脱落。这时，应及时停止装载物料，并慢车开动将输送带上的积煤卸载，停机后更换备用滚筒。换下来的滚筒应进行包胶处理。

除此之外，输送机硐室或机房内需要备有上、下托辊和缓冲托辊等易损件，主要运输环节的带式输送机还需有备用电动机。

7.4.3　带式输送机安装工艺

7.4.3.1　安装程序

A　安装机头架

带式输送机安装是从机头架安装开始的。安装时，按以下程序进行：

（1）首先测量确定输送机中心线，安放机头架并调整其中心线位置与安装中心线重合。

（2）沿中心线方向移动机头架，使其符合落煤要求。

（3）在机头架底座下加减垫片，调整机头架底座标高符合要求。

（4）紧固地脚螺栓，固定机头架的位置。

B　安装驱动装置

（1）将传动滚筒装入机头架，调整滚筒轴承座位置（在轴承座下加减垫片），保证传动滚筒轴中心线与输送机中心线垂直。再将水平仪放在滚筒测量基准面上（筒体外圆上或包胶外圆上），在垂直方向调整轴承座高度，使滚筒水平度符合要求。然后紧固滚筒轴承座的连接螺栓，将传动滚筒定位。

（2）依次安装其他滚筒，调整滚筒轴承座使滚筒保持水平并使其轴中心线与传动滚筒中心线平行。

（3）安装减速器时，分两种情况：一是驱动架与机头架为分离结构。安装时，先将减速器初步固定在驱动架上，然后连同驱动架一起进行安装调整；此时以减速器输出轴为基准件，移动整个驱动架，使减速器输出轴中心线与传动滚筒轴中心线基本同轴，并保持水平状态，同时调整驱动架标高和水平，并紧固驱动架地脚螺栓；地脚螺栓紧固后，松开减速器机座固定螺栓。在减速器机座下加减垫片，二次调整减速器输出轴与传动滚筒轴同心，并符合安装技术要求。二是驱动架与机头架为整体结构。安装时，将减速器吊放在驱动架上，调整减速器位置和中心高度，使输出轴与传动滚筒轴中心线同轴，并保持水平。

C　安装中间架

安装中间架可以与安装驱动装置平行作业。机头架位置确定后，先安装过渡架，再顺次安装各中间架。安装中间架时，首先要在带式输送机的全长上引拉中心线，使各中间架对称中心线与输送机中心线在一条直线上；其次要保持中间架正面对正，与输送机中心线倾斜不超标；最后调整中间架支腿高度，使各支腿高度符合安装要求。

机架对中心线的允许误差，每米机长为1mm，但在输送机全长上对机架中心线误差不得大于35mm。

D　装设尾架

尾架一般也是由测量部门先确定中心线然后进行安装的，因此，安装尾架往往与安装机头架平行作业，安装方法与安装机头架相同。合理安装尾滚筒，最后通过尾部过渡架与中间架相连，则完成整个机架的安装。

E　安装拉紧装置

拉紧装置安装与机头架安装相似，其中各滚筒轴线与传动滚筒轴线平行，并保持水平，也应与带式输送机中心线垂直。

F 安装托辊

在机架、传动装置和拉紧装置安装以后，可以安装上、下托辊的托辊架，托辊架的轴线应与输送机中心线垂直。有凸弧和凹弧的输送带，应该根据安装图装设托辊架，使输送带具有缓慢变向的弯弧，弯弧段的托辊架间距为正常托辊架间距的 1/2 ~ 1/3。托辊装上后，其回转应灵活轻快。

G 找准机架

在传动滚筒及托辊架安装以后，应对输送机的中心线和水平找准，然后将机架用螺栓固定在基础或横板上。带式输送机固定以后，可以装设给料和卸料装置。

H 挂设输送带

挂设输送带时，先将输送带铺在空载段的托辊上，围包过传动滚筒以后，再敷在重载段的托辊上。挂设输送带可以采用 0.5 ~ 1.5t 的手摇绞车。在拉紧输送带进行连接时，应将拉紧装置的滚筒移到极限位置；在拉紧输送带以前，应安装好减速器和电动机；倾斜输送带要装好制动装置；最后，用机械或硫化胶接方法将输送带连接起来。

现场施工过程中，为使铺设输送带更为方便，常在中间架、下托辊安装完毕后和上托辊架安装之前，先铺设下输送带，然后安装上托辊架，再安装上托辊。这样可以减少铺设输送带时在托辊架之间穿带的工作量，其缺点是调整中间架时，由于输送带压在架上，移动难度增大。

I 调整试车

带式输送机安装以后，需要进行空转试车。在空转试车过程中，应当注意输送带运行中有无跑偏现象，传动部分的运转温度，托辊运转中的活动情况，逆止器的安装是否正确，清扫装置和导料板与输送带表面的接触严密程度等，同时要进行必要的调整。各部件正常以后，才可进行带负荷运转试车。如果采用螺旋式拉紧装置，带负荷运转试车时，还要对其松紧程度再进行一次调整。

7.4.3.2 输送带硫化胶接方法

输送带的硫化胶接有很大的优越性，是目前我国正在应用的主要的输送带连接方法之一。输送带的硫化胶接大体上分为拉紧、画线、裁剥、涂胶、贴合和硫化 6 步。

A 拉紧

先将带式输送机的拉紧装置放松，然后把准备胶接的输送带用夹具夹住并拉紧（见图 7.6（a）），拉紧程度视输送带及输送机规格而定。拉紧后每隔 20min 张紧一次。

B 划线

输送带拉紧并确定长度以后，可以在准备胶接的端部划线以备裁剥。一般输送带的胶接都用对接方法（见图 7.6（b））。使用对接方法时，先将输送带裁剥成阶梯形，一层布一阶，接头两端相对应（见图 7.6（d）），接头的长度 L 一般等于输送带的宽度 B，接头的角度常用 60° 或 72°，即 $l/B = 1/2$ 或 $l/B = 1/3$（见图 7.6（c））。每阶梯层的长度为：

$$L_B = \frac{L}{n-1} \tag{7.1}$$

式中　L_B——每阶梯层的长度，mm；

　　　n——包括上、下覆盖层在内的层数。

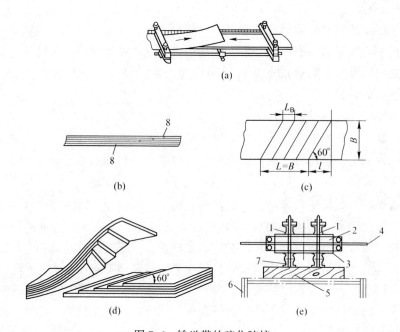

图 7.6　输送带的硫化胶接

1—螺杆；2—上电热板；3—下电热板；4—输送带；5—木块；6—机架；7—槽钢；8—填充胶

在上、下覆盖层的对口处，覆盖胶可剥掉长度 2~8mm，供胶接时放置填充胶用。

C　裁剥

划好线后，按划线标记用刀切掉输送带的多余部分，并按阶梯逐层裁剥覆盖胶和布层。

D　涂胶

涂胶前，先用钢丝刷或木锉清除接头裁剥处的残余胶屑和毛糙帆布表面，并用汽油揩净布层表面的油污，然后涂胶浆。涂胶浆时，先涂稀胶浆 1~2 次，然后再涂浓胶浆 1~2 次。

E　贴合

待所涂胶浆的溶剂挥发干净后，即可将涂好的输送带两端对齐贴合，并加贴封口填充胶 8（见图 7.6（b）），然后用手辊或其他工具将贴合部位压实。

F　硫化

输送带硫化的设备有很多种。图 7.6(e) 所示为我国选煤厂普遍采用的一种最简单的硫化胶接电热板构架，在输送带的机架 6 上用槽钢 7 将下电热板 3 架高，架置的高度相当于输送带的正常位置。需要胶接的输送带 4 平放在下电热板的表面上，输送带上方放置上电热板 2，最后用螺杆 1 将上、下电热板压紧。为了防止输送带粘贴在金属电热板上，在输送带与金属电热板接触面上垫有纸张。准备完毕后，给压升温，开始硫化。

硫化是在一定温度、一定压力条件下，经一定时间完成。温度、压力和时间是硫化胶接的 3 个要素。现场胶接时，硫化的压力最好能在 0.5MPa 以上，温度以 135~150℃ 为宜。硫化时间为：

$$T = t + kn + \delta \qquad (7.2)$$

式中　T——总硫化时间（包括升温时间），min；

　　　t——基本硫化时间，min，用天然胶浆胶接时为 10min，用覆盖胶料配方时为 15min；

　　　k——时间系数，对普通输送带为 1；

　　　n——帆布层数；

　　　δ——覆盖层总厚度，mm。

为了保证胶接质量，硫化条件应严格控制。胶浆需在现场用现成胶料自行配制。胶接所用胶料的橡胶品种，应与原输送带的胶料相同或相适应。

以上介绍的是热硫化胶接法。采用冷硫化胶接的操作过程与热硫化胶接基本相同，但冷硫化胶接不需要升压加温，胶接完毕就可使用，硫化时间大大缩短，劳动强度低，这种硫化胶接的接头强度与热硫化胶接差不多。冷硫化胶接所用的胶料为氯丁胶，是由氧化镁、氧化锌、防老剂和酚醛树脂及纯苯液按一定比例配制而成的。

煤矿带式输送机修理安装的技术质量应符合 MT820—2006《煤矿井下用带式输送机技术条件》中的各项规定。

7.5　矿井大型提升机安装与维护

矿井提升设备的任务是沿井筒提运矿石、下放材料、升降人员和设备，是联系井下与地面的主要运输工具，其性能和提升能力是决定矿井生产能力的重要因素。提升设备一旦发生故障，就会导致整个矿井停产。因此，必须及时合理地做好提升设备的维护、保养与检修工作，确保提升设备的安全运转。煤矿用矿井提升机一般有缠绕式提升机和摩擦式提升机两大系列，下面以 JK 型矿井提升机为例介绍其维修制度和修理内容。

7.5.1　JK 型矿井提升机的结构特点

JK 型矿井提升机目前使用较普遍，卷筒直径一般为 2~5m，不同规格的提升机总体结构类似，如图 7.7 所示。该系列提升机主要有以下特点：

（1）制动系统采用了液压制动装置，由液压站提供动力，盘式闸实施制动，不仅缩小了提升机的体积，同时提高了制动的可靠性。

（2）卷筒调绳装置采用了油压齿轮离合器，结构简单、动作可靠、调绳方便且速度快，尤其适用于多水平提升矿井的生产系统。

（3）与 KJ 型提升机相比，提升能力提高了 25%，质量平均减少 25%。

7.5.2　JK 型矿井提升设备维护检修制度

目前，多数矿井提升设备的维护检修均采用预防维修方式，执行定期检修与预测维修相结合的维修制度。随着故障诊断技术的日趋成熟和不断推广，预测维修将成为设备维修的主要手段，如轴承、齿轮装置的红外温度监测，轴承振动监测，润滑油质铁谱或光谱分析等。提升机定期检修的内容一般包括：日检、周检、月检及大修、中修、小修等。

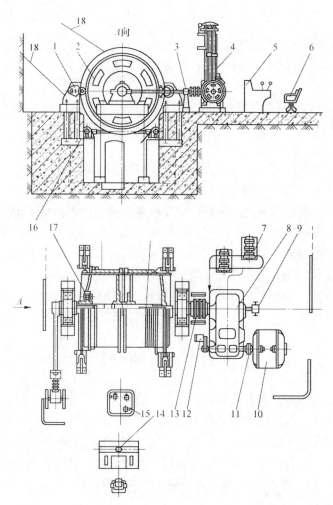

图 7.7 JK2-5 型矿井提升机结构示意图（双滚筒）

1—盘形制动器；2—主轴装置；3—牌坊式深度指示器传动装置；4—牌坊式深度指示器；5—斜面操纵台；

6—司机椅子；7—润滑油站；8—减速器；9—圆盘式深度指示器传动装置；10—电动机；11—弹簧联轴器；

12—测速发电机装置；13—齿轮联轴器；14—圆盘式深度指示器；15—液压站；16—锁紧器；17—齿轮离合器；

18—钢丝绳

7.5.2.1 提升设备的检查制度

A 日检

日检主要由运转人员和专职检修值班人员负责实施，以运转人员为主。主要检查设备的运转状况及经常磨损和易于松动的外部零件，检查有可能出问题的关键零件，必要时进行适当的调整、简单的修理和更换，并作为交接班的主要内容。其具体内容有：

（1）运转过程中的音响、振动是否正常。

（2）各部分的连接零件（如螺钉、铆钉、销子和联轴器等）是否松动。

（3）减速器齿轮的啮合和主轴工作机构是否正常。

（4）检查各部位（如轴承、齿轮离合器和各转动部位）是否有漏油现象，润滑油量及温升情况。

（5）制动系统（如闸轮、闸瓦、制动机构、油压或风压系统等）动作是否正常，检查闸轮、闸瓦磨损状况及抱闸间隙是否合适，适当进行调整。

（6）各转动或连接部分的情况，如轴承松动、卷筒窜动、各部机座和基础螺栓松动等，并及时调整和紧固处理。

（7）天轮运转情况（如钢丝绳衬垫、轴承等）。

（8）提升容器（如罐笼、箕斗等）及附属机构（如阻车器、连接器、罐耳等）的情况。

（9）检查断绳保护器（如各转动连杆、弹簧、安全爪、制动钢丝绳）动作是否可靠。

（10）提升钢丝绳的断丝变形、撞伤、伸长和润滑情况。

（11）设备及其周围的卫生和工具备件保管情况。

对以上情况的检查和处理结果，需由运转人员按照规定详细地填入运转工作日志中，以供操作或维修人员参考，并作为交接班的内容之一。

B 周检

周检以专职检修人员为主，和运转人员配合联合进行维修。周检除包括日检内容外，还必须检查下列项目：

（1）轴瓦间隙和大轴有无窜动、振动，制动动作情况，适当进行调整。

（2）详细检查各部零件，并适当地调整、紧固。

（3）机械与电气保护装置（如过卷、自动减速、限速、过负荷等）的动作可靠程度。

（4）钢丝绳在卷筒与提升容器两端的固定情况以及钢丝绳除垢、涂新钢丝绳油的情况。

C 月检

月检除周检内容外，还要仔细检查下列项目：

（1）减速器齿轮啮合情况，调整齿轮啮合间隙或更换齿轮。

（2）必须更换各部分润滑油，清洗润滑系统的部件。

（3）更换闸瓦、转动销等，检查制动系统准确动作的可靠性，并适当地调整制动力矩和二次制动时间。

（4）联轴器是否松动或磨损。

（5）检查保险制动系统和机械保护装置及制动系统的动作情况。

（6）检查井筒设备的罐道、井架和防坠器使用的制动钢丝绳。

（7）拆洗并修理制动系统机构，必要时可更换闸瓦。

周检和月检后，必须由专职检修人员将检查和处理结果详细地填写在检修日志中，备查或供下次检修时参考。

7.5.2.2 提升设备的修理制度

提升机的修理是确保设备正常运行和发挥最大生产能力，防止事故发生，延长使用寿命的主要措施。根据修理的具体内容和所需时间不同，提升机的修理一般分小修、中修、大修。检修的周期因设备的不同而不同，需用的时间也不等，通常可按表7.4确定。

表 7.4 提升机检修周期和需用时间　　　　　　　　（天）

提升机规格	检修周期			检修所用时间		
	小修	中修	大修	小修	中修	大修
卷筒直径 3m 以下	4	12	48	1	2	4
卷筒直径 3m 以上	6	24	72	1	4	7

A 小修

（1）打开减速器上盖，检查轮齿啮合及磨损情况，轮辐和轮齿有无裂纹，必要时进行更换。

（2）打开主轴轴承上盖，检查轴颈与轴瓦间隙，必要时更换垫片。

（3）检查和清洗润滑系统各部件，处理污油，更换润滑油，必要时更换密封件。

（4）检查和调整制动系统各部件，必要时更换闸瓦和销轴等磨损零件。

（5）检查卷筒焊缝是否开裂，铆钉、螺钉、键等有无松动变形，必要时加固或更换。

（6）检查深度指示器和传动部件是否灵活可靠，必要时进行调整处理。

（7）检查各部位安全保护装置运转是否灵活可靠，必要时进行重新调整。

（8）检查联轴器的销轴与胶圈是否磨损超限，内外齿轮啮合的间隙或蛇形弹簧磨损是否超限，必要时更换磨损零件。

（9）检查各连接部件、基础螺栓有无松动和损坏，必要时进行更换。

（10）进行钢丝绳的串绳、调头和更换工作。

（11）检查和调整电气设备的继电器、接触器和控制线等，必要时进行更换。

（12）检查平时维修不能处理的项目，保证设备能正常运行到下次检修期。

B 中修

中修除包括小修全部内容外，还必须进行下列工作：

（1）更换减速器各部轴承或对轴瓦进行刮研处理。

（2）调整减速器齿轮啮合间隙，更换齿轮。

（3）更换制动系统的闸瓦和转动销轴。

（4）车削闸轮外径和端面，必要时进行更换。

（5）更换衬木和车削绳槽。

（6）检查天轮或衬木磨损情况，更换天轮或衬木。

（7）处理和更换电控设备的零部件。

（8）检修不能保持到下次检修间隔期，而小修又不能处理的项目。

C 大修

大修除包括中修的全部内容外，还必须进行下列工作：

（1）更换减速器的传动轴、齿轮和轴承，重新进行调整。

（2）重新加固或更换卷筒。

（3）更换主轴或轴瓦并抬起主轴检查下瓦，调整主轴水平。

（4）找正各轴间的水平度和同轴度。

（5）更换联轴器。

（6）进行机座和基础加固。

（7）更换主电机和其他电控设备。

（8）检修不能保持到下次大修间隔期，而中修又不能处理的项目。

对上述检修所需要的时间和检修内容，要预先编制好检修计划，并做好配件、材料、工具、施工人员和时间安排等工作，还要编制安全技术措施，在检修进程中要严格贯彻执行。如果没有具体检修项目时，也要按照检修项目进行预防性检修，不能擅自更换或停止计划性检修。

值得注意的是，修理完毕后应将修理过程中涉及的结构改进、技术数据变更等主要情况详细填写到检修记录中，并存档保管，为后续设备检修和运行管理提供技术参考。

7.5.3 JK 型矿井提升设备主要部件的修理与装配

7.5.3.1 减速器的修理与装配

齿轮啮合间隙是否符合要求，其接触面是否良好，是减速器齿轮装配与修理质量好坏的主要标志。

检查齿轮时，如发现齿面磨损不均、有痕迹或局部剥落情况，应立即检查齿轮中心距，各轴的不平行度，齿轮啮合间隙，各轴的水平度、同轴度及接触情况，润滑油质量情况，是否有其他金属或非金属物掉入减速箱内以及齿轮键和螺帽是否松动等。对检查出的问题必须及时处理，绝不可强制运转。在检查过程中，如发现某一齿面剥落，其面积不超过齿轮有效接合面积的30%，其他各部分正常时，可继续使用。当齿面剥落不断增加，运行状态逐渐恶化时，应立即进行更换。实践证明，沿齿宽（尤其是分度圆上下）出现均匀的不太严重的剥蚀现象时，只要加强润滑并及时维护检查，还可以使用一段时间。当发现两个齿轮磨损程度相差很大，不能继续配合使用，只更换小齿轮只是临时之计，应尽量成对更换。除对减速器、轴、齿轮进行修理或更换外，还要更换已磨损或损坏的滚动轴承或对轴瓦进行检修、调整轴瓦间隙、清洗箱体及箱体内所装零件，更换润滑油。对减速器清洗后一定要拧紧油孔丝堵，按要求的润滑剂牌号加足润滑剂。在检修减速器时要防止物品掉入箱体。

减速器上下箱体接合面处密封的好坏是防止其漏油的关键。一般减速箱体与箱盖或法兰盘等的连接，可采用垫片或涂料密封。用红丹或沥青密封时，拆卸较困难。用垫片密封较普遍，垫片材料有纸板、铜片、铅片、耐油橡胶等。当需要密封的接触表面积较大，接合表面粗糙时，垫片的厚度应加大，安装垫片时必须压紧，拆卸时如发现垫片已失去弹性或损坏，应立即更换。图 7.8 所示为减速箱与法兰盘接合处的密封。

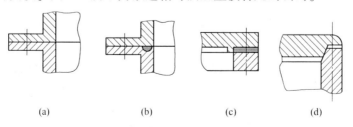

| (a) | (b) | (c) | (d) |

图 7.8 减速箱与法兰盘接合处的密封

（a）用纸板垫密封；（b）用聚氯乙烯绳或钢丝、铅丝密封；（c）用纸板垫和止口密封；（d）用刮研的锥形止口密封一般对大型箱体，尤其是易变形的焊接箱体，采用专用的涂料或水玻璃填满接合缝更为可靠，在减速箱体接合面上设回油槽对防漏有一定作用。

现代矿井常使用的封口胶密封效果更好，其具体做法如图 7.9 所示。各螺栓孔周围（A 处）涂快干封口胶，连接螺栓中心线内侧面（B 处）涂快干封口胶，连接螺栓中心线至外侧面（C 处）涂慢干封口胶，上下接合面四周（D 处）采用石棉灰混清漆堵缝再刷磁漆。

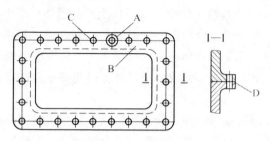

图 7.9   封口胶密封示意图

7.5.3.2   卷筒的修理与装配

卷筒一般由 3 部分组成，即筒壳、支轮及支环。筒壳是卷筒的直接承载部件，支轮是支承筒壳和传动的部件，支环可增加筒壳的稳定性。

我国生产的提升机卷筒结构大致分为两种类型。一种是"薄壳强支"结构，特点是采用铸造支轮或有较多加强筋板的焊接结构支轮，支轮的刚性较大，卷筒内部设置有支环及斜撑等，而筒壳的厚度则较薄，如图 7.10（a）所示。过去生产的 KJ 系列提升机多采用这种类型的卷筒结构，其缺点是卷筒各处的刚度不够均匀，在支轮和支环处筒壳承受较大的局部弯曲应力，容易出现局部开裂、筒壳塌腰等疲劳损坏。

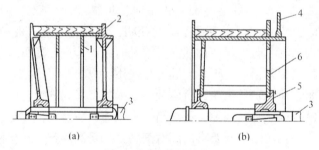

图 7.10   卷筒的结构

（a）薄壳强支结构（用于 KJ 型提升机）；（b）厚壳薄支结构（用于 JK 型提升机）

1—支环；2—法兰盘；3—主轴；4—制动盘；5—轮毂；6—辐板

另一种"厚壳薄支"结构，特点是采用圆板或圆环结构的弹性支轮，卷筒内部不设置支环，卷筒的稳定性由筒壳本身保证，即筒壳厚度除满足强度要求外，还应满足稳定性要求，如图 7.10（b）所示。20 世纪 70 年代末生产的 JK 系列提升机采用这种结构，优点是卷筒各处刚度比较均匀，筒壳受力情况有所改善。

A   卷筒易出现的问题及修理方法

卷筒易出现的问题包括：卷筒在轴上发生窜动，制动轮或制动盘出现磨损，卷筒板出现塌腰变形及卷筒发生裂纹，木材板磨损或损坏等。

a   卷筒在轴上窜动的修理

打紧固定卷筒的两个互成 120° 的切向键，固定其挡块，但不得将挡块和键用电焊与轴点焊。

b 制动轮或制动盘磨损的修理

较小的磨损可用砂轮或油石打光，磨损量大时在强度许可的情况下进行适量车削。

c 卷筒板塌腰变形的修理

轻微的用千斤顶冷顶，严重的用千斤顶热顶，使铁卷筒板恢复原状后，再用三角钢做两个半圆的支环，用螺栓（或点焊）固定在铁卷筒板内圆上，两个半圆支环的对口处加连接板用螺栓固定。

d 卷筒裂纹的修理

卷筒裂纹多发生在螺钉孔处；支环裂纹多发生于焊缝处或圆孔周边，呈放射状，严重时会产生支环断裂。对这些裂纹修理的主要方法就是进行直接焊接，除对焊缝、焊接接头和结构形式进行合理设计外，焊接工艺过程也是非常重要的。其具体要求是：

（1）最好使用直流电焊机，对直径 4mm 的焊条，焊接电流应控制在 140~180A 之间。为掌握电流变化，在电焊机上装一块直流电流表进行监测。

（2）焊条引弧最好采用"擦火柴"方式，不要直上直下拉弧。焊接时，应在灭弧坑前 10mm 左右处引弧，反向焊接盖死灭弧坑后继续向前焊接。盖死灭弧坑的目的是为了保证焊接质量。

（3）电弧长度应控制在 1mm 内。

（4）开始焊接前，用氧气-乙炔火焰预热被焊处四周，达 300℃ 左右时停止预热。

（5）焊接应分层进行，每焊完一层后，用手锤击打焊接处，消除焊接应力。

（6）对 X 形坡口的焊接，每焊完一面后再焊另一面时，必须把第一层的焊肉从这一面铲去一层，以消除氧化层。

（7）最后一层焊完后，不必用锤敲击，应把裂纹两端的止裂孔焊死，用氧气-乙炔火焰把焊接处周围加热至 300℃ 左右，达到回火目的。

（8）焊接支轮孔圆弧处的裂纹时，最后还应用手砂轮打磨光滑圆弧处，以减少应力集中。

e 铁卷筒板的装配

有支环的卷筒，先将支环装在铁卷筒板上，再将铁卷筒板放在辐轮的凸缘上。先用两个临时螺栓将半扇铁卷筒板的首端固定，末端两个螺栓孔用锥度销定位，用临时螺栓上好中间各螺栓，并取下末端孔锥度销换上螺栓，然后按奇数和偶数顺序换上永久性螺栓。另半扇铁卷筒板的装配方法同上。铁卷筒板与辐轮连接螺栓全部装好后，再连接两半扇铁卷筒板本身接口的平头螺钉（连接板与铁卷筒板的螺钉孔用铰刀铰孔，按铰刀直径配平头螺钉，螺钉杆与螺钉孔之间不得有间隙）。两半扇铁卷筒板对口处和两个半圆支环对口处如有间隙，要用铁条堵死，用电焊点住。

B 卷筒检修质量标准

（1）卷筒的组合连接件，包括螺栓、铆钉、键等必须紧固，轮毂与轴的配合必须严密，不得松动。

（2）卷筒的焊接部分，焊缝不得有气孔、夹渣、裂纹或未焊满等缺陷，焊后必须消除内应力。

（3）筒壳应均匀地贴合在支轮上。螺栓固定处的接合面间不得有间隙，其余的接合面间隙不得大于 0.5mm。两半筒壳对口处不得有间隙，如有间隙需用电焊补平或加垫。

（4）两半支轮的接合面处应对齐，并留有 1~2mm 间隙。对口处不得加垫。

（5）卷筒组装后，卷筒外径对轴线的径向圆跳动不得大于表 7.5 的规定。

表 7.5　卷筒外径对轴线的径向圆跳动

卷筒直径/m	2~2.5	3~3.5	4~5
径向圆跳动/mm	7	10	12

（6）钢丝绳绳头在卷筒内固定，必须用专用的卡绳装置卡紧，且不得作锐角弯曲。

（7）卷筒上的衬木应采用干燥的硬木（水曲柳、柞木、榆木等）制作，每块衬木的长度与卷筒宽度相等，厚度不得小于钢丝绳直径的 2.5 倍。衬木断面应为扇形，并贴紧在筒壳上。也可以专门定制合成聚氨酯材料的衬块。

（8）固定衬木的螺栓孔应用同质木塞堵住并胶固，螺钉穿入厚度不得小于绳径的 1.2 倍。衬木磨损到距螺栓头端面 5mm 时应更换。

（9）卷筒衬木的绳槽深度为钢丝绳直径的 0.3 倍，相邻两绳的中心距应比钢丝绳直径大 2~3mm。双卷筒提升机两卷筒绳槽底部直径差不得大于 2mm。

（10）活卷筒衬套与轴的间隙应按煤炭工业质量标准中的规定选取。

7.5.3.3　制动装置的修理与调试

矿井提升机的制动装置通称制动器，是提升机非常重要的组成部分。制动装置由执行机构（闸）和传动机构（液压站）两部分组成，它直接影响提升机的正常工作和安全，因此对提升机的制动装置必须给予高度的重视。

A　盘式制动器

a　盘式制动器的检查与修理

JK 型矿井提升机采用的是盘式制动器。对盘式制动器必须定期检查和修理，其主要内容如下：

（1）制动盘要保持较高的表面精度。例如，闸瓦内有杂质将会引起制动盘过早磨损或损坏，这时必须对制动盘进行修整，去除闸瓦内的杂质，或更换闸瓦。

（2）制动盘面上必须保持清洁，如有油污须及时擦净，防止打滑引起制动力的减少。

（3）根据闸瓦磨损情况，每运转 1~2 个月就得调整闸瓦间隙，其间隙的最大值在 1.5mm 之内，间隙最小值约为 0.5mm。在正常运转中，制动盘与闸瓦不接触，间隙越小越好。这样可减少制动空行程时间，还可减少调整闸瓦次数。

（4）对制动盘与闸瓦在制动中其接触面积达不到 60%，紧急制动空行程时间超过 0.5s，或施闸运转中闸瓦温度超过 100℃时，均应及时调整、修理。

（5）在小修和日常检修中，若更换闸瓦，一般每次只更换一副或一块，而不全部更换，主要是为了减少调整时间，避免闸瓦与制动盘的接触面积减少而影响制动力矩。

（6）更换闸瓦时，首先使闸松开，将旧闸瓦取出，然后将调整间隙的螺母向后拧松，保证油缸端面与筒体有 2mm 以上的间隙。新闸瓦的几何尺寸要刚好装入而无松动，压板之间无间隙，这样能延长闸瓦的使用寿命。

（7）如油管内的余油泄漏增大到 0.05mL/min 以上，说明油缸内的活塞皮碗已磨损超限或有其他 O 形密封圈发生老化变形，应及时更换。

（8）经过长期频繁制动后，由于制动盘与闸瓦之间的摩擦，闸瓦的两端与压板之间就会出现间隙。在运转中，闸瓦产生上下跳动或窜动，并发出轻微的摩擦声，此时必须停车检查，并在闸瓦的上端与压板之间垫上相应间隙的垫片。若不及时处理这种情况，就会过早地损坏闸瓦。

（9）运转中，发现闸瓦产生轻微的轴向移动，而此时的闸瓦与压板之间似乎出现无间隙现象，应当立即判断这是闸瓦中间位置的横向断裂，必须及时更换闸瓦。

（10）碟形弹簧的检查。盘式制动器的动力是由碟形弹簧产生的，碟形弹簧的失效或疲劳损坏都会对制动工作产生影响，因此必须加强对碟形弹簧的检查和维护。检查碟形弹簧时，首先使闸瓦合上，机器处于全制动状态，再逐步向油缸充入压力油，使制动油缸内油压慢慢升高，各闸瓦就在不同压力下逐个松开，记录下不同闸瓦的放开压力。如各闸瓦的放开压力有明显差别时，应检查低压下放开的闸，并检查碟形弹簧。

据一些实验资料介绍，同一副闸瓦，放开压力差超过5%时，应拆开在低压下放开的那个闸进行检查；各副闸瓦之间，最高放开压力与最低放开压力差不应超过10%。

b 盘式制动器的调试

（1）在安装或维修盘式制动器时，闸瓦返回用的两个圆柱弹簧调整到松闸时能达到迅速拉回闸瓦即可。弹簧预压力不宜调得过大，以免影响制动力矩，甚至当闸瓦磨损到一定尺寸后，在制动时，圆柱弹簧全部压死，丧失全部制动力矩。因此，在安装、检修或更换闸瓦而需要调整闸瓦间隙时，必须相应调整两个圆柱弹簧。

（2）闸瓦磨损开关调整到闸瓦磨损2mm时开关即启动，发出信号通知司机以便使检修人员及时调整或更换闸瓦。

（3）液压站和斜面操纵台与电控进行联合调试，应达到如下要求：1）制动手把在全抱闸位置时，斜面操纵台上毫安表读数应接近零，制动油缸压力表的残压 $p <$ 0.5MPa；2）制动手把在全松闸位置时，记录毫安表电流值 I_{mA1}，制动油缸应为最大工作油压值 p_x；3）制动手把在中间位置时，毫安表读数应近似为 $I_{mA1}/2$，而油压值应近似为 $p_x/2$，根据 I_{mA1} 调整控制屏上的电阻，保证自整角机转角为手把全行程，要尽量减少手把空行程。

（4）测定制动特性曲线应近似为直线，即电流和油压应近似为正比关系。方法是将制动手把由抱闸位置到全松闸位置分若干等距级数（一般可分15级左右），手把每推动一级，记录毫安表电流值和油压值，手把从全制动位置逐级推到全松闸位置和手把由全松闸位置逐级拉回到全制动位置，各做3次。根据记录的电流和油压值做出如图7.11所示的特性曲线，作为整定其他部分的依据。最后调整制动器闸瓦间隙，并确定闸瓦贴闸时的油压值和电流值，将确定后的贴闸电流和全松闸、全抱闸时的电流值作为初步整定电控的

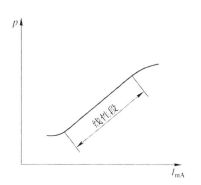

图 7.11 测定制动特性曲线

依据。最终整定值要到负荷试车时才能确定。因负荷试验时的最大工作油压值还要调整，因此电流值也要改变。

B 液压站

双卷筒提升机液压站系统如图 7.12 所示。

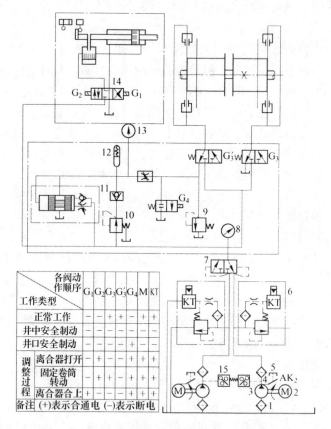

各阀动作顺序 工作类型	G_1	G_2	G_3	G_3'	G_4	M	KT
正常工作	−	+	+	−	+	+	
井中安全制动							
井口安全制动				+			
调整过程 离合器打开	−	+			+	+	+
调整过程 固定卷筒转动	−	+					
调整过程 离合器合上	+	−					
备注	(+)表示合通电 (−)表示断电						

图 7.12 JKA 和 JKB 型双卷筒提升机液压站系统

1—过油器；2—电动机；3—液压泵；4—行程开关；5—滤油器；6—调压装置；7—液动阀；8—电节点压力表；
9—溢流阀；10—减压阀；11—延时阀；12—蓄能器；13—压力表；14—调绳阀；15—压力继电器；
G1，G2—电磁铁；G3，G3′，G4—电磁阀；KT—可调阀线圈

a 液压站的常见故障及处理方法

（1）液压泵启动后，经过 1~1.5min，电液调压装置中的溢流阀未见回油，同时油压指示为零。原因是液压泵吸不上油。

处理方法：将电机反转，发现油面有翻腾现象，再使电机正转就会吸油。或者将吸油管拆下，并在吸油口处注油，同时转动液压泵，发现有吸油的响声，在出油口处有喷油，则说明液压泵已能正常工作。

（2）启动液压泵，溢流阀有回油现象，但当油压升高时发现油面上有大量气泡，同时有较大噪声。原因是：1）紧靠联轴器的塑料端盖破裂，或 4 个螺钉未拧紧，造成吸油处有大量空气进入泵内；2）出油口处的端盖未压住配油盘，使空气侵入泵内；3）吸油口的滤油器被堵，使油阻力加大，空气侵入泵内。

处理方法：将端盖更换为同样规格的尼龙端盖或铁盖；在出油口处的端盖和配油盘之间增加厚度为 0.15mm 的透明纸垫；将吸油处的滤油器拆下清洗干净。

（3）启动液压泵时，油压能够上升到需要的油压值，但液压泵有异常响声，发热，

时间稍长则使配油盘有擦伤现象。其原因是配油盘和转子之间间隙太小。

处理方法：将上、下配油盘或转子取出，将擦伤部分用平面磨床修平。根据磨平情况，选择适当的垫片放在端盖和配油盘之间，便可以恢复正常工作。

（4）液压泵运转正常，动线圈电流最大，但油压不上升或正常提升时油压突然下降到零。其原因是电液调压装置的节流阀孔被堵塞，将脏物取出便可恢复正常。

（5）液压泵运转正常，动线圈电流为零时，油压可上升到接近施闸状态且不可调。原因是喷嘴被脏物堵住，但未完全堵死。应将脏物从喷嘴内取出。

（6）在长期使用中，安全制动装置的各油路之间、阀与油路之间，会有漏油现象，严重时将造成油压下降，松不开闸。其原因是连接螺钉可能松动，将有关螺钉拧紧即可消除此故障。

（7）工作油压正常，但松不开闸，或只能松开一部分。其原因是安全制动电磁阀、延时导通电磁阀所需的电压过高或过低，将线圈烧坏所致。检查电气线路及电磁阀线圈情况，即可清除此故障。

（8）工作油压升高到某一值时，油压表出现高频振动，影响开车。其可能的原因是因为电液调压装置在液压系统中是一柔性环节，其中的十字弹簧均有自己的自振频率，当油压的脉动频率与其他自振频率相等时，便会产生高频振动。由于磁钢内的空气间隙不均匀，动线圈控制杆的受力处于不平衡状态，也可导致出现高频振动现象。

处理方法：调整电流、电压，使其稳定在要求的范围内；调整磁钢空隙使其均匀；将十字弹簧予以固定。

（9）液压泵运转正常，当电液调压装置电流达到 250mA 时，油压值达不到最大值。其原因是电液调压装置的喷嘴不平。处理方法是将标准环规拧在喷嘴上，使环规的上平面稍稍低于喷嘴平面，以环规上平面为基准，用细油石轻轻磨平喷嘴，即可恢复正常。

b 液压站的维护与调试

在液压系统中，如有空气存在，将影响该系统的正常工作。液压系统中侵入空气后，产生爬行和噪声，在盘式制动系统中将会延长松闸时间。因此，从液压站到盘式制动器连接的油管及制动油缸内部都不许留有空气。安装后第一次向制动油缸充油时，油压不宜过高，0.5~1.0MPa 即可。充油前，将所有油缸上的排气螺钉拧松，由于制动油缸位置较高，管子内的空气在压力油作用下均被挤入制动油缸，并从排气螺钉排出，直到有压力油冒出时，表明气体已排尽，此时将放气螺栓拧紧。在机器运转一定时间后，可能还有少量空气侵入，所以当发现松闸时间较长时，应进行排气。液压站全部停止工作后（液压泵停转，安全阀电磁铁断电），再重新开始工作时，先开液压泵电动机，然后使安全阀电磁铁通电，否则将有空气被挤入油缸。

油液质量的好坏对液压站安全运转也有直接的影响，在运转中要确保油的清洁，并经常清洗滤油器以保持管道的畅通；在工作中应经常旋转过滤器的旋杆。当油面有大量泡沫及大量沉淀物时，油液必须更换。一般情况下，最迟每半年要更换一次油。换油后应当注意新油的油温，如油温过低，应当预热（可在换油后开动液压泵运转一段时间，待油温升高后再工作），以免影响液压站工作的稳定性。根据一些矿井的使用经验，油温在 40℃ 左右为最好。

7.5.3.4　深度指示器的调试

在安装和检修深度指示器的过程中，均要在最后对深度指示器进行调试工作。

A　圆盘式深度指示器的调试

（1）在深度指示器传动装置安装到基础之前，首先应将限速装置与限速板及减速行程开关进行粗调。因这部分调整工作量较大，如装到基础后，由于该位置比较狭窄，离地面低，调整费力费时，影响调试工作的效率，因此在安装就位前首先进行粗调，待传动装置就位后再进行精调较为理想。

（2）深度指示器在现场检修拆卸中，应在彻底清洗各零件后，将各零件安装到正确位置上，用手轻轻捻拨时应转动灵活，然后接入传动装置上的发送自整角机进行联合试运转，粗、精指针运转中应平稳，并在任何位置上均能准确停止，无任何前冲、卡阻、别动和振摆现象。

（3）碰板装置上的减速碰板应转动灵活，不应有卡阻现象，小轴上的两个螺母需拧紧，以免松脱。

（4）减速和防过卷用的行程开关在安装时，其滚子中心须对准圆盘回转中心；否则碰压开关时，会增加阻力，造成开关走动而失灵。

B　牌坊式深度指示器的调试

（1）传动轴的安装与调整应保证大小伞齿轮具有良好的啮合。

（2）深度指示器指针行程为标尺板全行程的 3/4，传动装置应灵活可靠，指针移动时不得与标尺相碰。

（3）安装深度指示器的丝杆时，应检查丝杆的直线度，其直线度在全长上不得大于 1mm。

（4）各传动轴的水平度和平行度，每米不得超过 0.1mm。

7.6　矿井通风机维护

常用的通风机主要有离心式通风机和轴流式通风机两大类。轴流式通风机结构比较复杂，多在大中型矿井使用，下面以 2K60 型轴流式通风机为例来介绍其装配和维修方法。

7.6.1　2K60 型轴流式通风机结构特点

2K60 型轴流式通风机是国内研制的一种高效率、低噪声、可反转反风的新产品，其结构如图 7.13 所示。这种轴流式通风机的结构特点如下：

（1）进风口由集风器和表面为流线型罩子的流线体组成，其作用是使空气均匀地沿轴向进入叶轮，以减少气流阻力和冲击。

（2）该型号通风机有两级叶轮，每级叶轮上装有 14 个机翼型扭曲叶片，扭曲叶片可以减小气流在叶轮内的径向流动，从而减少能量损失。

（3）在一级和二级叶轮之间安装有 14 个中导叶，二级叶轮后安装有 7 个后导叶。中、后导叶都呈机翼型扭曲状，均安装在主体风筒上，是固定的导流部件。

（4）传动部分由轴承、支架、传动轴及联轴器等组成。支承主轴的轴承采用静阻力矩较小的滚动轴承，用润滑脂润滑。轴承上装有电温度计（全称为铂热电阻温度计），接二次仪表可实现遥测记录和超温报警。传动轴两端用齿轮联轴器分别与通风机和电动机相连。

（5）扩散风筒又称环形扩散器，由锥形筒芯和筒壳组成，装在通风机出口端。筒芯由钢板制成，筒壳可用钢板焊制或由混凝土浇筑，用拉筋板与筒芯连接，以支承筒芯。该型通风机的扩散风筒有不带消音设备和带消音设备两种形式。

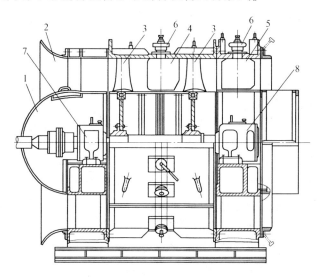

图 7.13　2K60 型两级轴流式通风机结构

1—流线体；2—集风器；3—叶轮；4—中导叶；5—后导叶；6—绳轮；7—进风端轴承座；8—出风端轴承座

7.6.2　2K60 型轴流式通风机检修制度

为了使设备连续安全运转，不仅要正确地进行检查、维护和保养，而且要随时修理被磨损的零件。一般 6 个月进行一次全面检查维修，其主要内容有：

（1）仔细检查通风机外壳的焊缝，特别是轴承支座及工作轮上的焊缝。

（2）检查传动轴及转子轴有无摆动，并检查它们的轴线是否重合。

（3）检查工作轮径向及轴向摆动情况。

（4）检查工作轮等构件有无裂纹、折断及中空之处。

（5）检查各机壳连接螺栓是否松动，机壳接合部分之间的石棉绳是否脱落。

（6）取下叶片进行检查时，不可将叶片移置新位置，支杆上的螺纹要用石墨润滑剂润滑。

损坏的工作轮叶片（有裂纹、凹陷及支杆弯曲和支杆上螺纹损坏等）需进行更换，特殊情况下可以在机修厂按照制造厂家的图纸及图纸中标明的材料制造新叶片。在制造和修理叶片时，为保证通风机特性要求，必须用样板检查截面外形的正确性，其修理方法可采用焊接。

7.6.3　2K60 型轴流式通风机主要零部件的修理与装配

7.6.3.1　工作轮的修理及装配

（1）装配工作轮必须进行叶片的重力检查。包括：衡重检查，使新叶片质量与被替换的工作轮的叶片质量之差不超过 100g；重心位置的检查，其不平衡度不超过 750g/mm。

更换两个或两个以上数量的本地制造叶片时，应进行工作轮的平衡试验。

（2）工作轮的装配主要检查各部分间隙是否符合设计图纸要求，轴流式通风机工作轮（装叶片后的最大直径）与机壳最小的间隙不许超过叶片长度的 1%~1.5%。若间隙不合适，不仅会影响通风机的特性和效率，而且易产生重大事故（叶轮与机壳相碰）。

（3）在装配工作轮时，要注意工作轮旋转方向的正确性。

（4）2K60 型轴流式通风机叶片的装配如图 7.14 所示。首先根据矿井需求的安全供风量、风速计算出叶片的安装角度。其次安装叶片，并使所有叶片的安装角保持一致。叶片的安装顺序是：将工作轮两侧的盖板 6 打开，将叶片 2 的杆及螺纹上涂上石墨，从工作轮 1 的外

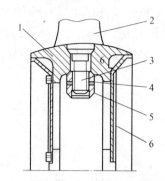

图 7.14   轴流式通风机叶片装配图

1—工作轮；2—叶片；3—锥形螺帽；

4—防松垫；5—封头螺母；6—盖板

侧穿入安装孔内，再从工作轮内侧拧上锥形螺帽 3，并装防松垫 4，然后拧紧封头螺母 5。待 12 个叶片装好后，再将工作轮两侧的盖板用螺钉与工作轮固定。两侧盖板的作用是防止煤尘、杂物和滴水进入工作轮内。

7.6.3.2   出风端轴承座的拆卸、修理及调整

A   出风端轴承座的拆卸

出风端轴承座（见图 7.15）中有 1 套调心滚子轴承（53000 型）和 3 套圆锥滚子轴承（73 或 75 系列）。

拆卸时，先松开端盖螺钉取下端盖 4，再拧下轴承盖 11 和轴承座连接螺栓，取下轴承盖 11。由于 3 套圆锥滚子轴承与主轴的配合是 js6 配合，很容易拆卸。其方法是将主轴吊起 40~50mm，然后用爪形退卸器卡住圆盘 5，转动退卸器的螺栓杆即可拆下 3 套轴承。调心滚子轴承的拆卸方法是将外座圈翻转一定角度（可将主轴再吊高些，便于翻转），取出滚动体，拆下外座圈，然后用拆卸工具按图 7.16 所示方法取下内座圈。

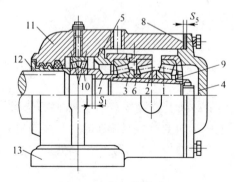

图 7.15   出风端轴承座

1~3—圆锥滚子轴承；4—端盖；5—圆盘；

6，8—垫圈；7—轴套；9—锁紧螺母；

10—双列向心球面滚子轴承；11—轴承盖；

12—密封套；13—轴承座

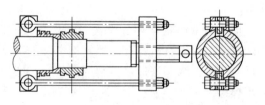

图 7.16   轴承座内座圈拆卸工具

B 修复磨损的轴颈

大多数装滚动轴承的轴颈磨损，是由于轴承缺油，滚动体在滚道内不能灵活滚动，使外座圈间歇地同内座圈一起转动摩擦而产生高热，随之内座圈与轴颈间也产生间歇转动，从而使轴颈磨损。

对于磨损的轴颈，当磨损深度不超过原直径 ϕB 的 2% 时（见图 7.17（a）），可用镶套法修复。把轴卡在车床上，按两端没有磨损的地方用千分表找正，对磨损处进行精车，ϕA 不得小于 $0.95\phi B$。然后将加工好的钢套加热到 300℃ 左右热装到车好的轴颈上（见图 7.17（b）），冷却后再精车至 ϕB(r6)。

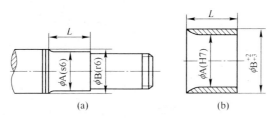

图 7.17 轴颈磨损的修理

C 出风端轴承座的调整

2K60 型轴流式通风机的轴向推力很大，出风端轴承座担负着全部推力，结构比较复杂，又容易出现故障，若轴承座调整不好，可能会将主轴与轴承一起损坏。

调整出风端轴承座要注意以下两个问题：

（1）圆锥滚子轴承 2 和 3 的负荷必须一致（见图 7.15），并同时受力。圆锥滚子轴承 2 和 3 能不能一致，决定于垫圈 6 的厚度尺寸。如果垫圈 6 太厚（其他合适），则圆锥滚子轴承 2 不受力；如果垫圈 6 太薄，则圆锥滚子轴承 3 不受力。使圆锥滚子轴承 2 和 3 负荷一致的调整方法是先将进风端轴承座安装好，以固定主轴位置。然后测量 S_1（见图 7.15），同时按照图 7.18（a）测量尺寸 S_2，再按照图 7.18（b）测量尺寸 S_4，则垫圈 6 的厚度 $S = S_4 - S_2$。垫圈 6 做好后，同轴承一起装配在轴上，然后检验其尺寸精度。

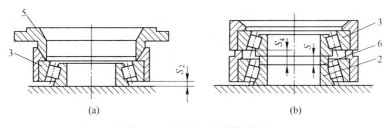

图 7.18 垫圈 6 厚度的测试

（2）主轴的轴向位移必须适当。主轴窜动量的大小，决定于垫圈 8（见图 7.15）的厚度，而且垫圈 8 除了能够调整窜动量外还起着密封作用。过去用橡胶石棉纸垫是不符合要求的，因为橡胶石棉在浸透油脂后易发软变质，不能使窜动量固定。其调整方法是先不加垫片，测尺寸 S_5（见图 7.15），在测量时装上端盖 4，上紧好下半部螺钉，使主轴窜动量等于零（注意端盖不要拧歪）。间隙 S_5 测出后，车削一个钢垫圈，其厚度比 S_5 小 0.2mm。装配时，垫圈 8 的两侧各垫 1~2 层纸垫以免漏油。装好后用撬棍拨动主轴左右窜动，检验其实际窜动量应在 0.08~0.15mm 之间（以下限为宜）。

出风端轴承座调整完毕后应进行试运转，观察其运行情况是否良好。

7.7 矿井排水泵修理

D 型离心式水泵可用于矿山排水、工矿及城市供水。为了保证水泵的正常运行，除严格遵守操作规程外，对其进行合理的维护检修也是十分必要的。

7.7.1 D 型离心式水泵的结构特点

D 型离心式水泵是单吸多级分段式水泵，其结构如图 7.19 所示。D 型离心式水泵是 DA 型水泵的改进产品，它的结构特点如下：

（1）转动部分主要由泵轴及装在泵轴上的数个叶轮和一个用以平衡轴向推力的平衡盘组成。叶轮是离心式水泵的主要零件。水泵的叶轮常用 HT20-40 灰铸铁制造；泵轴常用 45 钢锻造加工而成。为了防止泵轴锈蚀，泵轴与水接触的部分装有轴套。轴套锈蚀和磨损后可以更换，以延长泵轴的使用寿命。平衡盘常用 HT25-47 灰铸铁制造。

（2）固定部分主要包括进水段（前段）、出水段（后段）和中间段等部件，并用拉紧螺栓（穿杠）将它们连接在一起。吸水口位于进水段，为水平方向；出水口位于出水段，为垂直向上。

（3）水泵转子部分支承在泵轴两端的轴承上。D 型离心式水泵采用单列向心滚柱轴承，用黄油润滑。为防止水进入轴承，在泵轴两侧装有 O 形耐油橡胶密封圈和挡水圈。这种轴承允许有少量的轴向位移，有利于平衡装置改变间隙，以平衡轴向推力；同时，由于采用了滚动轴承，减少了静阻力矩和机械摩擦损失。

（4）水泵各段之间的静止接合面采用纸垫密封。转动部分与固定部分之间的间隙是靠密封环及填料来密封的。

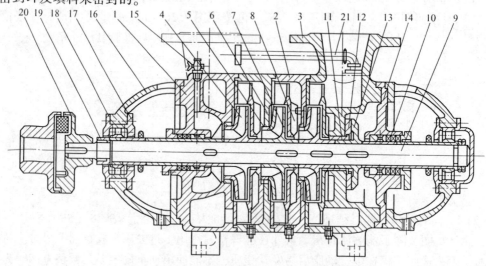

图 7.19 D 型多级离心式水泵结构图

1—吸入段；2—中段；3—出水段；4—首级叶轮；5—密封环；6—次级叶轮；7—导叶套；8—导叶；
9—轴；10—轴套；11—平衡套；12—平衡环；13—平衡盘；14—尾盖；15—气嘴；16—轴承体；
17—轴承盖；18—轴承；19—轴套螺母；20—联轴器；21—平衡水管

7.7.2 D型离心式水泵维护检修制度

水泵的维护检修分为小修、中修、大修等。

7.7.2.1 小修

小修的目的是消除水泵在使用过程中，由于零件磨损和维修不良所造成的局部损伤，调整或更换易损零件，恢复设备的工作能力和技术状况，保证设备的正常运转。小修内容如下：

（1）检查或更换密封装置的各零件。

（2）清洗、检查轴承，并更换润滑油。

（3）检查调整联轴器的间隙。

（4）检查各部螺栓的紧固情况。

（5）检查调整水泵的轴向窜动量。

（6）检查修理冷却水管及油管。

（7）调整平衡盘尾部垫片。

（8）更换平衡盘（环）和填料（盘根）。

（9）检查处理漏水漏气部分。

（10）调整各种仪表。

7.7.2.2 中修

中修需要较周密仔细地拆卸设备，检查其重要零件的状况，更换和修复使用寿命较长的零件，解决在小修中不可能消除的缺陷。中修内容如下：

（1）小修的全部内容。

（2）更换联轴器。

（3）检查水泵各零件的磨损、腐蚀和气蚀情况，必要时进行修理或更换。

（4）检查、修理轴承，必要时进行更换。

（5）检查、调整水泵与电机的水平度与平行度。

（6）更换叶轮口环、中段轴承。

（7）更换平衡盘、平衡套。

（8）检查轴和机座。

（9）更换其他不能保持到下一次中修的零件。

7.7.2.3 大修

大修的目的是完全恢复水泵的正常状况和工作能力，拆卸机器的全部零部件，仔细检查、清洗、修理或更换全部磨损零部件。此外，大修还需修理或更换部分使用期限等于修理循环的大零件。大修的主要内容包括：

（1）中修的全部内容。

（2）校正、修理或更换泵轴。

（3）修理或更换泵体。

（4）修补或重新浇注基础，必要时更换机座。

（5）泵体除锈喷漆。

（6）进行水压试验和技术测定。

7.7.3 主要零部件的维修与装配

下面以 D 型多级离心式水泵为例，阐述其维修与装配方法，其结构如图 7.19 所示。

7.7.3.1 拆卸及注意事项

水泵的拆卸是检修的一个重要工序。在拆卸前，应对水泵的结构及连接方式有所了解，以利于拆卸工作的顺利进行。

A 水泵的拆卸

（1）用管钳取下水封管、平衡水管和注水漏斗。

（2）用退卸器取下联轴器。

（3）用扳手拧下出水侧轴承压盖上的螺母，取下螺栓，卸下外侧轴承压盖。

（4）拧下出水段、填料函体、轴承体之间的连接螺母，用顶丝使填料函体和轴承体分离，卸下轴承体。

（5）拧下轴上圆螺母，依次卸下轴承、轴承内侧压盖、挡水圈。

（6）卸下填料压盖，用钩子钩出填料室中的填料及水封环，用顶丝将填料函体与出水段分离，卸下填料函体。

（7）依次拆下轴上的轴套和键，用螺钉通过螺孔将平衡盘顶出，取下键。

（8）拧下前端轴承压盖上的螺母，取下螺栓，卸下外侧压盖和轴套。拧下进水段和轴承体的连接螺栓，卸下前轴承部件。依次卸下轴承、轴承内压盖、挡水圈和轴套。

（9）卸下填料压盖，取出填料及水封环。

（10）用大扳手拧下连接进水段、中段和出水段的 4 根拉紧螺栓的螺母，并取下螺栓。

（11）用扁铲或特制的钢楔插入排水段与中段连接缝内对称撬松，取下出水段部件。

（12）用小撬棍撬出出水段叶轮，注意用力要对称并尽量靠近叶轮，以防撬坏叶轮，并取下轴键。

（13）用扁铲插在中段与中段之间的连接缝内，挤松并取下中段。

（14）以后的中段、叶轮、键的拆卸按上述方法进行，直至拆下第一级叶轮为止。

（15）将轴从出水段方向抽出。

B 拆卸时应注意事项

（1）在解体泵体、进水段、中段和排水段前，要对各段原装配位置进行编号，以便于检修后按位置顺序装配。编号可用打钢印号或用油漆及铅油做标记等方法。

（2）对拆卸下来的各种零件和各种螺栓等，要分类保管，以防丢失。

（3）拆卸时要注意泵轴螺纹旋向。

（4）中段不带支架的水泵，在几个中段拆下后，其两侧要用木楔楔住，防止泵轴因处于悬臂状态而产生弯曲现象。拆下的泵轴应竖直吊挂起来，或放置在平整的钢板上防止弯曲。

（5）对磨损严重的零件或拆卸中损坏的零件，不得任意丢掉，以备购置或测绘时参考使用。

（6）对于一些锈蚀严重、不易拆开的连接件，应当刮掉水垢和锈蚀等物，并用煤油清洗，适当润滑接触部位，再用木锤、铅锤或铜锤轻轻地敲击取下，必要时可用拆卸器拆开。必须注意，绝不可盲目地用大锤乱打，这样会损坏零件。

（7）水泵拆卸后应及时进行清洗。清洗壳体接合面上积存的油垢及铁锈；刮去叶轮内外表面及密封环、导向器套等处积存的水垢和铁锈；清洗水封管和平衡水管并检查管内是否畅通；用煤油清洗轴瓦，用汽油清洗滚动轴承。如果不是立即进行装配，对清洗过的零件应在其接合面上涂上防护油或润滑脂。

7.7.3.2 主要零件的检查和维修

水泵解体完毕后，应对各零件进行清洗、检查及分类。将各零件分成可用件、待修件和报废件 3 类，组织修复待修件，对无备件的报废件应及时进行测绘，重新配制新件（并制作备用件）。

A 泵体的维修

泵体的损伤往往是因机械应力或热应力的作用造成的，有时因搬运碰撞、安装不当、低温冻裂、超压以及高温影响也可能损坏。如果损坏程度严重，应予更换新泵体；如果损坏程度较轻，可进行修补使用。

检查泵体裂纹时，首先用手锤轻轻敲击泵体，如有嘶哑声，则说明已有裂纹，应仔细寻找。经验检查的方法是对怀疑有裂纹的部位用煤油擦净后，用粉笔涂抹表面，有裂纹处就会出现一条明显的浸线。

在不受压或不起密封作用的地方（如法兰盘接合面上），为防止裂纹扩展，可在裂纹两端各钻一直径 3mm 的圆孔，以消除局部应力集中。

对焊缝要求不很严格、受压不大的位置（如机座），可采用冷焊修补；对受力较大或需要密封的位置，可采用热焊修补。泵体内部若发现有深槽或大面积孔洞，可采用环氧树脂砂浆修补，也可进行焊补。

修理后的泵体要做水压试验，试验压力为工作压力的 1.5 倍，持续时间为 5min，不得渗漏。

B 泵轴的维修

（1）当水泵轴产生裂纹、表面有严重腐蚀和损伤、轴颈磨损出现沟痕、轴表面被冲刷出沟槽、圆度和圆柱度超过规定，且足以影响机械强度时，应更换新轴。

（2）轴的直线度超过密封环内径与叶轮入口外径规定间隙的 1/3 时，应进行校直或更换。

（3）轴颈处或填料部分若磨损较轻可采用车轴法进行修复，其车削量不得超过设计直径的 5%。也可采用电镀、金属电喷涂或者镶套法进行修复。

C 键槽的维修

键槽损坏严重时，应更换新轴；损坏不大时，可用加宽原键槽方法处理，允许加宽原键槽宽度的 5%，并配新键。对于传动功率较小的轴可另开新键槽。键槽中心线与轴心线的平行度不大于 0.3‰，偏移不大于 0.6mm。

D 轴承的维修

水泵轴承的修理可参照第 5 章介绍的方法进行。

E 叶轮的维修

叶轮如遇下列情况之一时，修理困难，应更换新叶轮：表面出现严重裂纹；表面形成较多砂眼、气蚀麻坑或穿孔；因冲刷而使叶轮变薄，以致影响机械强度；叶轮叶片被异物击断；叶轮入口处出现较严重的偏磨现象。

叶轮常用的维修方法有补焊、环氧树脂砂浆修补等。叶轮补焊前应处理干净，然后将整个叶轮均匀加热。根据叶轮的材料，可采用不同的焊补方法：对高压水泵的不锈钢叶轮，采用不锈钢气焊；对中低压铸铁叶轮，则用铜焊或铸铁补焊；对泥沙较多而使叶片磨损严重的叶轮，可采用环氧树脂砂浆修补，在整个被磨损的叶片上涂覆一层环氧树脂砂浆，能收到较好的效果。

新换叶轮应符合下列要求：

（1）叶轮轴孔轴心线与叶轮入水口处外圆轴心线的同轴度、叶轮端面圆跳动及叶轮轮毂两端平行度均不大于表 7.6 中的规定。

表 7.6　叶轮三项形位公差　　　　　　　　　　　（mm）

叶轮轴孔直径	<18	18~30	30~50	50~120	120~260
三项形位公差值	0.020	0.025	0.030	0.040	0.050

（2）叶轮前后侧板处的表面粗糙度不大于 0.8μm，轴孔及安装口环处的表面粗糙度不大于 0.6μm。

（3）叶轮流道应光洁圆滑，不留毛刺。

（4）新制叶轮必须做静平衡试验。如用切削侧板方式找平衡，切削深度不得超过侧板厚度的 1/3，切削部分应与原表面圆滑相接。

叶轮最大不平衡质量不得超过表 7.7 中的规定。

表 7.7　叶轮静平衡允差

叶轮外径/mm	<200	200~300	300~400	400~500	500~700	700~900
静平衡允差/g	3	5	8	10	15	20

F 平衡盘及平衡环的维修

平衡盘及平衡环的损坏主要是两者接触面间的磨损。如磨损出现凹凸不平及沟纹时，可用车削或研平修复；磨损严重时，需更换平衡盘或平衡环。新换的平衡盘密封面应与轴线垂直，垂直度不大于 0.3‰，其表面粗糙度不大于 1.6μm。平衡盘与摩擦圈、平衡环与出水段均应贴合严密，接触面积达到 70% 以上。

G 导向器的维修

导向器不得有裂纹，冲蚀深度不可超过 4mm，叶尖长度被冲蚀磨损不得大于 6mm。若磨损尺寸在规定范围之内，可做一段新叶尖用黄铜补焊或粘接上，否则需更换导向器。

H 一般不维修只需更换的零件

检修时一般不维修只更换的零件有密封环（大口环）、导向器套（小口环）、叶轮挡套（间隔套）、护轴套、平衡套（串水套）、密封件等。密封环内径与叶轮入水口外径的半径间隙和挡套与导向器套的半径间隙不得超过表 7.8 中规定。

表 7.8 密封环、导向器套配合间隙 　　　　　　（mm）

密封环、导向器套内径	半径间隙	最大磨损半径间隙
80～120	0.15～0.22	0.44
120～150	0.175～0.255	0.51
150～180	0.20～0.28	0.56
180～220	0.225～0.315	0.63
220～260	0.25～0.34	0.68
260～290	0.25～0.35	0.70
290～320	0.275～0.375	0.75
320～360	0.30～0.40	0.80

7.7.3.3 水泵的装配与调整

离心式水泵的装配是一项极其重要的工序，如装配不当，将会影响水泵的技术性能及使用寿命。

A　转子部分预装配

转子部分预装配的目的是使转动件与静止件相对固定；调整叶轮中心距；测量调整转动件与静止件的配合间隙，测量转动件的偏心度、垂直度及圆跳动量；处理轴与轴套、叶轮、挡套等孔径的配合及键与键槽的配合。

依照图 7.20 所示的示意图对转子部分进行预装配，将轴承、轴套、叶轮、叶轮挡套及平衡盘等装于轴上，最后拧紧锁紧螺母。检查调整好后，对预装配零件进行编号，便于拆卸后将它们装配到相应的位置上。

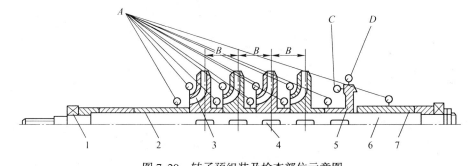

图 7.20 转子预组装及检查部位示意图

A—对两支撑点轴线的径向圆跳动量；B—两叶轮中心距；C—平衡盘端面圆跳动量；D—平衡盘外圆径向圆跳动量；
1—轴承；2—轴套Ⅰ；3—叶轮；4—键；5—平衡盘；6—泵轴；7—轴套Ⅱ

a　叶轮中心距的测量与调整

叶轮中心距按图纸要求应相等，但在制造时有误差，一般不应超过或小于规定尺寸1mm。以每个中段泵片厚度为准，采取取长补短的方法达到叶轮中心距相等。叶轮中心距可用游标卡尺或钢板尺测量：

叶轮中心距＝中段泵片厚度＝叶轮轮毂厚度 + 叶轮挡套长度

叶轮中心距的调整方法是加长或缩短叶轮挡套长度。即叶轮中心距大时，切短叶轮挡套长度；叶轮中心距小时，加垫片。

b　径向间隙的测量与调整

径向间隙值是通过测量内、外径的实际尺寸计算出的。其测量方法是先用千分尺或游标卡尺测量每个叶轮入水口外径、叶轮挡套外径、平衡盘尾套外径，再对应地测量进水段密封环内径、每个中段密封环内径、导向器套内径和出水段平衡套内径。每个零件要对称地测量两次，取其平均值，然后计算出实际间隙，再与表7.8中数值进行比较。若密封环内径与叶轮入口处外径配合间隙小，应车削叶轮挡套外径；间隙大，则应重新配置密封环。导向器套与叶轮挡套配合间隙小，应车削叶轮挡套外径；间隙大，则应重新配置叶轮挡套。

平衡盘尾套与平衡套配合间隙为0.2～0.6mm。若间隙小，应车削平衡盘尾套外径；若间隙大，则应重新配置平衡套。

c　检查径向圆跳动

参照图7.20所示的示意图检查叶轮入水口处外圆、各挡套外圆、平衡盘外圆对两端支撑点轴线的径向圆跳动量。在调整好叶轮间距及各个间隙后，将装配好的转子固定在车床上或将轴承装在转子轴上，再放在V形铁上，用千分表触头接触各被测件，将轴旋转一周，千分表最大读数与最小读数差之半即为半径方向圆跳动量。

d　检查端面圆跳动量

将千分表触头移置于平衡盘的端面上，将轴旋转一周，千分表最大读数与最小读数之差即为平衡盘端面圆跳动量。

叶轮入水口处外圆、各挡套外圆、平衡盘外圆对两端支撑点轴线的径向圆跳动量不大于表7.9中的规定。平衡盘端面圆跳动量不大于表7.10中的规定。

表7.9　径向圆跳动量　　　　　　　　　　　（mm）

公称直径	<50	50～120	120～260	260～500
叶轮入水口处外圆	0.06	0.08	0.09	0.10
轴套、挡套、平衡盘外圆	0.03	0.04	0.05	0.06

表7.10　平衡盘端面圆跳动量　　　　　　　　（mm）

公称直径	50～120	120～260	260～500
端面圆跳动	0.04	0.05	0.06

将实测圆跳动量与表7.9和表7.10中数值进行比较，若径向圆跳动量太大，会使水泵转子在运转中产生振动，使泵轴弯曲或叶轮入水口外径及叶轮挡套和叶轮偏磨；若端面圆跳动量太大，会使平衡盘偏磨。因此，对不合格的零件要及时进行更换。

B　水泵的装配

当转子及泵体各部件检查、调整完毕后，按顺序拆出转子部分的各部件，并进行清洗，然后就可以进行水泵的装配。其步骤如下：

（1）准备好起重工具和装配工具、量具及消耗材料（棉丝、纱布、润滑油或脂、青壳纸、橡胶垫、铅油等），并选好装配地点，最好在平板或特制的底座上装配。

（2）将零件组成部件。在进水段上装上密封环；在中段上装上密封环、导向器和导向器套；在出水段上装上出水段导向器、平衡套、平衡环。固定导向器、平衡环的螺钉要涂润滑脂，中段上装导向器的螺钉沉孔内要用石蜡堵住或灌满润滑脂，以防进水生锈和便于下次检修拆卸。

（3）按拆卸时编号顺序将各段排列好，准备组装。

（4）单吸多级离心式水泵的装配程序与拆卸程序相反。

（5）在装平衡盘之前，应先量取轴的总窜动量，并应保持平衡盘与平衡环之间的间隙为 0.5~1mm（其间隙为平衡盘正常运转时的工作位置）。其量取方法如下：1）先将轴左移到端部，在轴上做一记号，然后将轴右移到端部，在轴上再做一记号。左右移动时所作记号间距即为轴的轴向总窜动量。随后在两记号中间做一标记，作为轴的正常工作位置。2）在量取轴的总窜动量之后，以平衡盘紧靠平衡环为基准，则：

$$轴向右移窜动量 = 轴的总窜动量 / 2 + (0.5 \sim 1)$$

在调整中，若发现平衡盘与平衡环的间距不符合规定值时，可用改变平衡盘尾套长度方法进行调整（间隙小，在末端叶轮与平衡盘尾套间加垫片；间隙大，切短平衡盘尾套）。

7.7.3.4 装配注意事项

（1）各个接合面之间要加垫片（橡胶、青壳纸）。用青壳纸时，在纸垫两面上涂润滑脂或用密封胶涂于接合面上以防漏水，同时防止堵住壳体上的通孔。各紧固件、配合件上均涂润滑脂，以防止生锈并便于下次拆卸。

（2）对带油圈的滑动轴承，装配时油圈放在轴承体内，按轴承装配位置倒转180°套在轴上，然后再旋转过来，固定轴承体。

（3）填料室中的填料用棉纱线编成，棉纱用牛油煮过或用润滑油浸泡，填料接口要错开（不得小于120°）。水封环一定要对准进水孔。在拧紧填料压盖时需注意其泄水孔要安装在轴下方。

（4）轴承内注入的润滑脂不得超过轴承容量的2/3。

（5）装配好的水泵，其上准备装仪表、放气栓、注水漏斗、放水孔的螺孔均用丝堵堵住，进、出水口用盖板封住，防止杂物进入泵体。

复习思考题

7-1 电牵引采煤机的机械故障有哪些表现？

7-2 电牵引采煤机的液压故障有哪些表现？

7-3 液压支架的安装方法有哪些？

7-4 试述液压支架常见故障及处理方法。

7-5 刮板输送机常见机械故障有哪些？并描述其征兆、原因及预防措施。

7-6 简述输送带的硫化胶接方法。

7-7 液力偶合器拆装与维修的注意事项有哪些？

7-8 如何调整带式输送机输送带的跑偏？

7-9 提升机减速器上下箱接合面有哪些密封方式？

7-10 提升机卷筒在运转中易出现什么问题，怎样进行修理？

7-11 如何维护与调整提升系统的液压站?

7-12 提升设备的深度指示器如何调试?

7-13 水泵在拆卸前要做哪些准备工作,拆卸和装配应注意哪些事项?

7-14 如何检查泵体裂纹?

7-15 简述水泵转子预装配的目的、检查项目和方法。

参 考 文 献

[1] 闻邦椿. 机械设计手册 [M]. 北京：机械工业出版社，2018.

[2] 汪浩. 煤矿机械修理与安装 [M]. 北京：煤炭工业出版社，2010.

[3] 张洪斌，丁克舫. 机械设备维修工程学 [M]. 北京：煤炭工业出版社，2004.

[4] 张键. 机械故障诊断技术（第2版）[M]. 北京：机械工业出版社，2014.

[5] 张伟杰，梁为. 矿山机械设备故障诊断与维修 [M]. 北京：煤炭工业出版社，2012.

[6] 毛君. 煤矿固定机械及运输设备 [M]. 北京：煤炭工业出版社，2012.

[7] 中国煤炭教育协会职业教育教材编审委员会. 矿山机械维修与安装 [M]. 北京：煤炭工业出版社，2009.

[8] 刘建功，吴淼. 中国现代采煤机械 [M]. 北京：煤炭工业出版社，2012.

[9] 张应立. 电焊工基本技能 [M]. 北京：金盾出版社，2011.

[10] 李寿昌，张书征. 液压传动与采掘机械（第2版）[M]. 北京：应急管理出版社，2019.

[11] 李锋，刘志毅. 现代采掘机械 [M]. 北京：煤炭工业出版社，2007.

[12] 李瑞春，陈宝怡. 矿山机械设备维修与安装 [M]. 北京：机械工业出版社，2014.

[13] 毋虎城，王国文. 煤矿采掘运机械使用与维护 [M]. 北京：煤炭工业出版社，2012.

[14] 葛世荣. 矿井提升和可靠性技术 [M]. 徐州：中国矿业大学出版社，2011.

[15] 赵环帅. 煤矿机电设备管理与维修细节详解 [M]. 北京：化学工业出版社，2015.

[16] 胡亿沩，刘欣中，吴巍. 设备管理与维修 [M]. 北京：化学工业出版社，2014.

[17] 郝雪弟，张伟杰. 矿山机械 [M]. 北京：煤炭工业出版社，2018.

[18] 闫晓东. 电牵引采煤机主要故障分析 [J]. 神华科技，2017（10）：38.

[19] 王立环. 电牵引采煤机液压系统常见故障分析 [J]. 煤炭技术，2008(5)：8.

[20] 刘宇光. 电牵引采煤机液压系统故障分析与改进 [J]. 科技风，2017，18：157~163.

[21] 韩红利. 矿山机械概论 [M]. 徐州：中国矿业大学出版社，2014.

[22] 隆泗. 煤矿机电设备与安全管理 [M]. 成都：西南交通大学出版社，2015.

[23] 李正群. 煤矿机电设备管理 [M]. 重庆：重庆大学出版社，2010.

[24] 张金，张耀辉，黄漫国. 倒频谱分析法及其在齿轮箱故障诊断中的应用 [J]. 机械工程师，2005（8）：34~36.